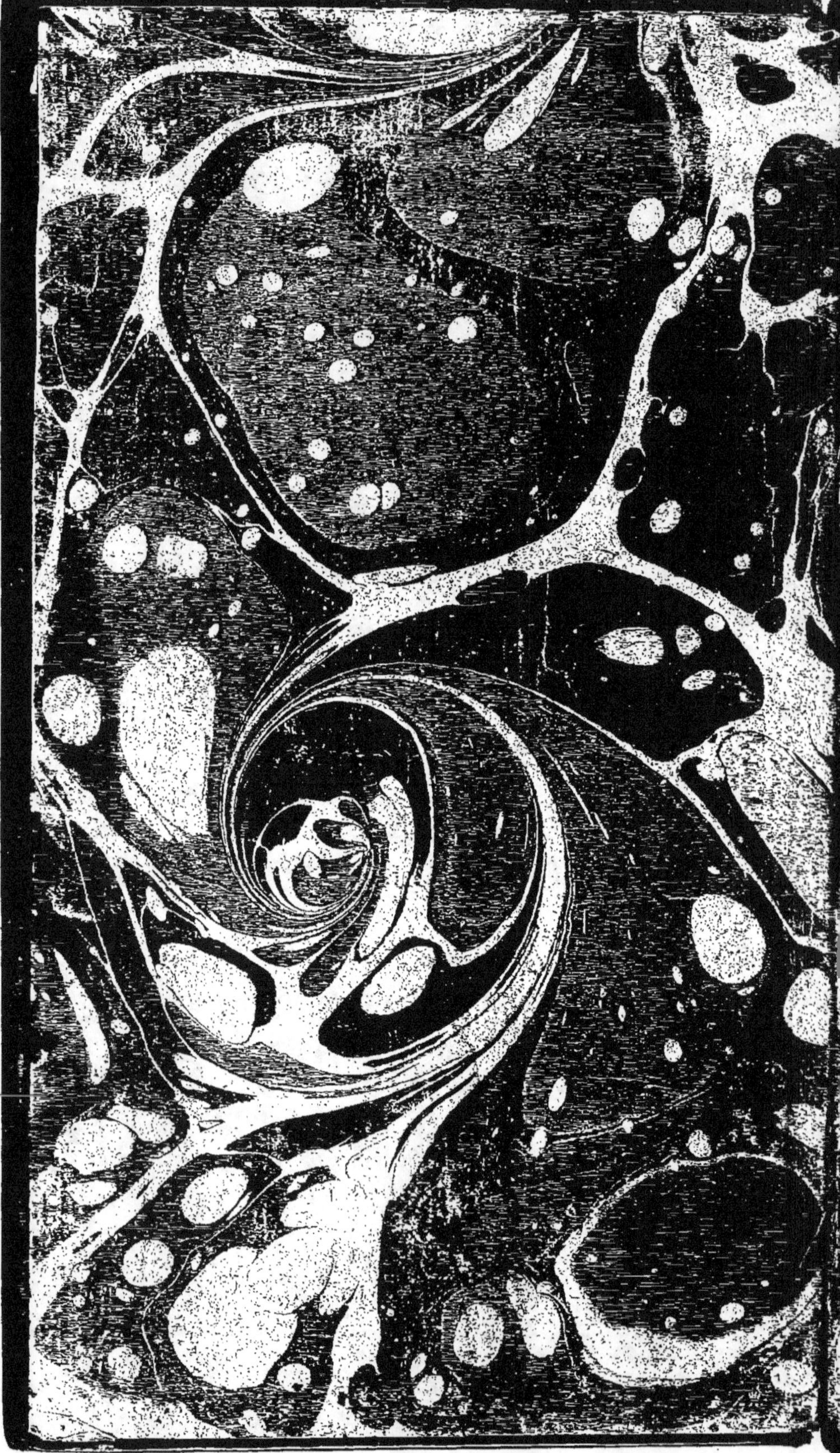

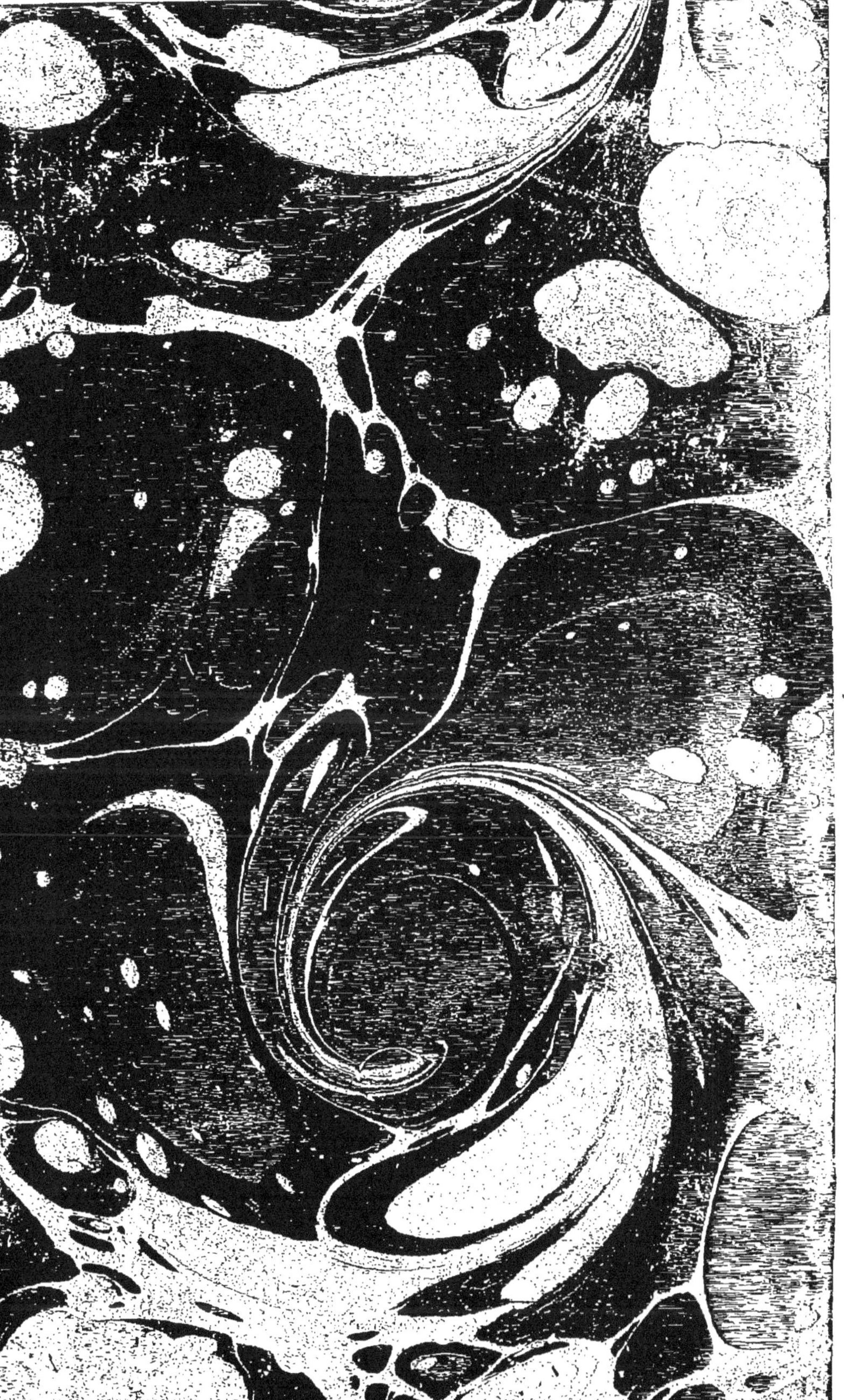

4184 150 Sca

HISTOIRE
NATURELLE
DE L'AIR

ET

DES MÉTÉORES.

Par M. l'Abbé RICHARD.

TOME QUATRIEME.

A PARIS,

Chez SAILLANT & NYON, Libraires,
rue Saint-Jean-de-Beauvais.

M. DCC. LXX.

Avec Approbation, & Privilege du Roi.

TABLE

DES TITRES

DU TOME QUATRIEME.

DISCOURS SIXIEME.

THÉORIE GÉNÉRALE DE L'AIR.

Fin de la Table.

HISTOIRE
NATURELLE
DE L'AIR
ET
DES MÉTÉORES.

DISCOURS SIXIEME.
THÉORIE GÉNÉRALE
DE L'AIR.

CINQUIEME PARTIE.
§. I.

Idée sur la cause des changemens arrivés dans l'Atmosphère.

ON n'a peut-être jamais rien imaginé d'aussi singulier au sujet des effets de l'air sur les mœurs & le

Tome *IV.*   A

tempéramment des hommes & des animaux, & même sur la force & l'abondance de la végétation que ce qu'en a dit dans sa théorie de la terre le sçavant Wisthon, aussi connu par la bisarrerie de ses idées que par la multitude & la profondeur de ses connoissances. C'est à la chaleur de l'air qu'il attribue les crimes des hommes qui déterminerent la vengeance divine à les anéantir par le déluge. La terre dans son systême étoit mille fois plus peuplée avant cette époque célebre, & par conséquent mille fois plus fertile qu'elle ne l'est, la vie des hommes & des animaux dix fois plus longue, & tout cela parce que la chaleur interne de la terre qui provient du noïau central étoit alors dans toute sa force, & que ce plus grand degré de chaleur faisoit éclorre & germer un plus grand nombre d'animaux & de plantes, & leur donnoit un degré de vigueur nécessaire pour durer plus longtems & se multiplier plus abondamment. Mais cette même chaleur en augmentant les forces du corps, porta malheureusement à la tête des hommes & des animaux : elle ôta la sageffe aux animaux & l'innocence à l'homme. Tout, à l'exception des poiffons qui habitoient un élément froid, se reffentit des effets de cette chaleur du noïau ; enfin tout devint criminel & mérita la mort : elle arriva cette mort univerfelle, un mercredi 28 de Novembre par un déluge affreux de quarante jours & de quarante nuits. .... *(a)*.

N'eft-ce pas perdre quelques inftans que de les employer à répondre à cette idée fingulière & bifarre ? La terre étoit-elle alors entièrement peuplée, fa chaleur partout égale, & fa fertilité extrême ? C'eft ce que l'on ne peut admettre. Une pareille fuppofition répugne entièrement à

(a) Nouvelle Théoric de la Terre par Wifthon. Dans le premier Tome de l'Hiftoire Naturelle du Cabinet du Roi, *pag.* 245, *édit. in-12.*

l'ordre général établi dans l'Univers, que l'on ne peut pas imaginer avoir jamais été autre qu'il eſt actuellement. La chaleur du noyau central eſt-elle donc tout-à-fait éteinte ? ou plutôt n'eſt-elle pas tellement diviſée qu'elle n'a plus à beaucoup près la même force, & qu'elle n'eſt plus accompagnée des mêmes effets ? Quoiqu'il ſoit démontré que le feu répandu dans toute la maſſe du globe, ne ceſſe d'agir & d'être la cauſe la plus active de la chaleur de l'air & de la fécondité de la terre : que dans les climats où il trouve le moins d'obſtacles à ſon action, où il eſt le plus efficacement ſecondé par les diſpoſitions d'un ſol léger & mobile & par la force du Soleil, il a encore des effets ſurprenants par rapport à la fertilité des terres, que l'on peut dire être encore dix fois plus abondantes dans certains climats que dans d'autres : mais ce n'eſt plus la même choſe pour la durée de la vie des hommes & des animaux, pour la force dont ils

étoient doués dans les tems où Wifthon fuppofe la Nature à un fi haut
degré de perfection.

Dans ces mêmes régions où le défordre dut être le plus grand avant
le déluge parce qu'elles étoient probablement les plus peuplées : dès
que les eaux fe furent retirées , que
le nombre des hommes fe fut ac-
cru, on vit encore les peuples des
plaines de Sennàar & de la Chaldée,
conferver quelque chofe de la force
& de l'activité des premiers habitans du monde. Ils avoient le génie
entreprenant & ils étoient capables
de réfolution. L'hiftoire de leurs
conftructions, quoiqu'occafionnées
par le defir extravagant de fe fouftraire à la vengeance divine, en eft
la preuve. Dans ces premiers tems,
ils menèrent néceffairement une vie
dure & laborieufe ; privés du fecours des arts & des reffources de
l'induftrie , ils furent longtems avant
que de pouvoir profiter des avantages naturels aux terres qu'ils habitoient ; & c'eft fans doute à cette

privation qu'ils durent des forces &
un courage qu'ils perdirent bientôt,
quand une aifance généralement répandue & qui fuivit de près leurs premiers travaux, leur eut appris qu'ils
pouvoient exifter plus agréablement
& fans prendre autant de peines.
Peut-être encore qu'il arriva dans
le pays quelque révolution qui
changea la face de la terre & les
qualités de l'air.

Ce qu'il y a de certain, c'eft que
les nations du midi de l'Afie qui en
habitent les régions les plus fertiles
& les plus chaudes ; ces provinces
délicieufes de l'Orient qui devoient
être fi florifantes dès les premiers fiè-
cles du monde, parce qu'elles furent
peuplées des premières, ne nous
offrent que des individus dont les
organes foibles font accompagnés
d'une pareffe de corps que rien n'é-
gale que la nonchalance de leur efprit. Ils ne font capables d'aucune
action, d'aucun effort ; à moins que
l'ardeur du fanatifme & de la fuperftition, ou quelque motif fubit

d'un intérêt très-puissant, ne les précipitent dans les démarches extravagantes, ou les entreprises atroces qui font plutôt les effets de convulsions monstrueuses & momentanées que la marche de l'esprit & de la raison. Ordinairement les impressions qu'ils ont une fois reçues se conservent sans éprouver aucun changement ; l'inaction est, selon eux, l'état le plus parfait & l'objet de tous leurs desirs ; le repos & l'anéantissement font leur souverain bonheur, & les Siamois n'ont point imaginé de titre qui exprimât mieux la félicité dont devoit jouir leur Monarque, que celui d'immobile. Si tels font aujourd'hui les effets de la chaleur sur l'air & les tempérammens dans les pays du monde les plus fertiles, il faut convenir que la queue de cette comète qui, dans le syftême de Wiſthon, inonda tout d'un coup la terre, a totalement changé les diſpoſitions de l'air & le naturel des hommes sans diminuer beaucoup l'action du feu cen-

A iv

tral ; & la fécondité qui en réfulte.
Dans l'état actuel des chofes nous
voyons que partout plus la chaleur
du climat eft grande, moins les corps
y ont de force, l'abbattement même
paffe jufqu'à l'efprit ; & fi la forme
du gouvernement, la fageffe des
loix, les foins de l'éducation & la
force de l'exemple, ne déterminent
à l'action, au bien, à l'honneur,
infenfiblement la pareffe devient
l'inclination dominante, on craint
moins les châtimens que les précautions à prendre pour les éviter ; enfin on préfére l'aviliffement de la
fervitude la plus honteufe, aux
foins qu'il faut prendre pour fe conduire foi-même *.

* V. L'Ef-
prit des
Loix, *liv.*
14. *c.* 2.

   Telles font les difpofitions générales de tous les peuples qui habitent
les régions les plus chaudes & les plus
fertiles de l'Univers: ce que l'on doit
attribuer encore à l'affoibliffement
caufé par l'intempérie de ces climats, qui affujettit néceffairement
à la manière de vivre qui eft en
ufage, pour en éviter les dangers

autant qu'il est possible. Aussi voit-
on que les Persans qui quittent les
terres élevées du Nord pour venir
habiter les régions Méridionales des
Indes, que les Européens qui passent
de nos Provinces tempérées où l'air
est plus froid que chaud, dans ces
contrées, contractent très-promptement la non-chalance qui fait le
caractère propre des Orientaux. Les
Hollandois, si sobres, si laborieux,
si actifs dans leurs marais d'Europe,
transplantés dans leurs possessions
délicieuses de l'Isle de Java, se font
bientôt accoutumés à une vie molle
& efféminée, à un luxe excessif. La
Nature leur offre tant de richesses,
qu'il ne croyent pouvoir en jouir
que par un abus outré.

La chaleur n'est nulle part assez
active en Europe, & l'air n'y est pas
modifié de façon à énerver les tempérammens, & à faire regarder l'inaction comme le souverain bien ;
cependant il faut convenir que la
beauté du climat, la douceur de la
température, & les intempéries

fréquentes dans la partie Méridionale de l'Europe, tournée à l'Équateur du levant au midi, ont des effets qui ont beaucoup de rapport avec ceux que l'on attribue au climat des Indes.

Jettons les yeux fur cette large bande qui s'étend du midi au levant de l'Europe; nous la connoiffons encore mieux que la plûpart des régions que nous venons de parcourir, elle doit nous intéreffer d'avantage, & ce que nous dirons des qualités variées de fon atmofphère, ne peut que rendre plus utile & plus intéreffante, cette partie de l'hiftoire naturelle de l'air, & fa théorie générale plus complette.

§. II.

Etat de l'Air dans l'Europe Méridionale. Espagne & Pays voisins.

L'ESPAGNE qui est la région la plus méridionale de l'Europe s'étend du 36ᵉ au 44ᵉ degré de latitude septentrionale, quoique les chaleurs y soient plus sensibles & plus incommodes que dans aucune autre contrée de cette partie du monde, elles n'y causent point d'intempérie, & l'air y est en général fort sain, mais tellement subtil que si les Espagnols n'ont pas soin de bien fermer les fenêtres des endroits où ils couchent, & de se couvrir l'estomach le matin avant toutes choses, ils en sont infailliblement incommodés, ce que l'on ne peut attribuer qu'aux exhalaisons seches & pénétrantes, alors répandues dans la région inférieure de l'atmosphère qui y causent une fraîcheur nuisible que les premiers rayons du Soleil ont bientôt dissipée. En été, c'est-à-dire pendant sept mois environ, la chaleur s'y fait vivement sentir depuis dix heures du matin jusqu'à cinq du soir : chacun alors se retire chez soi, les uns se mettent au lit, les autres se tiennent dans des appartemens frais, de sorte que pendant ce tems-là, les boutiques sont fermées, on ne voit personne dans les rues.

On n'en sera pas étonné si on considere la nature du sol qui est en général sec & sablonneux ; la réflexion du Soleil par les montagnes dont les plus considérables sont les Pyrenées, celles des Asturies, de Tolède & de Grenade, la Sierra d'Alcaras dans la nouvelle Castille, & la Sierra Morena, qui presque toutes sont pierreuses & stériles ; le peu de rivieres, & l'état du pays que le petit nombre actuel de ses habitans & leur paresse ont en quelque sorte abandonné à l'activité d'un Soleil brûlant qui le desseche, sans qu'ils prennent aucune précaution pour le garantir de ses ardeurs & le fertiliser ; enfin le rendre tel qu'il étoit lorsqu'il étoit habité par ces peuples opulens, nombreux & guerriers qui résistèrent si longtems à toute la puissance Romaine. L'Espagne alors étoit regardée comme le pays le plus riche & le plus beau de l'Univers, on y trouvoit les marbres, les pierres & les métaux les plus précieux ; sa fertilité suffisoit à l'entretien de ses habitans ; l'air y étoit peut-être encore plus sain qu'il ne l'est à présent, parce que les terres étoient mieux cultivées : il n'y a plus que les provinces dont les peuples ont conservé quelque inclination au travail, où l'on retrouve quelques véstiges de l'ancienne abondance. Quoique la température soit dans toutes, plus chaude & seche que froide & humide, il y a cependant quelque différence à faire entr'elles.

L'air de la Galice est humide &

mal-fain, tant à caufe du voifinage
de la mer que des vapeurs qui fortent de quantité de fources d'eaux
fulfureufes & minérales que l'on
trouve en cette province : les eaux
de Lugo & d'Orenfe font bouil-
lantes. Les Afturies font pleines de
forêts & de montagnes mal peuplées & prefque partout incultes.
L'air eft plus tempéré dans la Bif-
caye que dans le refte de l'Efpagne,
les montagnes y empêchent l'excès
du froid & du chaud, les peuples
y font robuftes & laborieux, & les
terres mieux cultivées. La Navarre
eft un pays peu fertile, fes productions les plus précieufes font les vins
& les fruits ; elle a eu autrefois des
mines fort riches qui depuis long-
tems font abandonnées : c'eft dans
ce petit Royaume qu'eft le Canigou
le fommet le plus élevé des pyrenées, au haut duquel on trouve un
lac poiffonneux fingulier, en ce
que fi l'on y jette une pierre, il en
fort une petite fumée qui forme enfuite un affez gros nuage d'où il

fort une tempête accompagnée de pluie, de grêle & de coups de tonnerre violents. Ce phénomène, s'il se faisoit plus près de la mer, pourroit avoir un effet beaucoup plus considérable, & qui peut-être auroit quelque rapport avec le nuage du Cap de Bonne-Espérance, appellé par les Matelots *œil de bœuf.* L'un & l'autre paroissent tirer leur origine des exhalaisons & des vapeurs concentrées dans les cavités des montagnes voisines qu'une cause extraordinaire, telle que l'impulsion de la pierre, relativement au lac du Canigou, dans l'eau & sur l'air, agite tout d'un coup & détermine vers un centre commun de réunion, où leurs qualités opposées venant à s'entre-choquer, produisent ce bruit tumultueux, ces tonnerres & ces coups de vents passagers dont la force répond à la quantité de la matière qui y donne lieu.

Quoique le Royaume de Léon, traversé par le Douro, soit un pays assez sec, c'est cependant une des provinces les plus fertiles en bled, & l'air y est aussi sain que dans le reste de l'Espagne. La Castille est un pays élevé, plusieurs rivieres y prennent leur source ; il y pleut rarement, & l'air y est constamment pur : il est inculte pour la plus grande partie, non qu'il soit stérile, mais parce qu'il manque d'habitans ; ses pâturages au nord sont excellents, c'est de là qu'on tire les belles laines dont on fabrique les draps d'Espagne. Madrid dans la Castille nouvelle ne doit sa conservation qu'à la vivacité de son air qui consomme promptement les immondices que la négligence de ses habitans laisse entassés dans les rues. L'Aragon est un pays sec & montueux, presque desert & nécessairement stérile, parce qu'il n'est pas cultivé ; on y trouve des mines de fer très-abondantes. L'Andalousie qui renferme au nord la plus grande partie de la Serra Morena, est fertile & dans un bon air, ses chevaux, qui sont les meilleurs d'Espagne, font fa production la plus précieufe. La petite Ifle où la ville de Cadix eft fituée & le territoire qui l'environne, font la partie la plus fertile de l'Efpagne, la végétation s'y fait avec une 'force fingulière, mais l'air n'y eft pas auffi pur que dans le refte du Royaume, ce qui porte à croire que c'eft un terrein nouvellement forti de deffous les eaux, & formé de matières dont l'évaporation répand dans l'atmof-phère les caufes des intempéries fré-quentes qui s'y font fentir.

Dans la province de Grenade l'air eft fain & tempéré, on n'y éprouve ni grandes chaleurs ni froids piquants, à chaque pas on y trouve des fources d'eau vive & des ruiffeaux qui fe croifent, ce qui contribue à rendre ce pays le plus fertile & le plus agréable de l'Efpagne, tant dans la plaine que dans la montagne, autant que l'induftrie de fes peuples, qui font très-laborieux. L'air eft fi bon hors de la ville de Grenade, fur les bords du Dairo,

& si favorable à la santé que les malades s'y font transporter pour le respirer dans toute sa pureté, & y trouver le rétablissement de leurs forces languissantes. Les Maures trouvoient cette ville & ses environs si délicieux qu'ils s'imaginoient que le Paradis devoit être dans la partie du Ciel qui est au-dessus : de toutes leurs possessions en Espagne c'est celle qu'ils quittèrent avec le plus de peine.

Le terroir de la province de Murcie est sec, l'air y est bon & il y pleut rarement : on y recueille des vins excellens ; on y trouve quantité d'oranges, de citrons, d'olives, d'amendes, & des plantations considérables de muriers qui nourrissent beaucoup de vers à soye. Les cannes à sucre s'y cultivent avec succès & elles y mûrissent. On trouve dans les montagnes des amethistes & d'autres pierres précieuses. Le Royaume de Valence jouit d'un printems presque continuel, sa température est si douce & si agréable que

la campagne y est couverte de fleurs
en tout tems : les terres fertiles en
toutes autres productions que le bled
que l'on n'y cultive point, abondent
en ris, en dattes, en lin & en chan-
vres, en vins & en huiles, on y a
fait des plantations de cannes à sucre
qui y réussissent.

Il n'y a point de pays en Europe
où l'on paroisse faire moins de cas
du bled qu'en Espagne, on n'y en
seme presque point; il n'est donc pas
étonnant que l'on n'y trouve pas du
pain partout. Outre la disette des
grains, celle de l'eau y contribue
encore : la plupart des rivières étant
à sec la plus grande partie de l'année, leurs usines ne peuvent servir,
& on n'a pas encore imaginé d'y
construire des moulins à vent : de-
sorte que ce peuple qui porte rarement sa prévoiance jusqu'à s'occuper du lendemain, manque souvent
de pain & de farine sans s'en mettre plus en peine : il n'est pas étonnant qu'on parle de sa frugalité ordinaire, elle est forcée; s'il y a des

exceptions à faire c'est sur-tout par rapport aux Catalans. La province qu'ils habitent est dans un air tempéré & sain. Le territoire quoique montueux est fertile & bien cultivé. On y recueille du bled assez pour la nourriture des habitans, il y a des vins & des fruits de toutes sortes, les montagnes des environs de Solsone renferment des mines de sel que l'on tire par blocs, ce qui n'empêche pas qu'elles ne soient couvertes de pins d'une grande hauteur, & que sur les côteaux il n'y ait de bonnes vignes, on prétend même que les mines de Cardone sont inépuisables & que le sel s'y regenère, comme dans quelques mines d'Armenie : nous avons vû plus haut ce que l'on en doit penser. Toutes ces richesses sont à la disposition d'un peuple vif, courageux, entreprenant & fort laborieux qui n'a pas fait assez de cas de l'or du nouveau monde, pour abandonner les ressources qu'il pouvoit retirer de son propre pays, comme le reste des Espagnols.

Le Portugal situé à l'Occident de l'Espagne en tirant du Midi au Nord, depuis le Cap Saint Vincent à l'embouchure du Douro, du 37e. degré jusqu'au 42e. environ de latitude, dans une largeur inégale dont la plus grande est d'environ cinquante lieues de l'Est à l'Ouest, jouit de la plus belle & de la meilleure température: l'air y est pur, sain, plus chaud que froid, doux & moins sec qu'en Espagne, par rapport au grand nombre de rivieres qui arrosent ce pays; les terres quoique fort montueuses font presque par-tout fertiles: les montagnes produisent d'excellens pâturages où l'on nourrit beaucoup de bétail. La Province d'Estramadure, où est située Lisbonne est très-fertile en bled: le reste des vallées & des plaines où l'agriculture est moins en honneur, & où elle pourroit avoir les mêmes succès que dans l'Estramadure, font couvertes d'arbres qui produisent en abondance de bons fruits. Les orangers y font très-communs, on en voit

des forêts entieres : les premiers arbres de cette espèce apportés de la
Chine en Europe furent plantés en
Portugal, où ils ont réussi merveil-
leusement ainsi que les muriers qui
nourrissent quantité de vers à soie.
Malgré les révolutions causées par
des tremblemens de terre affreux,
sur-tout par celui de 1755 qui ruina
la ville de Lisbonne, celle de Setu-
val, dont on ressentit violemment
les secousses de Gibraltar à Bayon-
ne, en traversant l'Espagne entiere
du Midi au Nord; on ne s'est point
apperçu que la pureté de l'air ait été
altérée en Portugal ni en Espagne.
Ces mouvemens qui occasionnent
presque par-tout ailleurs un changement remarquable dans l'atmosphère, par l'évaporation abondante
qu'ils occasionnent, & les émanations nuisibles qui en sont la suite,
n'ont point eu cet effet en Portugal,
ce que l'on ne peut attribuer qu'à la
sécheresse du sol, & à la position
du pays exposé à l'action des vents
qui ne permettent pas que les vapeurs

& les exhalaisons se condensent dans l'air & en altèrent la pureté, ce qui est cause que malgré la chaleur du climat on y vit fort long-tems ; & sans doute encore parce que les Portugais sont en général plus actifs & plus laborieux que les Espagnols.

Par tout ce que nous venons de dire, on voit que l'Espagne & le Portugal sont les régions de l'Europe & même du monde, les plus heureusement situées. Outre la salubrité constante de l'air, & la beauté de sa température ; les qualités qu'il communique au sol, font que toutes les productions des autres parties du monde y croissent heureusement & même en abondance, si on veut prendre le soin de les cultiver. Les orangers & les muriers apportés de la Chine, les cannes à sucre de l'Amérique, y ont trouvé une terre favorable : les arbres des forêts du Nord couvrent le sommet des montagnes : les mines de sel peuvent être comparées à celles de Pologne ; on y trouveroit peut - être encore autant d'or que dans le tems des Carthaginois & des Romains, si on fouilloit dans les entrailles de la terre, si on employoit comme au Pérou des milliers d'Indiens à ce travail pénible & presque toujours mortel ; enfin ses rochers comme ceux des Indes Orientales renferment différentes pierres précieuses. Pourquoi donc ce pays, autrefois si riche par lui même, habité par des peuples nombreux, ne tire-t-il presque plus rien de son propre fond, ne se soutient-il que par les richesses qu'il rapporte des Indes Orientales & Occidentales ? Pourquoi l'Espagne est-elle stérile ? On ne peut pas en attribuer la cause à la chaleur qui y est plus véhémente que dans le reste de l'Europe. Le climat est le même que du tems des Maures, & sous leur domination ce pays étoit l'un des plus fertiles & des plus riches de l'Europe. Ils remédioient à son aridité naturelle & à l'action du soleil trop ardent, par le soin qu'ils prenoient de conduire l'eau des riviè-

res

res au travers des terres, qu'ils arro-
soient à propos, & qui répondoient
fidèlement à leurs travaux ; nous
avons vû que dans toutes les parties
du monde, cette sage économie assure la fertilité aux terres les plus
ardentes.

Peu à peu les Espagnols naturels
sont venus à bout de reconquérir le
pays que les Maures avoient usurpé.
Mais en chassant leurs ennemis au-
delà des mers, en bannissant ensuite
les Juifs & tout ce qui restoit en
Espagne de familles originaires d'A-
frique, quoique soumises au gouvernement ; ils en ont éloigné l'industrie, l'amour du travail, la fertilité
& l'abondance. L'Espagnol délivré
des ennemis qui l'avoient tenu pendant une longue suite de siécles sous
le joug, ayant satisfait son zèle pour
la religion, en ne souffrant avec lui
aucun Chrétien Judaïsant, n'a pas
crû devoir s'assujettir à des travaux
auxquels s'occupoit une nation, que
son infidélité, & les victoires qu'il
avoit remportées sur elle rendoient

Tome IV.   B

méprifable à fes yeux : il ne penfa
d'abord qu'à jouir tranquillement du
fruit de fes fuccès. C'étoit l'état de
ce peuple, lorfqu'il fit le premier
des établiffemens confidérables dans
les Indes & qu'il s'en appropria les
tréfors. Comptant trop fur les reffources qu'il trouvoit dans ces richeffes étrangeres, il abandonna le
foin de celles que lui fourniffoit fon
propre pays : il s'habitua à la mol-
leffe & au luxe qui font la fuite
d'une abondance exceffive, qu'il
crut inépuifable, & qui cependant
étoit plutôt telle dans fon idée qu'en
réalité.

Les troupes qui commencèrent la
conquête de l'Amérique, les premiers foldats qui pénétrèrent au
Pérou, eurent en partage une fi
grande quantité d'or, d'argent, de
perles & d'autres effets précieux,
qu'ils fe regardèrent comme les
hommes les plus riches de l'Univers.
Propriétaires des pays où ces tréfors étoient fi communs, ils fe cru-
rent déformais au-deffus de tout be-

foin. On les vit jouer & perdre avec indifférence des tas d'or ineftima-bles. Celui qui eut dans fon lot la figure du foleil qui occupoit tout le fond du Temple de Cùfco, embarraf-fé pour l'emporter, la joua & la perdit dans une nüit. Un foldat fa-tigué de porter environ un boiffeau de perles qu'il avoit eu pour 'fa part du butin, jetta fon fac dans un bois où il l'abandonna. C'eft ainfi que les troupes & leurs chefs prodiguoient des richeffes immenfes. Auffi s'habituè-rent-ils à fe regarder comme deftinés feulement à faire des conquêtes, tout autre genre d'occupation leur parut un travail indigne d'eux : ils pré-tendirent tous devoir jouir des droits de la nobleffe, & de l'oifiveté qu'ils fe perfuadèrent fauffement être fon partage. Ce fentiment pouvoit être excufé dans les conquérans de l'A-mérique. Mais comment leurs def-cendans ne fe font-ils pas apperçus qu'à mefure que l'or & l'argent dont leurs peres avoient été les premiers poffeffeurs, fe répandoient dans le reste de l'Europe, leurs ressources diminuoient ; que les peuples qu'ils regardoient comme leurs inférieurs, parce qu'ils labouroient, semoient & recueilloient pour eux, qu'ils exerçoient pour eux les arts Méchaniques, les mettoient insensiblement dans leur dépendance. L'Espagne a négligé le soin d'une terre qui fournissoit autrefois abondamment aux besoins d'un peuple beaucoup plus nombreux, auquel rien ne manquoit : elle s'est appauvrie par le défaut de culture ; & comme ses richesses se sont d'autant plus diminuées qu'elles se sont plus répandues, sa puissance a eu le même sort. Après s'être regardée comme l'état du monde le plus riche & le plus puissant, elle est tombée dans un état de foiblesse & de médiocrité dont elle ne sortira point, tant qu'elle ne tirera pas de son propre fond les denrées de nécessité première, dont l'importation la met dans la dépendance de l'étranger qui le sçait, & que son intérêt engage à multiplier les caufes de cette dépendance.

Ajoutons que l'Efpagnol naturellement généreux & conftant, fufceptible des impreffions les plus fortes, tout rempli de l'idée de fa nobleffe & de fa prééminence, s'est infenfiblement laiffé aller à cette pareffe d'efprit & de corps qu'il a vû être le partage des poffeffeurs naturels de ces tréfors dont la conquête l'avoit fi fort enorgueilli. Aujourd'hui encore, il regarde l'or comme le feul bien néceffaire. Il manque de tout avec tranquilité, pourvu qu'il ait une bourfe de piaftres dans fon coffre, un habit riche qu'il met rarement, une guittare & une épée. La femme eft prefque nue, les enfans font couverts de haillons, ils n'ont point de pain, ils vivent comme ils peuvent des premiers fruits qui fe préfentent fous la main, en attendant un meilleur fort & l'occafion d'acheter ce dont ils ont befoin; ils en ont les moyens & cette idée leur tient lieu de tout. Jamais l'imagination n'a mieux réalisé ses chimeres que dans le commun de ce peuple : c'est ce que l'on remarque sur tout parmi ceux qui font établis en Amérique, dans le centre des terres, loin des villes commerçantes, où ils font obligés d'attendre que quelques marchands leurs apportent les denrées qui leurs manquent, & dont ils ne font jamais ample provision, ils ne fongent qu'à ce qu'il faut pour le moment, l'avenir ne les inquiette pas.

Ils jouissent du trifte privilége de ne rien faire dans toute fon étendue & avec d'autant plus de fureté qu'ils n'ont pas à redouter que leur inaction foit regardée comme un vice. Elle ne passe pas ouvertement pour vertu, mais elle en tient lieu ; elle abforbe toutes les autres qualités qui font fubordonnées à la paresse dominante. Ce défaut de l'ame qui par-tout ailleurs est foible & languissant, prend en Espagne l'activité des passions. Le desir que l'on a de ne rien faire, & d'acquérir quelque

confidération, engage à un travail
dont on rougit parce qu'on le regarde comme vil; on le quitte dès
que l'on a acquis un petit capital,
au moyen duquel on puiffe être
oififf fans courir les rifques de la
mifére extrême. C'eft l'objet de l'é-
mulation générale, la voie pour arriver à l'eftime publique; il faut
n'être bon à rien pour en jouir. On
fait fi peu de cas de ceux qui tra-
vaillent, qu'il n'eft pas étonnant que
l'agriculture foit abandonnée, le
commerce anéanti, les fabriques
détruites & que tout le corps de la
nation foit dans un engourdiffement
univerfel, d'où nait fon indigence.
Envain des richeffes fictives lui font
encore illufion, tous les jours elles
perdent de leur valeur, & elles fini-
ront par avoir fi peu d'utilité en fe
multipliant, que le peuple qui s'eft
crû le plus opulent du monde, finira
par être le plus pauvre, s'il continue
de négliger les reffources réelles,
d'où il tiroit fon ancienne opulence.

Ainfi le climat, la religion, la

politique, les préjugés, tout s'est
accordé pour établir solidement ce
syftême d'inertie que le généreux
Espagnol trouve fi parfait & fi heureux qu'il veut que toutes les créatures raifonnables qu'il préfume de
fon fang, participent à fes avantages. Dans la crainte qu'un Etre d'ex-
traction noble, ne foit obligé par
état à des travaux utiles, mais méchaniques, il regarde comme nobles
tous les enfans trouvés, aimant mieux
qu'un roturier dont l'origine eft in-
connue jouiffe des priviléges de la
nobleffe, que d'avoir à fe reprocher
qu'un enfant d'un fang noble tombe
dans le vil état de la roture, & foit
forcé de travailler.

Cette difpofition a encore été
augmentée par les maladies habituelles que les Efpagnols ont contractées dans l'intempérie d'un air
étranger & mal fain, & dans le
commerce trop intime qu'ils ont eus
avec les Indiens : * leur vigueur
naturelle s'eft affoiblie, l'abbatte-

____

* V. le T. I. de cette Hift. *Dif.* 2. §. 17.

ment du corps a passé à l'esprit ; il
n'est resté à ce peuple que le souvenir
de ses forces & de son ancienne activité, avec le desir de les conserver
& d'en jouir, mais qui a eu d'autant
moins d'effet que le Gouvernement
& les loix ont en quelque sorte secondé la propagation de ce vice devenu radical. La douceur du climat
qu'il habite, & la chaleur qui s'y fait
sentir pendant les deux tiers de l'année, n'ont pas peu contribué à l'entretenir dans cette disposition qui
auroit eu des suites bien plus funestes, si la salubrité de l'air qu'il respire n'étoit un remede continuel &
toujours présent aux causes de destruction qui circulent avec son sang.
On doit regarder encore la couleur
des Espagnols comme un effet de
l'air. Les enfans y naissent comme
dans le reste de l'Europe fort blancs,
& communément d'une figure agréable, mais en grandissant leur tein
change d'une maniere surprenante,
l'air les jaunit, le soleil les brûle &
ils deviennent fort basannés, sur-

tout ceux qui ont fait quelques
voyages aux Indes ; ils font affez généralement de taille médiocre, mais
bienfaits, la tête belle, les traits réguliers, les yeux vifs & fpirituels,
à moins que des maladies fecrettes
ne les rongent & ne les déforment:
les femmes quoiqu'elles fortent peu
font très - brunes, mais d'ordinaire
d'une figure agréable & piquante,
vives & pleines d'efprit.

Elles infpirent les paffions les plus
fortes, mais prefque toujours accompagnées de la jaloufie la plus incommode. Ainfi ce fexe aimable qui domine avec une efpece d'empire dans
ce climat, eft précipité par l'excès
de fon pouvoir dans un efclavage
dont il ne fort jamais. On prétend
qu'un Efpagnol n'eft pas le maitre
de ne point aimer, & que cette difpofition de l'ame tient tellement au
phifique de fon exiftence & à l'effet
du climat, qu'il eft plus difficile encore de s'y garantir des traits de l'a-
mour que des chaleurs de l'été. C'eft
une forte de fièvre endémique qui ne

cesse qu'avec la vie. Il faut qu'un Espagnol aime : sa passion peut changer d'objet, sans qu'elle diminue d'activité ; la vieillesse n'apporte que peu de changement à ses desirs & à ses gouts, il est infirme & caduque, sans cesser d'être amoureux : il aime jusqu'au dernier moment de sa vie : il se plaît à assurer une durée éternelle à sa passion ; on a vû de ces amans prendre de nouveaux engagemens pour une autre vie, dans l'esperance de s'aimer pendant toute l'éternité. Quelque extravagante que soit cette idée, elle n'a cependant rien de disparate avec le caractère noble, constant & généreux de l'Espagnol, & on ne peut la regarder que comme une suite assez naturelle d'une passion d'habitude qui régne encore despotiquement sur un Etre dont les organes sont affoiblis, & la machine prête à tomber en dissolution par les excès même de cette passion.

Au commencement de notre siecle on connoissoit en Espagne une secte particuliere de ces amoureux en titre & par état, qui peut-être y subsiste encore. On les appelloit *Embevecidos*, enivrés d'amour, ils avoient permission d'étaler leurs transports publiquement : on ne prenoit point garde à leur contenance & à leur parure, parce que l'amour qui les possédoit tout-entiers leur servoit d'excuse ; dans les regions plus froides de l'Europe une conduite semblable passe pour une folie consommée. Cependant leur jalousie étoit extrême, on ne pouvoit la comparer qu'à l'excès de leur amour : elle y subsiste encore, parce qu'elle tient aux effets de l'air & du climat. Les Visigoths transplantés du Nord en Espagne, passèrent d'une indifférence presque inconcevable pour les femmes, à cette jalousie qui nous étonne ; ils adoptèrent les loix & les usages que les climats de cette nature semblent exiger, si l'incontinence des femmes qui jouissent de quelque liberté à Lima, à Goa, à Batavia & dans les Indes est aussi grande que les voyageurs la représentent.

On trouve donc dans cette partie la plus méridionale de l'Europe des mœurs nouvelles qui ont beaucoup de rapport avec celles des peuples des pays les plus chauds de la terre, parce qu'elles y ont pris naissance. Sans doute elles y auroient fait des progrès encore plus marqués, si un commerce fréquent avec des nations plus actives & plus laborieuses, & de sages réflexions sur les inconvéniens qui résultent de cette inaction vicieuse n'engageoient le gouvernement actuel à faire des efforts pour rappeller la nation à ses qualités primitives : elles existent encore, il ne faut que les développer & les soutenir.

La nature qui ne se trompe jamais dans son but, semble avoir formé les Espagnols qu'elle a placé dans le plus beau climat de la terre, pour être les plus honnêtes & les plus vertueux des hommes. Ils ont eu dans tous les tems une certaine ma-

gnanimité de caractère , une noblesse
dans leurs procédés , une honnêteté
simple dont on retrouve encore des
traits marqués dans la plus grande altération. On peut dire que la vertu
est d'autant plus héréditaire à cette
nation , qu'elle a souffert des révolutions plus fréquentes & plus capables de changer entierement le fond
de ses mœurs : le commerce même
que la position heureuse de l'Espagne l'a mis à portée de faire de
bonne heure avec toutes les nations
connues n'a jamais alteré sa bonne
foi ; ce que l'on doit regarder com-
la pierre de touche de l'honnêteté
naturelle de ses habitans.

Si nous remontons au tems où
les Carthaginois vinrent porter le
ravage & la désolation dans ces contrées, si nous les considerons, sous
l'empire des Romains , la tirannie
des Goths , & le despotisme féroce
des Maures Africains , nous voyons
que ce mélange monstrueux de
mœurs & de coutumes étrangeres
& barbares , a cedé à la noblesse &

à la beauté d'origine des mœurs
Espagnoles. Elles se font teintes de
couleurs étrangeres, elles ont donné
dans l'enflure Orientale, mais la pro-
bité, la grandeur d'ame, l'héroïsme
n'y ont jamais été anéantis. La superstition même qui a plus dominé
dans ce pays que dans aucun autre,
n'y a pas fait les ravages qu'elle auroit dû y exciter : le flegme des Espagnols en l'adoptant par principe
de religion, a toujours éteint au
moins en partie le feu qu'elle auroit
allumé en tout autre état.

Le plus grand malheur des Espagnols vient de ce qui a causé l'envie
de toutes les autres nations, de la
découverte du nouveau monde : l'or
du Pérou comme nous l'avons dit
plus haut, a totalement changé la
face de ce beau pays, & causé sa
dépopulation. L'Espagnol naturellement porté à la belle gloire, ne s'est
trompé que sur les moyens de la
placer & d'en jouir ; il a cru s'acquérir une espece d'empire universel en forçant tout le reste des hom-

mes à le servir, sous la condition de partager avec lui ses trésors, il s'est arrêté à ces idées qui l'ont séduit, sans le corrompre : il est tombé dans un état d'inertie, où il a perdu la force de son tempéramment, son goût pour les exercices militaires, son courage à supporter les peines de la guerre & à en braver les dangers ; cette infanterie Espagnole qui étoit la premiere de l'Europe n'existe plus. Je ne parle ici que de la nation considérée en corps : les particuliers sont encore braves, honnêtes, sages, désintéressés, constans aux devoirs de l'humanité & de la vertu, bons sujets, fidèles amis, on retrouve en eux, toutes les anciennes qualités qui les ont toujours rendus recommandables : mais l'intérêt national qui les unissoit autrefois n'a plus aucune force ; si on le fait revivre on rendra bientôt cette nation à sa vertu d'origine. Il faut la tirer de l'indolence générale où elle est plongée, la restraindre à trouver dans son propre

pays , les feules richeffes fur lefquelles elle doive compter & qui lui
foient effentiellement néceffaires.
C'eft un grand ouvrage à entreprendre, il n'y a que le Souverain qui par
des loix fages, une attention exacte
à les maintenir , & fon exemple ,
puiffe ranimer le feu de ces vertus
étouffé fous tant de matières étrangères. La nation eft fon bien , c'eft
à lui à la mettre en valeur ; les particuliers n'y font pas affez intéreffés
pour fe porter d'eux-mêmes aux
efforts néceffaires pour réuffir dans
un projet auffi grand.

La nation Portugaife paffe pour
être brave & fpirituelle, quoiqu'elle
vive dans une inaction que l'on ne
peut comparer qu'à celle des Efpagnols. On croiroit delà qu'ils fe
reffemblent ; cependant on dit ordinairement que pour prendre une
idée jufte du caractère des Portugais, il n'y a qu'à retrancher toutes
les bonnes qualités de celui des Efpagnols ; fans doute qu'il y a beaucoup d'exception à faire dans cette
propofition générale.

La dépopulation met plus de ressemblance entre ces deux régions voisines, non par un vice local ou par l'effet de quelque intempérie ; car le Portugal est peut-être le pays de la terre le plus propre à la propagation de l'espèce humaine. Le ciel y est constamment serein, le sol est naturellement fertile & bien arrosé, l'air y est pur & n'est point exposé à ces vicissitudes qui contrarient la Nature dans ses productions. Ce défaut de population vient de l'esprit du gouvernement, & de la révolution qu'a causée en Portugal comme en Espagne l'or du nouveau monde.

Il est permis à chaque propriétaire de laisser ses champs en friche, & le gouvernement n'a aucune attention à maintenir l'agriculture ni à l'encourager. Or comme partout le soin de la culture des terres est à-peu-près la mesure de la population, il n'est pas étonnant qu'elle diminue tous les jours dans un pays où depuis plus de deux siècles, l'or

suffit à tout , où l'on ne seme ni on
ne recueille ; où la nation voit tranquillement les étrangers faire tout
son commerce , & s'enrichir à ses
dépens , où cet abus a si bien passé
en système , qu'il faudroit changer
l'ordre des choses & en venir à une
révolution peut-être dangereuse ,
pour établir des manufactures , forcer les nationnaux à devenir cultivateurs , & à trouver autour d'eux
& dans le sol qu'ils habitent les
denrées de nécessité première , pour
se passer des étrangers qui les ruinent.

Les Anglois ont ce privilège ex-
clusif depuis plus d'un siècle ; Cromwel fit avec les Portugais un traité
de commerce par lequel l'Angleterre à l'exclusion de tous les autres
peuples commerçans devoit leur
fournir des grains , des draps , des
toiles , & toutes sortes d'ouvrages
d'industrie. Ainsi ils ont forgé avec
l'or des Indes la chaîne sous laquelle
ils sont assujettis , sans qu'il leur
soit encore venu en idée de s'en
débarrasser , en ouvrant leurs ports

aux autres nations & les admettant à la concurrence. Par un renverse-ment étrange de l'ordre naturel, c'est le climat de l'Angleterre, ses sai-sons & son air épais qui règlent la subsistance des Portugais & leur ai-sance, puisque c'est là que se font leurs moissons & leurs étoffes; com-me c'est pour les Anglois que se font les vins en Portugal, eux seuls ayant le droit d'en exporter , & étant les maîtres d'en fixer le prix. Cette espèce d'arrangement est un phénomène dans l'ordre politique, & un effet singulier de la richesse des Portugais qui les a réduit à une pauvreté réelle, & sous l'esclavage volontaire d'une nation naturelle-ment moins opulente, mais bien plus active & plus industrieuse, & dès-lors plus puissante & plus riche.

Les provinces méridionales de France, quoique sous une latitude plus avancée au nord, jouissent en beaucoup d'endroits d'une tempé-rature aussi douce & d'un air aussi chaud que l'Espagne; les qualités du

terroir des deux régions ont même
beaucoup de rapport à en juger par
leurs productions ; mais elles font
habitées par un peuple vif, laborieux & entreprenant. Il eft moins
conftant dans fes idées & fa conduite, que fes voifins, ce que l'on doit
attribuer au ton général de la nation, & à fes ufages qui changent au moins à chaque généra-
tion. Le François tout-à-fait différent des peuples énervés des
climats les plus riches & les plus
fertiles du monde, femble mettre
l'effence du bonheur dans le mouvement, l'action & le changement ;
l'uniformité eft pour lui la fource
du plus grand de tous les maux,
de l'ennui ; chaque jour il imagine
de nouveaux moyens de l'éloigner,
& à fon exemple d'autres peuples
auffi actifs que lui, mais qui n'ont
pas autant de reffources dans l'imagination, adoptent avec empreffement ces variations qui d'abord leurs
paroiffent ridicules, & qu'ils finiffent par regarder comme une

preuve de goût & d'esprit. Quelques Auteurs célèbres ont crû trouver les causes de ce caractère dominant dans les qualités indécises de l'atmosphère où vivent les François, dans le passage fréquent du chaud au froid dans toutes les saisons de l'année. Il est certain que cette cause peut influer sur les tempérammens, à la constitution desquels les mœurs générales tiennent beaucoup ; mais ils ne peuvent pas disconvenir que le goût habituel de la nation, ses loix, son gouvernement, & la situation de ses provinces ne contribuent à cette variété, autant que les vicissitudes de l'air. Nous traiterons plus au long de ces causes en parlant de la température dominante dans les régions situées au milieu de l'Europe.

§ III.

Italie Méridionale.

En suivant notre ordre de division, nous avons à parcourir d'a-
bord l'Italie méridionale. Quoique
la côte de Gênes soit à son couchant, on peut mettre le peu d'espace qu'elle occupe au rang des
pays les plus chauds de l'Europe :
les Alpes & l'Apennin la garantissent
des vents de nord & de nord-ouest
qui font les plus froids : les vents
d'est peuvent s'y faire sentir quelquefois, mais ceux qui y dominent
font de sud & d'ouest. Cependant
la disposition de l'air est en général assez saine pour ceux qui y font
habitués, ce que l'on doit attribuer
à la sécheresse naturelle du terrein.
Si le sol étoit plus gras & plus humide, l'air ne pourroit qu'y être
mal sain : on en juge par la ville
d'Albenga & son territoire qui est
la partie la plus fertile & la mieux

cultivée de la riviere de Ponent ; mais comme elle est dans une plaine resserrée par les montagnes, que son territoire arrosé par les eaux qui y coulent des hauteurs voisines est toujours humecté & fort gras, l'air y est regardé comme nuisible à la santé, & souvent on s'y ressent de ses effets dangereux. Toute la côte d'Italie, de Nice à Sarzane est hérissée de rochers ; cependant son aspect est agréable & varié par la quantité d'oliviers, de vignes, de figuiers & de mûriers que l'on a plantés partout où l'on a trouvé assez de terre. Les maisons de campagne des nobles Génois & leurs jardins en terrasse, remplis de bosquets d'orangers, décorés de belles palissades de myrthes & de lauriers, arrosés d'eaux abondantes & pures font un séjour agréable où l'on jouit des douceurs du printems pendant une grande partie de l'année, sans être incommodé d'aucune intempérie, au moins dans les situations élevées au-dessus du niveau de la mer, car pour peu

que

que le terrein soit plat comme est celui de Cornigliano, la tempéra-ture n'est plus égale ; une humidité mal-saine que les vents du sud & d'ouest font refluer de la mer dans les habitations & sur les terres en rendent le séjour pernicieux.

Les chaleurs doivent être très-vives & même incommodes à Gênes pendant l'été ; il n'y a point de ville au monde dont les bâtimens soient plus élevés & les rues plus étroites, & si la police n'avoit pas soin de les tenir d'une grande propreté les ma-ladies contagieuses y seroient peut-être aussi fréquentes qu'à Constan-tinople : mais comme les Magistrats chargés de ce détail sont fort atten-tifs à ce que leurs ordres soient exé-cutés, on ne s'y plaint pas de l'in-tempérie de l'air, même dans les quartiers les plus bas & les plus voisins de la mer : pour les quartiers plus élevés tels que celui de Carignan, il y a presque toujours un mouve-ment sensible dans l'air qui y en-tretient une fraicheur agréable. Dans

toute la ville l'usage des terrasses &
des toits plats où chacun, suivant
son état, va respirer le soir un air
plus frais, contribue à la santé des
habitans. D'ailleurs le pays produit
beaucoup d'oranges, de citrons &
d'autres fruits dont on fait une grande consommation sur tout dans les
tems chauds, ce qui ne peut être que
fort sain.

Toute la côte de Gênes, tant au
levant qu'au couchant, est fort peuplée : il n'en est pas de même de
l'intérieur des terres : quoiqu'elles
soient très-montueuses, elles pourroient avoir beaucoup plus d'habitans & fournir assez de denrées pour
leur nourriture. Toute la montagne
de Gênes à Novi est recouverte d'une
couche épaisse de terre végétale,
qui n'est point aride ; on trouve des
sources jusqu'aux sommets les plus
élevés ; la plus grande partie en est
abandonnée, à peine y voit-on paître quelque bétail de loin en loin.
L'air qui est plus froid que sur la
côte de Gênes y est aussi plus sain,

les hommes y font plus robuftes ;
c'eft la patrie de ces anciens Ligu-
riens qui réfiftèrent fi longtems à
la puiffance Romaine qui ne put les
fubjuguer qu'en détruifant les forêts
dans lefquelles ils combattirent fi
courageufement pour leur liberté.
En y mettant le feu, on leur ôta,
dit l'hiftorien Romain, toute reffource ; on les défarma, & à peine
leur laiffa-t-on affez de fer pour cultiver leurs terres. Elles étoient donc
en valeur, & produifoient affez de
fruits pour la nourriture d'un peuple nombreux. Il ne faut que voir
ce pays pour être perfuadé qu'il eft
fufceptible d'une meilleure culture
& d'une plus grande population.

La température du refte de la
côte de l'Italie de Sarzane à Terracine de l'oueft au midi, eft plus
chaude que froide, plus ou moins
faine, relativement aux qualités du
fol : plus il eft humide & naturellement fertile, plus il envoye dans
l'atmofphère d'exhalaifons dangereufe. La plaine qui s'étend de Pife

à la mer, si agréable à habiter pendant l'hiver, où l'on jouit d'une température délicieuse, où la végétation n'est jamais interrompue, est un séjour mortel pendant les chaleurs de la belle saison. Son atmosphère est alors chargée de vapeurs pestilentielles qui s'élèvent d'un sol humecté par les pluies du printems & d'une quantité de végétaux pourris, dont l'action du Soleil accélère la dissolution. On trouve encore dans ce canton plusieurs sources d'eaux sulfureuses & chaudes qui annoncent que la terre y renferme dans son sein un principe de fermentation fort actif qui secondé par la chaleur du Soleil, occasionne un mouvement extraordinaire à sa surface : elle se dissout, se divise & répand ses parties les plus atténuées dans l'air dont tant de matières étrangères diminuent la fluidité, le ressort, & la légéreté, le rendent stagnant & dès-lors d'autant plus dangereux qu'il se corrompt plus aisément.

On ne se plaint pas à Livourne de

cette intempérie ; le soin que l'on a
de cultiver les terres des environs
toujours couvertes de plantes utiles,
destinées au rafraichissement des
vaisseaux qui entrent sans cesse dans
son port : sa population nombreuse
& le grand mouvement qui s'y fait,
font très-capables de changer les qualités de l'air & même de contribuer
à sa salubrité ; quoique la ville manque de bonnes eaux qu'il y faut apporter de loin , qu'elle soit environ-
ronnée de petits marais à peu de distance , & que dans son enceinte elle
renferme plusieurs canaux qui n'étant
pas toujours également remplis doivent envoyer dans l'air beaucoup
d'exhalaisons nuisibles à sa pureté.
Mais il semble que le grand commerce
de cette ville qui occupe & intéresse
tous ses habitans , ne leur permette
pas de s'occuper ni même de ressentir
ce que les effets de l'intempérie peuvent avoir de fâcheux. Ce peuple est
composé de gens de toutes les nations
commerçantes de l'Europe que le
Grand Duc Ferdinand I. y attira lors-

qu'il fit bâtir la ville, dont il y favoriſa l'établiſſement, & de plus de quinze mille Juifs Eſpagnols & Portugais qu'il y reçut lorſqu'ils furent chaſſés d'Eſpagne. Ce ſont eux ſur-tout qui y ont établi un commerce opulent & l'induſtrie qui le ſoutient. Hors du grand port de Livourne on voit en pleine mer deux tours iſolées, dans l'une deſquelles eſt une ſource abondante d'eau fraîche où les vaiſſeaux vont s'en pourvoir; bienfait précieux de la Nature, dans un pays où les bonnes eaux ſont ſi rares.

En continuant de ſuivre cette côte de l'oueſt à l'eſt par le ſud, on trouve beaucoup de terres fertiles cultivées & en général aſſez peuplées, quoique la bonté de l'air ne réponde pas à ſa douceur & à l'égalité de ſa température : ce qui eſt cauſe qu'il faut changer ſouvent les garniſons de Piombino, Portolongone, Orbitello & des autres places maritimes de cette contrée : elles y contractent par un trop long ſéjour des maladies qui les détruisent. A Civita-Vecchia, l'air n'est pas aussi sain encore que sur les côtes de Toscane. Le peu de soin que l'on a de culti-ver les terres de la campagne de Rome, les marais qui se forment partout & qui s'étendent de plus en plus ; les productions abondantes d'un sol naturellement fertile, qui ne croissent que pour se pourrir & former une couche plus épaisse & plus abondante en exhalaisons fé-tides, font les causes naturelles de cette intempérie dont on pourroit beaucoup diminuer les effets, s'il étoit possible de peupler ces cam-pagnes désertes, de faciliter l'écou-lement des eaux qui les inondent, & de les renouveller par la culture.

Le territoire d'Ostie autrefois si peuplé n'est plus habitable, l'air y est pestilentiel pendant les deux tiers de l'année. Cette ville qui avoit le port le plus fréquenté des Romains & des nations qui répondoient à leur empire, est actuellement éloignée de la mer de plus d'un mille, ainsi

que l'on en peut juger par la tour
du fanal , & le contour du baſſin de
l'ancien port dont les veſtiges ſe
reconnoiſſent encore. Les ſables &
les terres que le Tibre entraîne dans
ſon cours & dépoſe à ſon embouchure dans la mer , ont formé un
terrein nouveau plus élevé que l'ancien qui a fermé une de ſes bouches
& retréci l'autre au point qu'il faut
des ſoins & des travaux preſque continuels pour rendre navigable le canal par lequel il coule de Porto à la
mer : ſi cette iſſue continue à s'em-
barraſſer , ſes eaux en refluant pro-
duiront néceſſairement une inondation qui couvrira toutes les terres
baſſes qui ſont entre Rome & Oſtie
& dont les effluences pourront devenir auſſi dangereuſes que celles des
marais pontins.

Ces marais couvrent une campagne qui fut autrefois très-fertile &
peuplée de plus de trente, tant villes
que bourgades habitées par une tri-
bu Romaine dont il ne reſte plus
aucun veſtige. On conjecture que

tout ce pays fut bouleverſé par un tremblement de terre dans le cinquième ou le ſixième ſiècle de la République Romaine. Des phénomènes de cette eſpèce plus récens, donnent de la vraiſemblance à cette opinion. Le bourg de Tripergolé, près de Pouzzols, fut engloutti & toute la face de ſon territoire changée par des tremblemens de terre, & une éruption de feux ſouterrains qui ne durèrent pas plus de vingt-quatre heures au mois de Septembre 1538 ; il n'en reſte pas aujourd'hui la moindre trace, une colline qui s'éleva dans ce grand bouleverſement ſubſiſte encore telle qu'elle ſortit du ſein ardent de la terre. Il eſt donc très-probable que le cours des rivieres de la campagne Pontine fut alors interrompu, qu'elles ſe répandirent dans les terres, où les eaux de la mer firent en même tems une irruption. Peut être ce mouvement changea-t-il la qualité de ces eaux qui ſont actuellement corrompues à leur ſource même ; celles de la riviere

C v

appellée *il Portatore*, rendent une odeur âcre & fétide en fortant des rochers vis-à-vis de *Cafe-Nuove*, entre Velletri & Piperno : elles font abondantes & couvertes de bouillons d'une écume jaune qui femble produite par des matieres animales en putréfaction, tant l'odeur qu'elle exhale eft mauvaife. Toute cette partie de la campagne de Rome eft inhabitée & réellement inhabitable par l'intempérie continuelle qui y règne : les vapeurs & les exhalaifons qui fortent de ces marais font fi abondantes & fi nuifibles que le froid même de l'hiver interrompt à peine leurs effets. Le refte de la côte de Terracine à Gayette & même jufqu'au Cap de Mifène, quoique mieux cultivé, n'eft pas auffi peuplé qu'il devroit l'être. L'air y eft mal-fain prefque par-tout, on s'en plaint à Fondi, même à Gayette, quoique cette place fituée fur une pointe élevée & avancée de tous côtés dans la mer foit expofée à tous les vents, même à ceux de nord-oueft qui quelquefois y font très-froids. Cela n'empêche pas que la campagne voisine ne présente partout le spectacle de la fertilité & de l'abondance. Les productions sont belles, la douceur du climat fait que les orangers, les myrthes, les jasmins & les lauriers croissent partout en plein air. Il ya même quelques endroits sur cette côte, dont le sol plus élevé & plus sec, & l'atmosphère rafraichie par les vents de nord & d'est qui s'échappent par les gorges des montagnes voisines, jouissent d'une température plus saine quoique moins égale.

C'est sur-tout de Cumes à Pouzzols que la dépopulation annonce les effets d'une intempérie constante. Ce pays, autrefois si peuplé, à en juger par la quantité de ruines de palais, de temples, & d'autres édifices, est presque totalement désert à présent. Les chaleurs y sont fort vives, & pendant plus de six mois de l'année les exhalaisons qui s'élèvent de toutes parts du sein de la terre & de différentes petites souffrieres que les

habitans appellent *moffettes*, ſe répandent dans l'air, le rendent ſtagnant
& ſi dangereux qu'il n'eſt pas permis alors, ſur-tout aux étrangers,
de le reſpirer impunément. On m'a
fait voir dans ce pays la maiſon qu'a-
voit occupé un Anglois, qui char-
mé de l'heureuſe ſituation du village
de Bauli au-deſſus du Cap de Mi-
ſène, de la beauté de la campagne
des environs & ſurtout de cette portion que l'on appelle *Champs-Éliſées,*
avoit réſolu de s'y établir. Il regar-
da ce qu'on lui dit des dangers de
l'air comme un préjugé populaire.
Pour s'y accoutumer il vint habiter
ſa maiſon pendant l'hiver, il s'y
trouva bien ; mais il voulut en vain
lutter contre les chaleurs de l'été,
& les effets de l'air dans cette ſaiſon,
il en fut la victime, il ne conſentit
à ſe faire tranſporter à Naples que
lorſqu'il étoit moribond, & il n'é-
toit plus tems. Il ne reſte dans tout
ce canton que les ſeuls habitans que
leur peu d'aiſance, & le ſoin de cultiver quelques vignes, des jardins,

& des plantations de figuiers qui fourniffent à leur fubfiftance y attachent conftamment. La chaleur doit être encore plus étouffante dans quelques villages fitués entre les montagnes ; mais comme ils font tous arrofés de fources abondantes, l'air ne paffe pas pour y être auffi pernicieux. La quantité d'eaux chaudes, fulfureufes & minérales qu'on trouve communément dans tous ces environs, prouve qu'il y a un feu continuel allumé dans le fein de cette terre qui excite la grande évaporation qui s'y fait, & qui charge l'atmofphère d'exhalaifons chaudes & feches. Cependant il eft poffible de s'y habituer, car la race des hommes de ce pays eft ordinairement grande & forte, les femmes y font bien faites & ont les traits affez réguliers ; les enfans font beaux & leftes, dès le mois de Mars ils font prefque nuds, leurs meres ne font guères mieux habillées, & comme ils font toujours à l'air ils ont le teint fort brun, fans cependant avoir les traits durs & groffiers ; il ne paroît pas que l'on y soit sujet à d'autres maladies habituelles que celles qui font le fruit de cette forte d'intempérance aussi commune dans ces cantons que dans aucune autre province méridionale de l'Europe. Tous ces gens-là font d'une mifere extrême & volontaire parce qu'ils fuyent le travail; il ne paroît pas même qu'ils ayent jamais eu aucun principe de mœurs : aussi la corruption occasionnée par le defir de gagner quelque argent fans peine, y eft-elle portée à un excès dont il faut être temoin pour le croire.

Je ne dis rien de la beauté du Ciel & de la falubrité de l'air de Naples : ces avantages font connus & conftans, cette ville eft dans la plus belle fituation de l'Europe, & peut-être du monde. Quelquefois les chaleurs y font fi vives dans les mois de Juillet & d'Août, que le peuple même eft obligé d'y refter dans une inaction totale, mais il eft rare qu'elles y caufent de ces intempéries fi fréquentes dans d'autres contrées de l'Italie méridionale.

L'extrémité de cette grande prefqu'Ifle qui s'étend de Naples au détroit qui la fépare de la Sicile, eft
en général fertile & peuplée, on
en tire d'excellens chevaux, du beau
bétail, des vins, des grains & des
fruits de toute efpèce, & l'air y eft
fain pour ceux qui y font habitués ;
il n'en eft pas de même pour les étrangers qui fe livrent trop à la jouiffance
des avantages de ces pays délicieux
en comparaifon des régions de l'Europe plus avancées au nord ; fur-tout
lorfqu'ils font obligés à quelques travaux pénibles, à de longues marches, à des peines d'efprit & de
corps pendant les chaleurs de l'été.
C'eft en partie à ces caufes qu'il faut
attribuer le peu de fuccès qu'eurent
les François fous les regnes de Charles VIII & de Louis XII, lorfqu'ils
voulurent porter leurs armes dans les
parties méridionales du royaume de
Naples, ou conferver les conquêtes
qu'ils y avoient faites. Les Efpagnols
accoutumés à une température à peu-
près égale, & à fe précautionner à

propos contre les ardeurs du soleil de l'été, ménageoient leurs forces & leurs reffources, tandis que la valeur active des François bien loin de les garantir des maladies qui fe mirent dans leur armée, & fous lefquelles les chefs & les foldats fuccomboient également, ne faifoit qu'en augmenter les funeftes effets. C'eft dans ce même pays que les Carthaginois qui fous la conduite d'Annibal fembloient deftinés à donner la loi à toute l'Europe, s'énervèrent & cédèrent enfin à la puiffante deftinée de Rome : ils trouvèrent la caufe de leur perte autant dans les délices de Capoüe, que dans la fécurité où ils étoient devant un ennemi qu'ils croyoient fans reffource.

Ce n'eft pas la beauté du climat, & la falubrité de l'air qui ont donné lieu à ce proverbe, que Naples eft un Paradis habité par des démons & que fon peuple eft le plus groffier & le plus méchant de la terre ; d'autres caufes ont produit cet effet qui n'eft encore que trop fenfible, malgré les soins que se donnent depuis quelques années des Ministres sages, actifs & vigilans pour réformer le corps de la nation, & l'assujettir à des principes constans d'honnêteté & d'amour pour le travail ; cette dépravation vient de loin, il faut en chercher les causes dans les gouvernemens divers auxquels il a été soumis. Cette belle partie de l'Europe a fait l'objet de l'ambition de tous les conquérans, & ses délices les ont tous énervés : elle a été sujette à tant de révolutions, habitée par tant de peuples différens, dont la partie la plus méprisable s'y est fixée, qu'il faut moins s'étonner de tout ce que l'on y voit encore de vicieux & de révoltant. Le fond de la nation a été originairement de Grecs, & il seroit aisé de prouver par les monumens, que les usages étoient les mêmes à Naples qu'à Athénes, & les Grecs dans leurs plus beaux tems n'eurent jamais de mœurs publiques. Les Romains vinrent ensuite y établir le sejour de leurs plai-

firs & de leurs excès en tout genre;
ce fut là où Tibère vint cacher les
défordres de fa vie, que l'infâme
Néron donna un libre cours à fa
folie, & qu'il ofa faire affaffiner fa
mere. Les Vandales qui leur fuccéde-
rent, accoutumèrent à la cruauté un
peuple avili, plongé dans les délices
& qui n'en fut que plus méchant.
Après eux les Sarrafins ravagèrent
les mêmes provinces où ils firent
des établiffemens : ils mêlèrent leur
fang avec les naturels du pays, ils
entèrent fur des plans favorables,
la mauvaife foi, l'irreligion & tous
les vices de l'Afrique. Les avantu-
riers Normans qui les chafsèrent,
les Princes qui leur fuccédèrent & qui
ne furent prefque jamais paifibles
poffeffeurs de leur couronne, y laif-
sèrent le germe de ces factions continuelles qui ont agité ce peuple jufqu'à nos jours, & dont la licence avoit
autorifé & entretenu tous ces vices.
Ils commencent à s'éteindre, on ne
les reconnoit plus fur-tout dans la
bonne bourgeoifie, dans ce qu'on

appelle à Naples *la civilita* où l'on remarque des mœurs, de l'inclination pour les arts & les fciences, & les plus heureufes difpofitions à contribuer à la gloire & au bonheur de l'Etat; la nobleffe paroît avoir renoncé à fon goût pour les révolutions & quitté l'efprit de parti dont les avantages ne font que chimériques & les maux très-réels. Mais le peuple eft encore à-peu-près le même: fa religion n'eft encore qu'une fuperftition aveugle & brutale fur laquelle il femble qu'on n'ofe l'éclairer: il n'a point encore de mœurs, il ne connoit que fon intérêt; il eft groffier, hardi, & cependant peu à craindre, parce qu'il n'a point d'idées, & que la moindre réfiftance le rebute, & le décourage; il ne peut être qu'un inftrument dangereux. Il ne faut qu'examiner les enfans de cet ordre pour juger de ce qu'ils feront un jour; dès qu'ils peuvent marcher & courir feuls, ils bravent avec intrépidité tous les dangers de cet âge, ils ont le regard dur

& assuré : c'est un spectacle singulier
que de les voir dans le tems que la
mer est agitée se jetter dans les flots,
& tacher de prendre les poissons
qui sautent à la surface de l'eau &
qu'ils disputent aux oiseaux de proie
qui les poursuivent. On conçoit qu'il
est difficile d'assouplir un peuple de
cette espèce, qui ne connoit que
l'intérêt du moment, qui ne paroit
aimer le gouvernement actuel, que
parce qu'il travaille à le gagner en
lui faisant du bien. On aura plus de
peine encore d'y établir le goût pour
le commerce, l'agriculture & les
arts : la chaleur enerve les corps &
la nonchalance est un vice du climat.
Ce sont ces causes phisiques, toujours renaissantes, qui sont les plus
difficiles à surmonter, & qui ont
enseveli les plus belles parties de
l'Europe méridionale sous les ruines
de leur luxe & de leurs voluptés.

Si nous quittons les côtes pour
pénétrer dans l'intérieur des terres
nous n'y trouvons plus une température aussi égale & aussi douce, les

vents du Nord s'y font souvent sentir, & donnent une idée de ces variations subites du chaud au froid auxquelles font expofées toutes les régions fituées dans la Zone temperée, depuis le 44e. degré de latitude environ jufqu'à ce qu'on arrive aux climats où le froid domine conftamment, où l'on ne fent l'action de la chaleur que pendant un court efpace de l'année, dans les longs jours qui font à peine interrompus par une abfence momentanée du foleil, quand il ne refte pas vifible fur l'horifon pendant plufieurs femaines de fuite.

Quoique la ville de Rome ne foit qu'au 41e. degré 54 minutes, quelquefois on y éprouve des froids très-piquants : ils durent peu parce que les vents du Nord n'y font pas conftans, & que le fol fulfureux, leger, & naturellement chaud ne conferve pas long-tems les effets de la gelée. Mais le Tibre qui fut glacé du tems d'Horace l'a été en 1709 & en 1740, il fe paffe peu d'hivers que les fontaines ne foient hériffées de glaçons assez gros mais peu compacts & qui ne durent quelques jours que dans les endroits tournés au Nord, & où le soleil ne pénétre pas : il n'est pas rare de voir de la glace sur les bords du Tibre. Ces froids se font sentir dans les mois de Décembre & de Janvier, ainsi on a regardé comme un phénomène extraordinaire, qu'au mois de Mars 1768, il y ait eu de la neige pendant vingt-quatre heures de suite, & que les gelées ayent été assez fortes & le froid vif & piquant du trois au neuf du même mois. Relativement à Rome cette température semble alors être le partage des seules montagnes de l'Ombrie dont les sommets sont chargés de neige jusqu'à la fin de Mars; j'ai vû dans les jardins de cette ville, à la campagne & sur les montagnes des environs les premieres fleurs paroître dès le mois de Janvier; la gelée y est si peu forte que jamais la végétation n'y est interrompue, on transplante & on seme la chicorée & la laitue dans tous les mois de l'an-

née. Ces obfervations donnent lieu
de croire que le climat de Rome par
rapport au chaud & au froid eft le
même qu'il a toujours été depuis que
les forêts dont le pays étoit originairement couvert ont été coupées, ce
qui remonte à une très-haute antiquité. Quant à l'intempérie qui domine d'une maniere fi fenfible dans
toute la campagne de Rome, elle eft
beaucoup plus moderne. Toute cette
vafte étendue de terrein que l'on
pouvoit regarder comme une ville
continuée dans un efpace de plus de
quarante mille, fi l'on s'en rapporte
aux reftes de conftruction de toute
efpece & de monumens publics,
dont elle eft encore couverte, eft
aujourd'hui, pour ainfi dire, déferte & inculte. Quelques villages
peu confidérables & très éloignés les
uns des autres, quelques maifons de
cultivateurs la plupart inhabitées &
en ruine, des terres abandonnées,
couvertes de ronces & d'une herbe
épaiffe & inutile, des eaux négligées
qui fe raffemblent dans les terres

baſſes où elles forment d'eſpace en eſpace de petits marais; un ſol dont la fertilité naturelle perce à travers l'extérieur de la négligence & de la miſere; tel eſt le ſpectacle qu'offre en général la campagne de Rome, & qui rend en quelque ſorte viſible la cauſe de l'intempérie qui y domine, dont les effets ſe font ſentir par-tout, ſi l'on en excepte les environs des lieux les plus peuplés où la néceſſité de vivre oblige de mettre quelques terres en valeur; ils ſont ſi ſenſibles ſur-tout en été que pluſieurs terreins bas des environs de Rome ſont regardés comme inhabitables. L'atmoſphère y eſt alors chargée d'une abondance d'exhalaiſons nuiſibles, qui une fois ſorties du ſein de la terre & de cette quantité de végétaux deſſéchés & pourris dont elle eſt couverte y circulent à une certaine hauteur, juſqu'à ce qu'un vent impétueux les diſſipe, ou que les pluies les entraînent dans leur chute & en purifient la maſſe de l'air.

Dans la plaine qui eſt entre Rome &

& Tivoli, on trouve dans les eaux des lacs sulfureux, & celles du ruisseau de l'Albula, une cause plus visible de l'intempérie qui doit y régner. Le lac principal d'où sortent ces eaux est à plus de deux mille de la montagne de Tivoli, & le ruisseau parcourt en serpentant une partie de la plaine du nord au sud jusqu'à ce qu'il se jette dans le Téverone. Ses eaux sont si fétides qu'en toute saison, excepté dans la plus froide, elles répandent leur odeur à plus d'une demi-lieue de leur cours, sous la direction du vent, ainsi qu'on l'éprouve dès le mois d'Avril. L'infection doit être beaucoup plus grande dans les chaleurs des mois de Juillet & d'Août, & toute la plaine doit s'en ressentir. Ces eaux sont blanchâtres & épaisses, chargées de beaucoup de nitre & de souffre dont elles déposent une partie sur le bord de leur canal. Le petit lac d'où elles sortent sans avoir une chaleur sensible est agité par une fermentation continuelle, on

voit ſes bouillonnemēns, & des la-
mes d'eau s'élever perpendiculairement à plus d'un pied au-deſſus de
la ſurface : on n'eſt pas auſſi incommodé de ſon odeur que de celle
du ruiſſeau qu'il entretient, ce que
l'on peut attribuer à ſa grande profondeur & au mouvement où il eſt :
le voiſinage de Tivoli eſt cauſe que
les terres qui l'environnent naturellement très-fertiles, ſont bien cultivées juſqu'au pied de la montagne.

La petite ville de Tivoli jouit
toujours de la ſalubrité de l'air, &
de la bonté des eaux qui la rendoient
recommandable aux anciens Romains ; elle eſt ſituée ſur une montagne qui fait partie de l'Apennin,
dont les ſommets unis forment une
plaine qui s'étend aſſez loin & ſur
laquelle coule le Téverone. Ce terrein fort élevé, arroſé d'eaux pures &
fraîches, eſt ſouvent battu des vents
du nord qui y cauſent des rhumes
épidémiques très-dangereux. Les Romains qui étoient attachés aux agrémens de ce ſéjour & qui vouloient ſe

garantir des suites incommodes du froid, imaginèrent de bâtir à Tivoli un petit Temple à la Déesse *Tuffis*, qui subsiste encore aujourd'hui, comme ils en avoient à Rome confacré un à la fiévre. On ne sçait pas si cet acte de dévotion contribua à diminuer les rhumes. On avoit rétabli cet oratoire antique, & la religion chrétienne l'avoit confacré sous le nom de la *Madona della Toffe*, mais de nos jours on a fait démolir l'autel & supprimer un culte que l'on a cru superftitieux. Ce qu'il y a de certain, c'est que l'air de Tivoli est toujours vif & pur, toujours frais & souvent froid.

Il en est de même de Frascati, autre séjour célèbre chez les Romains de tous les tems, & beaucoup plus fréquenté à présent que Tivoli. L'air quoique fort sain y est plus doux, les vents du nord s'y font moins sentir. Frascati en est garanti en partie par les hauteurs voisines qui ne laissent un libre accès qu'aux vents d'Est. Le terrein est beaucoup moins élevé que celui de Tivoli. On s'est contenté de bâtir sur le penchant de la montagne : on a abandonné le sommet, dont la température seroit froide, & trop exposée aux vents : il en coule une quantité de sources d'eau vive, qui fournissent autant à l'agrément qu'à l'utilité de toutes les belles maisons de campagne que l'on voit sur les côteaux, aux environs de cette petite ville.

La température de ces lieux étant la même de nos jours qu'elle l'étoit il y a vingt siecles, parce qu'ils sont également cultivés & peuplés ; il est à croire que celle de la campagne de Rome seroit la même que lorsqu'elle étoit habitée par un peuple nombreux, si elle n'étoit pas absolument abandonnée. Les riches Romains se retiroient à la campagne pendant l'été, & c'étoit alors comme aujourd'hui le petit nombre, ceux seulement qui étoient en état d'aller jouir des douceurs d'un air plus pur & plus frais, & de se soustraire au tumulte de la ville & aux

embarras des affaires. Les villes &
les campagnes reſtoient également
peuplées. Les terres les plus voiſines
de Rome & qui faiſoient la portion
la plus chere des poſſeſſions de ce
peuple ſouverain étoient dans toute
leur valeur: il ne faut pas croire
que les chaleurs y fuſſent alors moins
vives qu'elles le ſont à préſent,
c'étoit ſans doute la même choſe;
mais on ne les redoutoit pas comme de nos jours, elles ne ſuſpen-
doient pas les travaux, & toute eſpece d'occupations. C'eſt donc moins
à un vice attaché à ce climat qu'à la
négligence de ſes poſſeſſeurs actuels
qu'il faut en attribuer l'intempérie.
Le gouvernement même qui eſt le
plus intéreſſé à remettre la culture
des terres en vigueur, & à bannir
ces idées populaires de danger, les
entretient par le crédit qu'il leur
donne, & par les obſtacles qu'il oppoſe à l'induſtrie des cultivateurs,
en les décourageant tout à fait, ne
leur laiſſant aucune eſperance de
jouir du fruit de leurs travaux & de

s'affurer un meilleur fort. Ils font obligés de tranfporter leurs grains à Rome, & de les vendre au prix fixé par les Miniftres, qui eft toujours au-deffous de celui qu'ils en tireroient d'une vente libre. Il n'en faut pas tant pour jetter dans l'inaction un peuple lâche, pareffeux & vindica-tif, qui croit fe vanger de la gêne où on le tient, en fe laiffant aller à l'indigence pour y réduire autant qu'il dépend de lui les auteurs de fa mifere, ou s'il travaille encore ce n'eft qu'autant qu'il faut pour fe don-ner le néceffaire abfolu; s'il ne juge pas à propos de fe le procurer, fon indolence eft en quelque forte pour lui une fource de bien-être. Tout le pays eft peuplé d'hopitaux, où la fainéantife trouve un afyle affuré, tandis que les membres les plus uti-les de l'état, qui agiroient s'ils étoient fecourus, manquent de tout foutien, de tout encouragement. Les hopitaux comme l'a judicieufement remarqué le célèbre auteur de l'ef-prit des Loix, néceffaires aux na-

tions riches, parce que la fortune
eſt ſujette à mille accidens, vûs de
loin comme une reſſource immanqua-
ble à tant de gens qui ne s'en ſont
jamais rendus dignes ; bien loin de
diminuer la pauvreté & la miſere en
augmentent les cauſes, parce que le
cultivateur découragé ne veut plus
chercher dans des travaux utiles &
honnêtes par eux-mêmes, une ſubſtance qu'il eſt preſque aſſuré de
trouver dans le ſéjour de l'indolence
& du déſœuvrement. Si une partie
de ce qu'il en coute pour l'entretien
de ces hoſpices magnifiques qu'une
charité généreuſe a deſtiné à ſoula-
ger l'humanité ſouffrante, étoit
employé à propos à des ſecours
paſſagers que l'on appliqueroit à
chacun, à condition qu'il reſteroit
dans ſon état, qu'il continueroit ſes
travaux : on verroit l'abondance renaître, ſur ces terres abandonées
à la ſtérilité : les cauſes de l'intempérie diſparoîtroient : les ſueurs des
ouvriers ſeroient pour eux une ſource de ſanté, elles rendroient bien-tôt

D iv

à l'air son ancienne salubrité, & insensiblement les campagnes se cou-
vriroient d'habitations peuplées &
de nombreux troupeaux. Ajoutons
encore que la culture des terres étant
le plus grand travail de l'homme, si
elle n'est pas encouragée par les loix
& par les distinctions dans des climats plus chauds que froids, elle
sera bien-tôt abandonnée par un peuple naturellement lâche & indolent,
qui se contente de peu, & qui d'ailleurs peut se faire une gloire mal entendue d'imiter la maniere de vivre
de ceux qu'il s'est accoutumé à res-
pecter.

C'est cette espece de politique qui
fait déserter les campagnes, qui arrête les progrés de la population,
parce qu'elle répand toutes ses fa-
veurs sur un tas de célibataires inutiles qui vivent dans l'inaction, de
la partie la plus précieuse d'une substance qui devroit étre destinée à l'entretien d'un peuple nombreux d'ouvriers & de cultivateurs qui habitoient autrefois dans cette province

la plus peuplée de l'univers, & aujourd'hui presque aussi abandonnée que les forêts inhabitables, & les montagnes des pays les plus septentrionaux.

La partie de l'état ecclésiastique qui s'étend à l'est & au nord; l'Ombrie, la Marche d'Ancone, le duché d'Urbin, une partie de la Romagne & le Boulonnois ont plus d'habitans. L'élevation du terrein est cause que les neiges y durent plus long-tems, que le froid y est plus vif; mais on n'y connoit ni l'intemperie de la campagne de Rome, ni les dangers de son serein, ni les excès de ses chaleurs. La campagne en général y est très-riante, & par-tout cultivée, excepté quelques portions de terrein, dans des montagnes seches & arides qu'une grande industrie pourroit sans doute mettre en valeur : mais les pays les mieux peuplés de l'état ecclésiastique, n'ont pas assez d'habitans pour qu'ils aillent s'occuper à défricher des terres qui paroissent stériles, tandis qu'ils suffisent à peine à la culture de celles qui sont d'un rapport certain. C'est un défaut qui tient à son gouvernement, & qui deviendra d'autant plus funeste qu'il restera plus long-tems attaché aux maximes sur lesquelles il se régit depuis quelques siecles ; qui ont pris naissance avec des établissemens trop nombreux, dont l'origine ne peut pas être portée plus haut qu'à cinq ou six cens ans.

Quant au peuple de Rome, on peut dire avec vérité qu'il ne ressemble plus en rien à celui du tems des Scipions & des Pompées : c'est un composé de toutes sortes de nations qui se renouvelle tous les jours & dans lequel on trouveroit difficilement quelques familles anciennes. On connoit encore trois ou quatre maisons qui depuis une longue suite de siècles tiennent un rang distingué dans Rome & le reste de l'Italie ; elles ont produit des héros dignes de ces Romains auxquels elles rapportent leur origine. Toutes les autres s'y sont établies pendant le règne

des Papes de leur nom, ou la faveur des Cardinaux accrédités qui
leurs ont fait une fortune brillante.
Les Citadins font ou gens d'affaire,
ou nouvellement enrichis , & la
plûpart étrangers. Dans ces deux ordres les générations ne fe fuccèdent
pas longtems, & les familles s'éteignent affez vite ; il s'y fait peu de
mariages ; s'il y a fix enfans dans une
maifon, au moins quatre fe font
Eccléfiaftiques ou Religieux , &
quelqu'uns des autres reftent encore
célibataires, ufage funefte à la propagation & fort commun dans toute
l'Italie. Le peuple ou plutôt la populace de Rome , eft un corps formé
de toutes fortes de membres difpa-
rates , fortuitement réunis , qui
n'ont d'autre reffemblance entr'eux
que l'indolence dans laquelle ils vivent les uns & les autres. Il n'y a
point ou très-peu des familles de
cet ordre anciennement établies à
Rome ; prefque tous les marchands
& les artifans font étrangers , le refte
eft compofé de la nombreufe quan-

D vj

tité des gens de livrée, & d'autres
domestiques qui appartiennent au
premier qui veut les louer, ou de
gens de la campagne qui viennent
y demeurer & faire le métier de porte-
faix ou de journaliers. Quand le
Pape n'est pas né Romain, de nouvelles familles étrangères viennent
s'établir à la suite de sa Cour : il
semble que cette seule cause devroit
augmenter la population ; cependant depuis très-longtems elle s'y
soutient à peu près sur le même pied.
Cela prouve que cette ville n'est
entretenue que par les gens que
leurs affaires y attirent & point du
tout par une population qui lui soit
propre : ce qui ne peut être autrement dans une société dont près des
quatre cinquièmes sont célibataires
par état. Aussi dès que quelque cause
extraordinaire arrête le concours
des étrangers, la quantité des habitans de Rome diminue sensiblement
& ses richesses décroissent en proportion. Les démêlés de cette Cour
avec le Portugal avoient diminué

en 1762 , le nombre des habitans de Rome de six à huit mille, & son revenu ordinaire d'un vingtième au moins : depuis ce tems ni ses habitans ni ses richesses n'ont dû augmenter. On ne peut rien établir de précis sur l'espèce de ces hommes mélangés ; il y en a de toutes les nations, de toutes tailles & de toutes figures, on ne peut pas dire qu'elle soit belle ; quelques-uns se font remarquer par leurs avantages naturels, & c'est le petit nombre, surtout dans l'ordre de la noblesse : on en trouve davantage dans le peuple : mais comme il y a beaucoup de désordre dans les mœurs, il n'est pas étonnant que le sang s'appauvrisse, & que l'on voye tout d'un coup des familles entières dépérir, & ne produire plus que des individus foibles & mal-sains, auxquels les avantages qu'ils trouvent dans le célibat ôte heureusement le desir de perpétuer leur race.

Quelque soit l'état actuel des choses, les Italiens croient encore

reconnoître dans le peuple de Rome
le génie de ses anciens habitans,
triste, sérieux, sanguinaire. Il pé-
rit plus d'hommes par-l'assassinat &
les vengeances particulieres à Rome
& dans les Etats du Pape que dans
tout le reste de l'Italie ; ce qui peut
tenir aux effets du climat, mais
plus encore à la foiblesse du Gouvernement, & aux abus du crédit
& de la protection. Les spectacles
mêmes contribuent à conserver ces
coutumes affreuses. Le peuple voit
sur les théâtres avec intérêt le stylet
ou le poison employés à servir les
passions.

On remarque encore dans quelques habitans de la Romagne des
traits de ressemblance avec les anciens Gaulois qui s'établirent autrefois, dans ce pays. On commence
à s'appercevoir, dans les environs
de Rimini, de Césena, & des autres
villes de ce canton que les peuples
n'y ont plus rien de cette gravité
apprêtée des Italiens méridionaux,
on y retrouve la franchise & la

gaïeté Gauloifes : on y voit les jeunes filles fe raffembler les jours de fêtes pour chanter & danfer ainfi que cela eft encore d'ufage pendant la belle faifon dans prefque tous les villages de France où les mœurs antiques ce font confervées. On dit que ces peuples de l'ancienne Gaule Cifalpine font d'un commerce franc & aifé, ils font laborieux & l'efpèce en eft affez grande & forte : quant à la beauté du fang on ne peut en rien dire, les figures y font mêlées, on en voit de fort agréables, il y en a peu d'une laideur rebutante : le climat eft encore affez doux pour ne pas détruire les graces de la nature.

Le grand duché de Tofcane eft un pays riche, bien cultivé & peuplé, excepté dans les parties les plus élevées de l'Apennin qui le féparent du Boulonnois & de la province du Patrimoine ; ces montagnes fervent à nourrir quantité de beftiaux. L'air y eft généralement fort fain en toute faifon : le froid est très-sensible en hyver dans les terres hautes, où la neige se maintient assez long-tems : mais quelque route que l'on y tienne, on voit par-tout des habitations, des terres cultivées, un peuple sain, robuste, laborieux, intelligent, qui a un goût naturel pour les arts, & chez lequel ils se sont conservés depuis l'antiquité la plus reculée jusqu'à nos jours. On reconnoît à ces effets un gouvernement sage & attentif qui depuis près de trois siécles s'occupe à rendre ce pays florissant & riche, & dont les soins actuels se portent avec une nouvelle activité sur les mêmes objets.

La situation de Florence dans une plaine basse & souvent couverte des eaux de l'Arno pour peu qu'il sorte de ses bords, est la source d'une intempérie funeste à la plûpart de ses habitans dans les mois de Novembre, de Décembre & de Janvier. Elle est occasionnée par un brouillard épais & froid qui congêle le sang & rend les morts subites

très-fréquentes ; aucun âge , aucun
sexe n'en sont exempts. S'il dure
long-tems, si les vents d'ouest & les
pluies ne sont pas interrompues par
les vents de nord & les gelées, il y
a une espèce d'épidémie mortelle ,
dont le reméde le plus sûr est de
quitter la ville & de se retirer dans
les montagnes des environs où ce
brouillard ne pénétre point. C'est
dans cette saison que la ville de
Florence est le moins peuplée, quoique ceux qui y restent prétendent
qu'il y a des précautions certaines
pour s'en garentir : on doit les en
croire , car on y trouve autant de
vieillards encore sains & vigoureux
que dans aucun autre endroit d'Italie. Mais dès que le printems est de
retour , Florence & ses environs
deviennent un séjour délicieux, qui
à raison de la fraîcheur qui y régne ,
de ses plantations, de ses eaux, &
de ses fruits excellens conserve les
mêmes agrémens en été & en automne, de sorte que l'on ne doit y
redouter que les brouillards qui y

régnent pendant les hyvers pluvieux , encore l'intempérie qu'ils
caufent n'eft que locale, & ne fe fait
pas fentir dans le refte du pays.

Il n'en eft pas de même de la
ville de Pife dont la température
eft fi douce & fi agréable en hyver
qu'on ne s'y apperçoit prefque pas
de la rigueur de cette faifon, fur-
tout quand elle n'eft pas humide.
Les étrangers qui font convalef-
cents , qui fouffrent de la poitrine
ou des douleurs de rhumatifme, y
trouvent un foulagement affuré :
mais dès que les chaleurs commencent à s'y faire fentir, il faut quitter
cette ville & fe retirer à Florence
ou dans les montagnes : l'intempéria
devient mortelle pour ces mêmes
étrangers , il n'y a que l'habitude
qui puiffe rendre ce féjour fuportable pendant l'été. Cette ville qui
a joui autrefois d'une grande puiffance, lorfqu'elle fe gouvernoit par
fes loix ; depuis qu'elle a été fub-
juguée par les Médicis eft tout-à-fait
déchue de fon ancienne fplendeur :

elle n'a pas la sixiéme partie des habitans qu'elle renfermoit dans son enceinte : on ne peut plus y travailler avec la même activité, le découragement y est marqué; ce qui fait que plusieurs terres abandonnées faute de cultivateurs, font une source toujours abondante d'exhalaisons nuisibles qui se repandent dans l'air & alterent sa pureté.

L'air que l'on respire à Sienne & dans tous ses environs est encore plus vif & plus pur que celui de Florence, le terrein y est beaucoup plus élevé, la campagne par-tout fertile & cultivée fournit abondamment toutes les denrées nécessaires. De quelque côté que l'on regarde, on y trouve les points-de-vüe les plus variés & les plus agréables. Ce pays devoit être riche & florissant, lorsque la ville de Sienne formoit une république rivale de Florence, & comptoit dans ses murs quatre-vingt-mille habitans : aujourd'hui elle n'en a pas le quart, & malgré la salubrité de la température dans laquelle ils vivent, ils font pour la plûpart d'une fanté foible & languiffante : ce que l'on attribue aux maladies qu'ils ont contractées dans un commerce trop intime avec des étrangers, qui font plus dangereufes & plus actives dans un air vif & fouvent froid que dans les climats chauds du midi de l'Europe. La gaïeté douce de ce peuple, fon aménité, fa politeffe dans la fociété, fait que l'on remarque avec peine cette langueur qui eft peinte fur prefque tous les vifages, même fur ceux des perfonnes du premier rang, dont on prétend que les familles s'éteignent infenfiblement. Ce qui manque effentiellement à cette ville c'eft la population, on voit quelque mouvement à fon centre, le refte eft trifte & défert.

§ IV.

Italie Septentrionale.

Si nous quittons la partie méridionale de l'Italie, & les montagnes de l'Apennin, pour jetter un coup-d'œil sur la vaste plaine de Lombardie qui s'étend de Turin à Venise, nous trouvons que sa température en général fort saine tient plus du froid que du chaud, quoiqu'elle soit garentie des vents froids par les Alpes qui la bordent dans toute sa longueur de l'est-à-l'ouest par le nord, de même que l'Apennin qui s'étend vis-à-vis dans la même direction, diminue l'impétuosité des vents brulans du midi. Le voisinage des Alpes toujours couvertes de neiges, répand dans son atmosphère un principe de fraîcheur inaltérable : dès le milieu du printems il en sort des nuées épaisses où se forment des orages de tonnerres & de grêles

qui souvent font la perte des recoltes
de la plaine , & qui de là vont s'ar-
réter fur les Apennins , & s'y fondre en pluies abondantes qui fourniffent des eaux à cette quantité
de rivieres qui viennent groffir le
Pô , comme la fonte des neiges entretient celles qui coulent des Alpes
dans le même fleuve. Cette plaine
eft beaucoup plus élevée à l'oueft
qu'à l'eft , on peut s'en affurer par
la rapidité avec laquelle le Pô roule
fes eaux dans le golfe de Venife;
elle ne commence à fe ralentir qu'à
peu de diftance de fon embouchure.
Ce pays préfente dans toute fon
étendue , le fpectacle de la culture
la mieux entendue & la plus avan-
tageufe. Le Piémont paroit en être
la partie la plus riche & la mieux
peuplée : les villes y font voifines
les unes des autres , les villages fe
touchent, il y a de l'induftrie & de
l'émulation. Le Prince fage & vigi-
lant qui le gouverne par lui-même,
ne craint pas d'entrer dans tous les
détails relatifs au bonheur de fes

peuples & à la prospérité de son
Etat : il ne néglige aucun moyen
d'en accroître les richesses naturelles;
par-tout on s'y apperçoit des effets
de cette bonne administration par le
travail , la fertilité qui en résulte , &
les avantages qui l'accompagnent.
La température de l'air y est sujette
à des variations qui souvent font
passer trop-rapidement du chaud au
froid & qui sont suivies de maladies
qui font du ravage dans l. peuple.
Souvent encore l'air y est chargé
pendant la saison des chaleurs de
vapeurs & d'exhalaisons qui alterent
sa pureté , & causent des fièvres
opiniâtres tant qu'on reste exposé à
son action immédiate : il n'y a point
de remède plus sur pour les guérir
que d'aller respirer l'air des Alpes.
Ce sont les vents du midi & ceux du
couchant qui occasionnent ces intempéries passageres , qui ne sont
nulle part plus sensibles que dans les
lieux ou ils régnent seuls. La ville de
Suse située à douze lieues environ
de Turin au nord-ouest, à l'extré-

mité de la vallée où coule la petite
Doire, dans une gorge étroite au
pied des Alpes qui l'environnent de
trois côtés & n'y laissent aucun accès aux vents de nord & d'est, à
la fin de presque tous les étés est
désolée par des fièvres qui durent
une partie du mois de Septembre,
& qui sont occasionnées par les dispositions actuelles de son atmosphère, qui dans cette saison se trouve
chargée de toutes les exhalaisons &
les vapeurs, d'une partie de la vallée
de la Doire : les vents chauds du
sud les y rassemblent, elles y fer-
mentent, s'y corrompent, .& ne
sont dissipées que par le froid ou
les premieres pluies de l'automne.
Rarement ces fièvres sont mortelles,
mais elles sont opiniâtres & suivies
d'un grand affoiblissement. On dit
que la garnison du fort de la Bru-
nette y est encore plus exposée que
les habitans de Suse.

Ces accidens passagers & locaux
pour la plûpart, n'empêchent pas
qu'en général l'air du Piémont ne
soit

ſoit d'autant plus ſain que c'eſt la partie la plus élevée & la moins humide de toute la Lombardie. Elle eſt tournée vers l'Orient & a les Alpes au couchant ; comme le ſoleil à ſon lever diſſipe les vapeurs épaiſſes & malfaiſantes dont l'atmoſphère s'eſt chargée pendant la nuit, il rend la température du pays beaucoup plus ſaine & plus agréable. C'eſt ce qui met cette grande différence qui ſe trouve entre la diſpoſition de l'air du Dauphiné & celle du Piémont qui ſont dans les mêmes latitudes & longitudes. Le territoire des environs de Turin ne doit ſa grande fertilité qu'aux engrais que l'on y répand, & au ſoin que l'on a de diſtribuer les eaux de la Doire dans toute la campagne par une multitude de canaux, dont une partie coule tous les matins par la ville de Turin la nétoye, & contribue à la bonté de l'air par la fraîcheur qu'elle y entretient.

Le reſte de cette plaine qui n'a dû être pendant longtems qu'un

vaste marais duquel s'élevoient, d'espace en espace, quelques terres où
les villes les plus anciennes furent
bâties, est actuellement coupé d'une
multitude innombrable de canaux
qui servent à l'arrosement de chaque pièce de terre. Ils sont dispo-
sés de maniere à en conserver le
cours libre & à empêcher qu'elles
ne s'arrêtent nulle part & n'y deviennent stagnantes : l'utilité publique l'exigeoit ainsi. Il en est ré-
sulté un plus grand avantage encore ; la salubrité de l'air , & une
évaporation dont les effets se répandent également partout , & entretiennent dans les chaleurs de l'été
une fraicheur aussi utile qu'elle est
agréable. Il faut en excepter les cantons où on cultive le ris : on sçait
que ce grain ne peut croître que
dans l'eau que l'on tient dans les
champs toujours à la hauteur de la
plante, de sorte qu'il n'y ait jamais
que l'extrémité de la feuille & l'épi
qui paroissent au-dessus , ainsi on peut
regarder ces campagnes plutôt com-

me des marais que comme des terreins ſi utilement cultivés. Au mois
de Septembre, tems de la récolte du
ris, on fait écouler l'eau de ces marais qui rendent alors des exhalaiſons très-mal-ſaines & cauſent des
maladies populaires & des fièvres
opiniâtres communes dans cette ſaiſon, aux environs de Pavie, de
Verceil, de Novarre, d'Alexandrie,
de Lodi : l'air y eſt infecté de l'o-
deur que rendent les terres qui ont
été engraiſſées avec ſoin, & chargées d'une couche épaiſſe de végétaux pourris par le ſéjour qu'y ont
fait les eaux pendant les chaleurs
de l'été.

Les campagnes de Parme & de
Plaiſance reſſemblent à un jardin
immenſe où l'art ne paroît employé
que pour ſeconder les opérations de
la Nature qui y étale toutes les richeſſes de ſa fécondité. Le pays eſt
très-peuplé, la race des hommes y
eſt forte & vigoureuſe ; le ſang même y eſt aſſez beau : rien n'eſt
plus agréable que de voir les habi-

tans de la campagne rassemblés les jours de fêtes ou dans les marchés. Leur teint, leur marche, & leurs mouvemens annoncent qu'ils sont élevés & nourris dans un air pur & sain, & qu'ils vivent dans l'aisance, ce qui ne peut que s'accroître par la sagesse du gouvernement actuel de cet état qui a les yeux ouverts, sur tout ce qui peut favoriser cette classe d'hommes, les vrais soutiens de l'État.

Le Duché de Modène & une partie du Bolonois conservent encore cette apparence heureuse soutenue de la réalité. Bologne est grande & mieux peuplée que les autres villes de l'État Ecclésiastique ; l'union de ses citoyens entr'eux & leur zèle pour le bien public, la forme de République qu'elle conserve sous la protection du Saint-Siège semblent l'avoir sauvée de cette misere générale attachée à l'indolence, aux foiblesses, aux incertitudes de ce gouvernement dont la politique néglige depuis longtems d'encourager

l'induſtrie, de favoriſer l'agriculture, & permet tout à ceux qui ſont
chargés de l'exécution de ſes ordres.
Tout ce pays jouiroit d'une heureuſe abondance, ſi les inondations
du Pô qui tous les jours deviennent
plus conſidérables, ne changeoient
en marais impraticables des terres
autrefois très-fertiles. Les Bolonois
vantent beaucoup la pureté de leur
air, qu'ils préfèrent à celui de Rome : à en juger par tout ce qui eſt
extérieur, ils ſont fondés en raiſon :
ils ne ſont pas expoſés à ces brouillards humides & mal-ſains qui rè-
gnent en hiver & dont il n'eſt pas
poſſible de ſe garantir dans la plûpart des quartiers de Rome; ils n'ont
point d'intempéries en été, le ſerein
eſt ſi peu dangereux qu'on ne prend
aucune précaution pour l'éviter : cependant la gale y eſt ſi commune
qu'on peut la regarder comme endémique à ce pays. Ils l'attribuent
à l'habitude de manger beaucoup
de ſalures, & à la qualité des eaux;
au reſte comme tout le monde en

est presque attaqué & dans tous les rangs, ils y sont si bien habitués qu'ils n'y font aucune attention, elle ne diminue point les forces, & n'empêche pas qu'on ne vive très-longtems : elle n'altere même pas la beauté des femmes qui pour la plus grande partie sont bien faites & de figures intéressantes : mais, a dit assez plaisamment un écrivain anonime, il ne faut pas s'approcher de trop près des beautés de Bologne, il sort de leur atmosphère de petits corpuscules invisibles, qui s'attachent à la peau de leurs admirateurs, & causent des démangeaisons incommodes dont le souvenir de leurs charmes ne garantit point ; & il y a d'autant plus à risquer qu'elles ne sont pas d'un abord difficile.

Il est très-probable que le Duché de Ferrare, lorsqu'il étoit gouverné par les Princes de la maison d'Est, étoit plus fertile, mieux peuplé & dans un air plus sain qu'à présent. La ville capitale régulièrement construite, ornée de beaux & grands

édifices, a eu autrefois plus de quatre-vingt mille habitans qui y étoient
logés à l'aise, à présent elle en a au
plus la dixième partie retirés dans le
centre de la ville. Les autres quartiers
ressemblent à ceux d'une ville désolée par la peste, la plûpart des
maisons inhabitées tombent en ruine. L'herbe croît dans les rues, il
y règne un morne silence, une so-
litude triste, qui n'est interrompue
que par quelques maisons religieuses
dispersées dans ce vaste espace. J'ai
ouï le peu d'habitans qui y restent
se plaindre que leur nombre diminuoit tous les jours, parce que l'air
devenoit plus mal-sain. Le territoire
est partout fort humide, & inondé
en grande partie; de sorte qu'il est
difficile de voyager dans ce pays,
la route change de tems à autre, il
faut s'échapper par les terres les plus
élevées, que l'eau n'a pas encore
détrempées, dont la plupart sont incultes faute de bras pour les mettre
en valeur. Insensiblement le Pô fera
de toutes ces campagnes un marais

inhabitable. On regrette que ce pays autrefois si floriſſant & si fertile, soit réduit à cet état de dépériſſement & de misere; il est entourré de toutes parts par ces différentes branches du Pô qui forment des atterriſſemens à leurs embouchures dans la mer Adriatique & dont les eaux arrêtées par ces digues naturelles, refluent dans les terres où elles reſtent stagnantes, infectent l'atmosphère par les exhalaiſons corrompues qu'elles y répandent à la longue, & rendent néceſſairement le pays inculte & inhabité.

Pour empêcher ces inondations si dommageables il n'y auroit que deux moyens, le premier de faciliter l'écoulement des diverſes branches du Pô dans la mer, en détournant les ſables qu'elles y ont entraîné, ce qui paroît preſque impoſſible: le second, de multiplier les canaux, de conſtruire des digues fortes & élevées, ce qui seroit très-difficile dans un pays où l'on auroit peine à trouver aſſez de matériaux pour toutes les construction qu'il y auroit à faire. Ces entreprises sont au-dessus des forces des particuliers, quand même tous les intéressés se réuniroient pour les tenter. On ne peut pas citer ici l'exemple des Hollandois qui ont élevé des villes magnifiques dans des marais inhabitables, & qui y ont porté la population au plus haut degré : c'est le commerce immense de ce peuple laborieux, & l'amour de la liberté qui ont opéré ces mer-veilles. L'Europe & les Indes tri-butaires des négocians Hollandois ont fourni les frais de ces grandes entreprises, & la nation qui conti-nue d'avoir les mêmes ressources est assez riche par elle-même pour les entretenir. Mais dans le Ferrarois il n'y a ni commerce, ni émulation, ni industrie. Il n'y auroit donc que la protection du Prince qui pût assûrer le succès des ouvrages à faire dans ce pays, & il faudroit pour cela une suite de Souverains Pon-tifes & de Légats animés des mêmes vues pour cette partie de leur domi-

nation, ce que l'on ne peut pas ef-
perer, outre que la dépenfe à faire
excéderoit peut-être les forces de
la chambre apoftolique. Ainfi on ne
doit que s'attendre à voir ce pays autrefois fi beau & fi fertile, fe dégra-
der de plus en plus & fe perdre enfin
fous les eaux. Cependant lorfqu'en
1598, les Papes furent rentrés en
poffeffion du duché de Ferrare, leur
premier foin fut de faire fortifier la
ville & d'y conftruire une citadelle
pour fa fureté dans la crainte que le
Pô venant à fe retirer elle ne refta
fans défenfe, c'eft ce qu'apprend l'inf-
cription qui eft au bas de la ftatue
de Clément VIII. Jamais crainte n'a
été plus chimérique & précautions
ne furent plus inutiles, ou l'état des
chofes étoit bien différent de ce qu'il
eft.

Quelle différence de ce malheureux pays à l'état de terre ferme de
la république de Venife. Il y a peu
de contrées dans l'Europe plus riches, plus fertiles & mieux peuplées:
l'induftrie & les arts y font en hon-

neur , les grandes villes voifines les unes des autres font floriffantes. Quoique leur commerce ne foit pas fi étendu qu'il l'étoit il y a deux fiecles, il fuffit encore pour y entretenir l'aifance. Rien n'eft plus beau que les campagnes que l'on traverfe pour aller de Bergame à Venife par Breffe, Vérone , Vicence & Padoue. La population y eft nombreufe , les campagnes font bien cultivées. Les eaux des rivieres qui defcendent des Alpes font belles & pures : les canaux qui les diftribuent dans les terres font difpofés de façon que nulle part elles ne reftent ftagnantes : auffi l'air eft-il partout fort falutaire, & la race des hommes belle & faine , quoique les qualités des terroirs foient différentes. Ils font naturellement fecs de Breffe à Vérone ; la plaine qui s'étend de cette derniere ville à Venife eft d'une fertilité prodigieufe, mais fi bien ménagée qu'en aucun endroit la terre ne refte chargée de fes productions. Rien n'eft plus beau & plus riant que les bords du canal de la

E vj

Brenta, de Padoue jusqu'à son embouchure dans les Lagunes à Fusina.
C'est-là où les nobles Vénitiens éta-
lent leur magnificence. On y voit
une suite de maisons de campagne
bâties & décorées avec goût, des
jardins élégans & bien tenus, de belles plantations ; & quoique le sol soit
fort gras, que les terres soient par-
tout arrosées de canaux artificiels ;
l'atmosphère n'y est point chargée
d'une humidité mal-faine ni même
incommode. Le gouvernement de
Venise prudent & sage a la plus
grande attention sur tout ce qui peut
intéresser les progrés de l'agriculture
& de la population : elle s'étend dans
l'occasion jusqu'à prévenir promptement les causes & les effets des intempéries. Le peuple de cette république de nobles, qui est peut-être
réellement moins libre que dans tout
autre état de l'Europe, n'est cependant pas soumis à un pouvoir arbitraire & despotique. Accoutumé
comme il le dit en proverbe à trouver
toujours du pain à la place & justice

au palais, il se livre tranquilement à ses travaux ordinaires sans craindre que de nouvelles charges viennent lui ôter son aisance, ou le gêner dans ses occupations. Ainsi dans des climats fertiles dont l'air est sain, sous des loix qui le mettent à l'abri de toute véxation, même de la part de ceux qui sont à la tête du gouvernement, & qui n'osent faire le moindre abus d'un pouvoir qu'ils n'ont que pour un tems, & dont ils sont assuré de rendre un compte exact; le phisique & le moral se réunissent pour persuader ce peuple qu'il est comme il le prétend le plus heureux de la terre parce qu'il sçait se contenter de sa médiocrité.

L'hiver dans tous les pays dont nous venons de parler se fait sentir assez rigoureusement : souvent la terre y reste couverte de neige pendant plus d'un mois, les gelées y sont vives : quand elles se font de suite, elle sont moins nuisibles à la santé des habitans, que lorsqu'à des tems doux & presque chauds, succédent

tout d'un coup des froids piquants ;
ce changement subit de température ne peut être que dangereux.
L'été de ces provinces n'a pas des
chaleurs étouffantes & incommodes
comme celles de l'Italie méridionale,
& des contrées voisines de la mer. Une
multitude de canaux bordés de plantations de muriers, de peupliers &
d'autres arbres utiles mêlés de plans
de vignes qu'ils soutiennent, fournissent une évaporation qui entretient dans l'air une fraicheur agréable & toujours sensible, de sorte que
l'on y peut voyager assez commodément à toutes les heures du jour.

La ville de Venise, quoique située
dans le milieu de la mer, à près de
deux lieues de la terre, jouit d'un
air fort sain au moins pour ceux qui
y sont habitués & dont la plupart
passent leur vie au milieu des lagunes, car il n'y a point de peuple au
monde plus sédentaire que les habitans de Venise ; les nobles sont obligés par leur état d'y résider continuellement, au petit nombre près

employé foit dans les affaires étrangeres, foit dans les gouvernemens ou
fur les vaiffeaux. Les Citadins occupés à des emplois qui les fixent dans la
ville n'en fortent pas davantage ; les
marchands, les artifans, les gondo-
liers, tous les gens livrés à des travaux journaliers y reftent, & tous
jouiffent d'une bonne fanté, font vigoureux, réfiftent à des travaux pénibles & vivent long-tems, ce qui
eft une preuve certaine de la bonté
de la température qui y domine &
de la falubrité de l'air. Tous en général font grands & bien faits, ont
la phifionomie fpirituelle & gaye,
excepté ceux qui ont quelque part
au gouvernement & qui par état font
obligés d'avoir au moins l'extérieur
grave & réfléchi, à quoi contribuent
beaucoup, les vaftes perruques fous
lefquelles ils font comme enfevelis.
Les femmes y font d'un beau fang,
bien faites & de belle taille, très-ai-
mables : on trouve dans la plupart
d'entr'elles les graces, la vivacité,
la gentilleffe des Grecques anciennes :

presque toutes ont un esprit agréable, & un desir de plaire qui met autant de douceur que d'agrément dans leur société. Elles ont encore un autre avantage, c'est qu'elles vieillissent moins promptement que les femmes des régions méridionales de l'Italie.

Si l'on porte ses vues plus loin on reconnoîtra encore que Venise située dans un climat plus rigoureux que le reste de l'Italie & forcée long-tems à combattre par la rivalité des Génois & le voisinage des Ottomans sçut associer les lettres aux armes & réunir Athènes & Sparte dans ses murs. Les anciennes institutions n'ont rien perdu de leur fraîcheur : la modestie Lacédémonienne, le silence, l'égalité, la prudence particuliere comme la politique, le mystère dans le conseil, & presque toujours dans le plaisir, sont le caractère dominant de ceux qui tiennent les rênes de la république. Le goût pour les arts, l'aménité des mœurs, la beauté des monumens publics, les agrémens des femmes y rappellent le souvenir d'Athènes dans ses beaux jours ; ce n'est qu'à Venise que l'on retrouve cette heureuse union. Les autres provinces de l'Italie invitées au repos par les douceurs de la musique & des arts qui s'y soutiennent encore semblent s'être endormies sur la foi de la religion qui les aide à supporter l'espéce d'indigence volontaire où elles se tiennent dans un pays très-fertile & qui devroit être le plus riche de l'Europe comme il est le plus beau. Il semble que les monumens antiques des Romains devroient donner aux peuples qui les ont sous les yeux un caractère d'élévation duquel on pourroit attendre de grands effets : il s'est soutenu long-tems dans le genre des arts , tant que le gouvernement écclésiastique si propre à amolir le courage , les a protégés & honorés : ils commencent à tomber parce que depuis un certain tems l'émulation s'éteint & n'est point encouragée.

Les excès de sécheresse & d'hu-

midité font auffi dangereux à Venife
que par-tout ailleurs, il femble même que l'on y redoute plus le tems
fec que les pluies. Comme la ville
eft partagée par une multitude de canaux, dont quelques-uns ne font pas
fort profonds, & dont les eaux n'ont
pas d'elles-mêmes un mouvement
affez fort pour les rafraichir & en
détacher les matières étrangeres qui
s'y accumulent & s'y corrompent; à
la fuite d'une longue féchereffe elles
doivent rendre des exhalaifons malfaines & nuifibles à la fanté. Il n'y a
pas d'autre eau douce dans cette
ville que celle de la pluie; elle eft
bonne à boire quand elle a féjourné
quelque tems dans les citernes; mais
elle a befoin d'être renouvellée, &
les réfervoirs que l'on en fait, qui
peuvent fervir à la confommation
d'un peuple nombreux pendant quatre ou cinq mois, s'épuifent enfin
s'ils ne font pas entretenus. C'eft
alors que la difette d'eau douce jointe
à l'intempérie qui commence à s'é-
tablir devient très-préjudiciable à la

santé. On est obligé d'amener de l'eau de la Brenta dans de grandes barques au fond desquelles il reste toujours un peu d'eau de la mer, assez pour communiquer des qualités nuisibles à l'eau douce de la riviere, plus nécessaire encore à Venise que par-tout ailleurs, où l'on ne boit jamais de vin que mêlé même dans le tonneau d'un tiers & souvent d'une moitié d'eau, & où par conséquent il importe beaucoup qu'elle soit d'une bonne qualité. J'ai éprouvé qu'on pouvoit alors la rendre d'un meilleur goût & plus saine en la faisant bouillir, & en la laissant ensuite réfroidir à l'air.

Au mois d'Octobre 1761, il commença à Venise une sécheresse qui dura jusqu'au mois de Juin 1762: elle y occasionna une intempérie marquée qui fut accompagnée de rhumes, & de fluxions de poitrines si fréquentes qu'on les regardoit comme pestilentielles. Cependant elles n'en avoient aucun caractère : il y mourut beaucoup de Vénitiens de tout état jufqu'au retour du printems, qui rendit à l'air fa falubrité ordinaire, quoiqu'il n'amena point de pluie, mais comme il en étoit tombé beaucoup fur les terres voifines du golphe & jufques fur fes rivages pendant l'hyver & au commencement du printems, les vents répandirent alors dans l'atmofphère, les vapeurs aqueufes qui s'élevoient en abondance des rivieres & des terres détrempées, qui changerent les qualités que le froid fec & continû de l'hyver avoit établies dans l'air.

C'eft dans cette ville fur-tout que l'on s'apperçoit des effets de l'air de la mer impregné d'un acide nitreux dont l'action détruit fi promptement les tableaux. Nous remarquerons à ce fujet qu'il y a un acide univerfel répandu dans l'air que l'on peut regarder comme le moyen le plus fenfible de fon action. Cet acide n'eft pas toujours le même : le vitriolique eft plus abondant en certains pays que dans d'autres ainfi

qu'on s'en apperçoit dans les montagnes des Pirénées. Sur les bords
de la mer c'eſt l'acide ſalin ou nitreux
qui domine. Les Moffettes qui ſont
ſi malſaines dans le voiſinage de
Naples tirent leurs mauvais effets
d'une ſur-abondance de l'acide ſulfureux volatil. Tous ces acides variés
ſont le reſultat d'autant d'opérations
faites dans le vaſte laboratoire de
la nature. Quelqu'ils ſoient ils décident des qualités de l'air ; il n'eſt
pas le même ſur la terre que ſur la
mer , & c'eſt ce qui fait que les marins ſentent d'aſſez loin la différence
que met dans l'atmoſphère le voiſinage de la terre qu'ils n'apperçoivent
point encore. Il paroît que la ſalubrité de l'air dépend du mélange
de ces acides différens qui le tient
dans une juſte température ; ainſi
on pourroit dire que dans l'hyver
de 1761 à 1762 l'acide marin
n'étant pas tempéré dans l'atmoſphère de Veniſe par l'acide ſulfureux
& une quantité ſuffiſante de vapeurs

aqueuſes, y cauſa l'intempérie qui s'y fit ſentir pendant quelques mois. Pour s'aſſurer de la vérité de ces conjectures il faudroit pouvoir analiſer l'air : alors on jugeroit de ſes qualités, on corrigeroit l'excès d'un des acides en y repandant celui qui y manque par une évaporation artificielle. On voit ce que l'on pourroit pratiquer en pareil cas, il ne ſeroit queſtion que de ſçavoir quand il ſeroit utile de le faire, & c'eſt cette incertitude qui arrête mille expériences dont il ſeroit cependant de la plus grande importance de connoître l'utilité.

Tel eſt en général l'état de la température en Italie. Il y a des exceptions à faire ; mais elles ſont momentanées, incertaines, elles tiennent à la ſituation des lieux, à des phénomènes extraordinaires, à l'action de certains vents locaux, aux variations même auxquelles eſt expoſée l'atmoſphère de tous les pays ſitués ſous la même latitude.

§. V.

*Grèce ou partie de la Turquie
d'Europe. Lacedemone.
Athenes.*

Pour raſſembler ſous un même
point de vüe tout ce que j'avois à dire
de la température de l'Italie, je me
ſuis fort écarté de la partie méridionale proprement dite de l'Europe.
Du midi de l'Eſpagne au nord de
l'Italie, les latitudes différent de
près de dix degrés, ce qui doit
mettre une grande variété dans l'état
du froid & du chaud, & ſur-tout
dans les viciſſitudes auxquelles ces
climats divers ſont expoſés. Pour
rentrer dans mon ordre de diviſion,
il faut paſſer à préſent de l'extrêmité
du Royaume de Naples à la Grèce
méridionale.

Ce pays eſt une grande peninſule
aſſez élevée au-deſſus de la mer,
renfermée dans un eſpace étroit,

mais dont la multitude de caps &
de golfes qui la bordent semblent
augmenter l'étendue, par le long
circuit que forment les côtes. Il y
a peu de plaines dans l'intérieur des
terres qui sont remplies de montagnes
plus ou moins élevées, à la position
desquelles les Grecs de nos jours
ainsi que ceux de l'antiquité attribuent la salubrité de l'air dans lequel
ils vivent, & la douceur de la température du pays qui est à couvert
par ce moyen de l'action de tous les
vents nuisibles, quoi qu'elle ne soit
pas toujours égale.

La Morée autrefois connue sous
le nom de Péloponése, doit son nom
moderne à la quantité de muriers
dont elle est couverte. Le climat
est tempéré, les terres y sont fertiles mais souvent abandonnées,
parce que les habitans qui vivent
soumis au despotisme du Turc, ne
sont jamais assurés de recueillir ce
qu'ils ont semé, & que d'ailleurs
ne pouvant rien acquérir en propre,
ni augmenter au moins en apparence

la

la masse de leurs possessions, ils se contentent du simple nécessaire : la gêne où ils vivent les force à préférer l'état de corsaires à celui de négocians ou d'agriculteurs. Nous verrons que leur situation leur donne beaucoup de facilité pour faire ce métier dont ils ont l'habitude depuis une longue suite de siécles ; on en peut juger par les aventures rapportées dans tous les anciens romans Grecs.

Le Brazzo di Maïna est la partie la plus méridionale de la Morée, ou du célebre pays de Lacédémone : il est renfermé entre deux chaînes de montagnes qui s'avancent dans la mer, en tirant à-peu-près du nord au sud, pour former le cap de Matapan nommé par les anciens le Promontoire de Ténare, de sorte que ce cap fait à l'ouest le golfe de Coron, autrefois de Messéne, & à l'est celui de Colochina ou de Salonique. La plûpart des Montagnes de ce cap, & les autres qui entourent le Brazzo di

Maïna, ont leurs sommets chargés de neige jusqu'à la fin d'Avril. On ne peut pas douter qu'elles ne répandent dans l'atmosphère une humidité & une fraicheur qui se soutient pendant une partie du printems , aussi continue-t-on de voir les hauteurs dans cette saison encore peuplées de corbeaux , tandis que les troupeaux de vaches & de chèvres couvrent les paturages qui sont au pied de la montagne où la température est beaucoup plus douce. Le sol sec & fort léger , seroit aisé à cultiver & fertile si les Maïnotes en vouloient prendre la peine, il est presque par tout blanchâtre & envoye peu d'exhalaisons dans l'atmosphère , mais les vapeurs aqueuses qui s'élevent en abondance des mers voisines , temperent sa sécheresse naturelle. Ces peuples ont imaginé par intérêt , d'avoir des habits de la couleur même de leur sol , & quand ils sont en embuscade pour attendre quelque passant qu'ils puissent voler , ou un ennemi

dont ils veulent se défaire, il leur
suffit de s'étendre à terre, où ils
s'arrangent de façon qu'il est difficile de les distinguer du sol : on sçait
leur usage, & on s'en garantit du
mieux que l'on peut quand on est
obligé de voyager par leur pays.
Mais ce qui a le plus étonné c'est
de trouver sur des rochers voisins
des côtes ou en terre ferme, des
fourmis blanches que l'on a d'a-
bord regardées comme une espéce
particuliere, sans faire attention à
la terre dans laquelle elles vivent
& qui leur donne cette couleur qui
n'est qu'accidentelle ; la vive transpiration des parties du corps de
l'insecte attire par son activité les
particules les plus légeres du sable
qui pénetrent dans les pores, &
s'attachent à l'extérieur de l'insecte,
soit par leur humidité propre, soit
par celle de la transpiration.

Les Maïnotes descendent des anciens Lacédémoniens, ils sont braves, vivent de pillage, & ne laissent pas que de tirer un certain pro-

fit des esclaves qu'ils font indifféremment sur les Turcs & sur les Chrétiens quand ils en trouvent l'occasion. Faisant remonter leur origine à une république militaire où les habitans n'avoient d'autre occupation que celle des armes, ils seroient encore les mêmes s'ils pouvoient suivre leur inclination. On retrouve dans leur éloignement pour le travail, leur goût pour les exercices du corps, & les courses sur terre & sur mer, quelques traits de ressemblance avec le genre de vie des Spartiates. Leurs prêtres ou caloyers n'ont pas moins d'ardeur pour ces espéces d'occupations ; ils suivent dans leurs entreprises les peuples qu'ils sont chargés d'instruire, & pour excuser ce brigandage, ils disent froidement en s'embarquant, qu'ils vont recueillir le dixiéme du butin pour les droits de l'église ; rien n'excite tant leur zèle que l'avidité du pillage, & quand ils font rencontre sur mer, ils ne sont pas les derniers à aller à l'abordage. Les espéces de cellules qu'ils habitent, creusées au haut des rochers sur le bord de la mer, leur servent à découvrir de loin les barques ou bâtimens légers qu'ils croyent pouvoir attaquer avec succès : c'est sur ces objets que roulent leurs pieuses méditations.

De tems immémorial cette race de bandits dont on fait monter le nombre à quarante mille, forme une république indépendante : sans chefs, sans loix, ennemis implacables des Turcs qui n'ont pas encore pû les soumettre à cause de leur valeur & de la facilité que leurs donnent les montagnes à se soustraire à leur poursuites : peu unis entr'eux parce qu'ils ne connoissent que le droit du plus fort, & qu'ils ne s'accordent que pour l'intérêt d'une commune défense, ne songeant qu'à éloigner de leur tête le joug qui leur est présenté à chaque instant, & qu'ils n'évitent qu'en le fuyant. Si le pays est menacé d'une descente des Musulmans, on voit

femmes, enfans, vieillards & es-
tropiés se sauver en confusion dans
les montagnes, chassant devant eux
leurs troupeaux qui sont leur unique bien, tandis que les hommes
restent pour combattre. C'est dans
ces occasions que l'on a vû quelquefois des femmes Mainottes montrer
une fermeté & une bravoure qui
auroient fait honneur à Lacédémone
même dans ses plus beaux tems. *
Dans une marche de cette espéce
pendant que les hommes se mettoient en défense à la côte, il sur-
vint un jeune garçon qui s'étant
adressé à une de ces femmes qui
tenoit un enfant à la mamelle, dont
elle étoit accouchée depuis trois
jours, lui dit que son mari envoyoit
lui demander où elle avoit mis son
sabre & son fusil dans le tumulte
du déménagement : Dis-lui, répli-
qua cette femme en colere, qu'il
vienne garder ma chévre & tenir

---

* V. Athènes ancienne & moderne.
L. 1. Paris 1676.

mon enfant, je trouverai bien ſes
armes & m'en ſervirai mieux que lui;
là-deſſus ayant mis ſon enfant entre
les bras d'une vieille qui marchoit
auprès d'elle, elle prit ſa courſe
vers le rivage, & donna l'exemple
de la ſuivre à toutes les autres qui
vinrent ſe mettre à la tête des mi-
lices du pays. Les cris menaçans que
ces femmes pouſſerent au Ciel, &
les marques d'intrépidité qu'elles
donnerent, raſſurerent le cœur des
Mainotes & en impoſerent aux
Turcs qui n'oſerent pas effectuer
la deſcente : cette femme étoit de
la maiſon des Girakaris, la plus
ancienne & la plus conſidérable du
canton. On voit à quel état de miſere elle étoit réduite, & cependant
ſon courage & ſa fierté n'étoient
point altérés. On ne peut pas dire
que ce ſoit la température de l'air,
les qualités du ſol, ou l'eſprit du
gouvernement qui inſpire de tels
ſentimens à ces peuples : c'eſt le dé-
ſeſpoir ſeul de ſe voir réduits à l'é-
tat d'abaiſſement où ils ſont, les

F iv

cruautés du despotisme & le desir
de s'en venger , qui les soutient ; ils
ont un courage héréditaire & national qui prouve que les hommes
originaires d'un même climat & qui
continuent de l'habiter , sont à-peu-
près les mêmes dans un tems que
dans un autre ; qu'ils ne dégénére-
roient point s'ils n'étoient affectés
de quelque vice intérieur , qui d'ordinaire vient de ceux qui gouver-
nent plutôt que des particuliers ,
& que leur élévation ou leur
anéantissement dépendent absolument de l'esprit de l'administration publique. L'horreur des suites
de ce vice a tellement frappé les
Mainotes , qu'ils sacrifient tout au
desir de l'indépendance ; une défiance habituelle leur fait regarder
le reste des hommes comme leurs
ennemis.

Un air assez doux & presque
toujours tempéré , des rigueurs duquel peu de soins les garantissent,
& un sol naturellement fertile , leurs
donnent le moyen de vivre à peu

de frais au sein des inquiétudes,
& dans un état de guerre continuel. Il reste donc aux Mainotes
des qualités des Spartiates leurs
ancêtres, une bravoure féroce &
une inclination constante pour le
vol qu'ils exercent les uns à l'égard
des autres quand ils ne trouvent
point d'étrangers à dépouiller ; dès-
lors l'impossibilité où ils sont de
s'endormir dans une molle sécurité,
est une cause toujours présente de
l'attention qu'ils ont sur toutes les
entreprises de l'ennemi commun,
& c'est à leurs vices qu'ils doivent
en partie l'espéce de liberté dont ils
jouissent. Plusieurs de ces familles
ont été transportées en Corse, où
elles n'ont pas diminué l'aversion
de la servitude.

La ville d'Athènes située sur le
golfe d'Engia, à trente lieues environ de Misithra (l'ancienne Sparte)
conserve quelques restes plus marqués de sa premiere splendeur ; le
nom seul de cette ville a intéressé
à sa conservation les divers conqué-

rans au pouvoir desquels elle a passé ; ils ont eu pour elle une sorte de respect, qui lui mérite encore quelques égards de la part du Grand Seigneur. Elle est aujourd'hui capitale de la province de Livadie ; ses habitans vantent beaucoup la salubrité de son air, & l'admirable situation de leurs montagnes qui les garantissent également du soufle furieux des aquilons, & de l'humide intempérie des vents du couchant. Dans les plus beaux tems de la république les Athèniens eurent attention que dans les ouvrages de l'art, ces sages procédés de la Nature fussent imités & suivis d'aussi près qu'il étoit possible. L'architecte Philon, dans la construction du théâtre de Bacchus à Athènes, eut singulièrement en vue la santé de ceux qui devoient s'y trouver. Considérant que la joye des spectacles agitant extraordinairement les corps, pouvoit causer de l'altération dans les esprits, il y pourvût par la disposition du bâtiment, par

la judicieuse ouverture des jours ou
entre-colomnes, & par l'économie
des vents salutaires & des rayons du
soleil dont il sçût ménager le cours
& le passage; sur tout il eut recours
au vent d'occident, parce qu'il a
une force particuliere sur l'oüie,
& qu'il porte à l'oreille les sons de
plus loin & plus distinctement que
les autres : comme ce vent est ordinairement nébuleux & chargé de
vapeurs, ce fut un chef d'œuvre de
l'art de tourner les jours des por-
tiques avec tant de justesse que l'intemperie de l'ouest ne causa point
de rhumes & n'excita point de fluxions dans le théâtre. *

Les Grecs de notre tems n'ont plus
à se garentir des inconvéniens qui
peuvent résulter de l'agitation & du
plaisir que leurs ancêtres goûtoient
aux spectacles publics : mais comme ils respirent encore le même air

---

* V. Athènes ancienne & moderne.

& qu'ils habitent le même climat; aujourd'hui comme autrefois les Athéniens de l'un & l'autre sexe sont bienfaits & d'un tempéramment admirable : ils vivent long-tems & sans être sujets à aucune maladie marquée. Les enfans du quartier d'Athènes appellé Colitos, qui selon Philostrate naissoient très-beaux & commençoient à parler plutôt qu'ailleurs, sont encore à présent d'une figure charmante, ce que l'on peut remarquer comme un effet de la température qui y domine & de la bonté de l'air. On attribue encore leur vigueur à l'usage habituel du miel dont ils mangent beaucoup & qui y est exquis, ce qui est une nouvelle preuve de la salubrité de l'air, & même de celle des exhalaisons & des vapeurs dont l'atmosphère y est chargée, lorsque l'évaporation est la plus forte, dans la saison où les abeilles fabriquent leur miel. * Le mont Hy-

---

* V. le discours 8 § 13 T. 5. de cette Histoire.

mète qui fourniſſoit autrefois avec
tant d'abondance le miel délicieux
d'Athènes, offre encore aujourd'hui
la même reſſource: il eſt donc couvert des mêmes plantes qui croiſſent
& ſe nourriſſent ſur un ſol & dans
un air modifiés comme ils l'étoient
il y a deux ou trois mille ans.

Néantmoins quel renverſement
dans l'ordre extérieur des choſes
mêmes qui devroient influer ſur la
température de ce climat. L'Iliſſus
qui baignoit les murs d'Athènes n'a
plus forme de riviere, ſon canal eſt
à ſec, & il eſt diviſé en une multitude de rigoles qui portent l'eau
dans les jardins des environs. Ce
qu'il y a de plus étonnant encore
c'eſt que le Céphiſus qui traverſoit
autrefois cette ville ne ſubſiſte plus
on ne trouve pas même ſon lit.

La ville d'Athènes eſt encore
peuplée de quinze à ſeize mille habitans, dont il n'y a pas un dixiéme
de Turcs. Il y régne une ſorte d'induſtrie qui eſt une ſuite de l'eſprit
de l'ancien gouvernement établi par

Solon qui, pour inspirer l'amour du
travail au peuple dont il fut le légiflateur, lui fit un crime de l'oifiveté & voulut que chaque citoyen
rendit compte au public de la maniere dont il gagnoit fa vie : il étoit
obligé de fe fournir le néceffaire &
il ne devoit l'attendre de perfonne
fi l'oifiveté le reduifoit à l'indigence.
Il femble que ces loix foient encore
en vigueur à Athènes, on n'y fouffre point de mendiants, on n'y voit
point d'hopitaux, on fait fubfifter
chacun chez eux les indigens que la
maladie où les années mettent hors
d'état de travailler. Cette excellente
police eft un effet du refte de liberté
dont ils jouiffent en Grence & qui
leur a permis en tout tems de terminer leurs affaires par leurs propres
loix. Il eft vrai qu'ils ne confervent
ces priviléges qu'à force de fineffes
& de fubterfuges, que fouvent ils
font expofés de la part des Turcs
à des vexations cruelles : mais ils
comptent toujours fur des tems plus
heureux ; ils prétendent que c'eft

l'occasion de sortir d'esclavage qui
leur manque & non pas le courage,
que la valeur de la nation n'a point
dégénéré, que ce sont les soldats
Grecs qui font encore l'élite des
armées Ottomanes, dans lesquels le
nom de Janissaires n'ôte pas la pré-
rogative de la naissance Grecque,
& ne détruit point la force de l'air
natal. C'est ainsi qu'ils revendiquent
aux yeux des étrangers les priviléges
de leur nation & qu'ils en main-
tiennent l'honneur. Ce qui passe
pour certain c'est qu'ils ont encore
de l'esprit & de l'éloquence naturelle, beaucoup de finesse & une
sorte de fourberie qu'on leur re-
proche dans le commerce, qui
est une suite de la gêne où ils vivent, & des précautions auxquelles
ils sont continuellement obligés pour
se soustraire aux violences de la
tirannie.

Ils sont encore aussi vains que
dans le siécle de Périclès, & ils sont
si glorieux de ce qui est dit au chapitre dix-septiéme des Actes des

Apôtres de l'Aréopagite Dènis &
de la Dame Damaris ; que s'il se
trouve un étranger à leur service
divin, ils ne manquent jamais de
chanter avec une pieuse ostentation
cet endroit de l'écriture à la place
de l'épitre du jour. Leurs enfans
mêmes sont extrêmement sensibles à
une sorte de point d'honneur qui
tient à la vivacité de leur esprit &
au caractère national : celui qui en
deux jours n'apprend pas de mémoire vingt pages de son catéchis-
me, en a tant de honte qu'il n'ose
plus se présenter à l'instruction du
Missionaire.

Cet état actuel des choses prouve
que les esprits nés sous les climats
tempérés, où la chaleur l'emporte
sur le froid, que des peuples aussi
vifs que les Grecs ne perdent jamais
absolument le goût pour les arts
& les sciences qui est une dépendance du tempéramment. Il n'y a qu'à
les voir pour être persuadés qu'ils
reçoivent des impressions très-vives
de tous les objets ; tout parle en

eux, les gestes, l'habitude du corps,
la force des regards ajoutent à celle
de l'expression. Le mouvement des
esprits vitaux & du sang dispose
d'une maniere prompte & vive tout
le corps à exprimer les pensées.

Par une suite de ce génie actif,
on conçoit que ces Grecs ne laissent
pas incultes les terres qui dépendent
de leur domaine : aussi la province
de Livadie dont Athènes est la capitale, est assez bien cultivée & produit du bled, du ris & du coton ;
les étrangers en tirent des soies, des
huiles, des cuirs & de l'Avellanade
qui est une espéce de noix de Galle
dont les Vénitiens chargent une
quantité considérable, & se servent
pour préparer les cuirs dans les tan-
neries.

La stérilité du terrein de l'Attique, dit M. de Montesquieu, (*esprit des loix l.* 18e *ch.* 1.) y établit
le gouvernement populaire , & la
fertilité de celui de Lacédémone le
gouvernement Aristocratique. » Les
choses ont bien changé l'Attique

conferve de nos jours une apparence
de fertilité, qui fait préfumer que
dans les tems de fa profpérité elle
étoit encore mieux cultivée parce
qu'elle étoit plus peuplée. Le Péloponéfe n'a plus que des mûriers &
quelques vignes ; la terre y eft d'ailleurs prefque par-tout inculte : auffi
les Mainotes qui l'habitent n'ayant
rien à ménager vivent dans une forte
d'indépendance qui les raproche de
l'état des Sauvages ; tandis que les
Athèniens ayant quelques poffeffions
& un intérêt préfent qui les oblige
à la foumiffion, font plus tranquilles.
L'Ariftocratie de Lacédémone n'é-
toit-elle pas plutôt un effet de fon
état purement militaire, tandis que
la Démocratie d'Athènes tenoit plus
à fon amour pour les arts & les
talens fource certaine de diftinction,
& à fon penchant pour les douceurs
& les plaifirs de la vie.

Quoique les Athèniens regardent
avec raifon, comme fort fain l'air
dans lequel ils vivent ; cependant la
pefte eft fréquente dans ces contrées

par la communication habituelle que les habitans ont avec les Turcs, & le peu de soin avec lequel on observe les vaisseaux & les voyageurs qui viennent des pays où régne la contagion. Dans le dernier siécle on ouvrit une armoire pratiquée dans une embrasure de la Mosquée principale d'Athènes, qui servoit à renfermer des ornements d'Eglise à l'usage des chrétiens lorsqu'ils possédoient ce temple : les vapeurs infectées qui en sortirent répandirent tout d'un coup la peste dans la ville ; sans doute que ces ornements avoient autrefois servi à quelques Prêtres Grecs attaqués de maladie pestilentielle. Ces gens sont naturellement mal-propres, la sueur dont ces habits étoient imbûs lorsqu'on les renferma & l'humidité de l'armoire revêtue de marbre, occasionnerent une fermentation sourde, dont les effets se développerent aussi-tôt que l'air extérieur y eut pénétré, & eut mis en mouvement les miafmes contagieux qui y étoient refferrés. (Nous avons expliqué plus haut comment ces miafmes fe confervent & fe repandent tout d'un coup) v. *le difcours* 3ᵉ. §. 16 *Tome.* 2.

Lorfque la ville d'Athènes eft infectée de la contagion tous ceux qui font en état d'en fortir, fe retirent promptement dans leurs maifons de campagne où ils fe féqueftrent des peftiférés ; c'eft là qu'ils goûtent les avantages de refpirer un air fain & libre ; leur frugalité ainfi que leur vie tranquille contribuent beaucoup à les fauver de l'Epidémie.

De tout tems ce pays a été expofé aux ravages des maladies contagieufes. Dès l'an du monde 3574 dans la feconde année de la guerre du Péloponéfe, l'Attique fut défolée par une pefte affreufe. Thucidide qui en fut attaqué en décrit les circonftances & les fymptômes dans le plus grand détail, afin dit il, que fa relation pût inftruire la poftérité fi pareil malheur arrivoit une feconde

fois. (*a*) Hippocrate qui ſe dévoua
au ſecours de la Grèce dans cette
occaſion importante en a fait la deſcription avec cette ſupériorité de
génie & de lumieres qui le rendent
encore ſi célébre. (*b*.) La contagion
dévaſtoit en même tems une partie
de l'Aſie & ſur-tout la Perſe : l'il-
luſtre médecin de Cos réſiſta à toutes les offres du Roi de Perſe, aux
richeſſes immenſes & aux dignités
qu'on lui propoſoit, pour ſe con-
ſacrer tout entier au ſervice d'A-
thènes où il s'étoit établi. Lucréce
en a fait la deſcription en Poëte,
& ſon récit eſt conforme à ceux de
Thucidide & d'Hippocrate. Jamais
maladie ne fut plus affreuſe & n'eût
des ſymptômes plus variés & plus
effrayans. » La contagion, dit le
Poëte Philoſophe, s'étant élevée

____

(*a*) Hiſtoire de la guerre du Pélopo-
néſe, Liv. 2.

(*b*) Hippocr. Epidem. Lib. 3.

vers les frontieres d'Egypte, infecta les airs & après avoir parcouru de vaſtes eſpaces, & volé au-deſſus des mers, enfin elle ſe fixa ſur le peuple d'Athénes. Sa fureur l'attaquoit en foule & répandoit par-tout la mort... (a).

Ce qui augmenta beaucoup le déſordre & les ravages de la peſte, c'eſt que tous les habitans de la campagne ſe jetterent dans la ville avec leurs effets les plus précieux; les rues étoient embarraſſées d'une multitude de petites cabanes où ils s'étoient confuſément logés; les édifices publics & les temples étoient remplis de morts & de mourans entaſſés les uns ſur les autres; & ce qui eſt étonnant c'eſt qu'il ne

____

(a) *Mortifer æſtus*
Finibus cecropiis, funeſtos reddit agros,
Vaſtavitque vias, exhauſit civibus urbem:
Nam penitus veniens Ægiptié finibus ortus,
Aëra permenſus multum, campoſque natantes,
Incubuit tandem pópulo pandionis: pmnes
Inde catervatim morbo, mortique dabantur.
                    Lucretius. l. 6. vers. 1138.

paroit pas que l'on prit aucune précaution contre cette affluence extraordinaire d'un peuple étranger à la
ville, & infecté de la contagion,
qui bien loin de trouver le reméde
qu'il cherchoit à ses maux, ne faisoit qu'en augmenter la violence,
& se livroit plus promptement à la
mort qu'il fuyoit. A présent en
Gréce, comme par tout ailleurs,
dans le tems des épidémies contagieuses, le premier soin que l'on
prend, est de se retirer à la campagne dans des lieux ouverts &
exposés à l'action des vents frais,
qui débarrassent l'atmosphère des
miasmes corrompus dont elle est
chargée, & purifient l'air. Les fumées des bois odoriférans & des
Aromates les plus vifs contribuent
encore à lui rendre sa salubrité: ce
fut un des moyens qu'Hippocrate
mit en œuvre, qu'il conseille, &
que l'on a toujours utilement employé dans les maladies populaires
de ce genre.

A peine pense-t-on encore au

reste de la Gréce. La Béotie, aujourd'hui Stramalippa, dont l'air
quoique épais & grossier vit naître
dans son ancienne capitale Pindare
& Plutarque, n'est plus aujourd'hui
d'aucune conséquence : à peine Thé-
bes est-elle reconnoissable sous ses
ruines. On ne retrouve plus dans
Aspérosa Bourgade de la Romanie
au pied du mont Rhodope au près
du Lac Bouron sur l'Archipel, que
des ruines informes de l'ancienne
Abdère patrie de Démocrite. L'air
y est épais, grossier & le pays exposé
à des Epidémies, à des fièvres malignes très-violentes accompagnées
d'accidens singuliers. On dit que
l'Androméde d'Euripide aiant été
représentée à Abdère dans le fort
de l'été, l'action du soleil occasionna
des fièvres chaudes dans l'ardeur desquelles les habitans couroient les
rues récitants les vers du Poëte. On
ne doit pas s'attendre à y voir à
présent rien de pareil.

La Thessalie que les Turcs appellent Janna est toujours célèbre par
les

les montagnes d'Olimpe, d'Offa, de
Pélion & du Pinde : la délicieufe
vallée de Tempé produit encore des
vins excellens & des fruits recher-
chés ; l'air y eft pur & fain. La
Macédoine au nord de l'ancienne
Grèce par les 40 degrés 41 minutes
de latitude, qui ne fut jamais fertile, l'eft bien moins à préfent
qu'elle eft prefque déferte, quoique
fa capitale Theffalonique qui donne
fon nom au golfe au fond duquel
elle eft fituée, foit très-peuplée de
Grecs & de Juifs qui y font un
commerce confidérable de foye ; de
forte que toute la culture de ce
pays, fe réduit à élever beaucoup
de mûriers & à femer du ris dans
les terres baffes qu'on peut mettre
fous l'eau, ce qui doit l'expofer à
des intempéries fréquentes.

L'ancienne Epire, & l'Albanie,
pays plus élevés & plus froids que
ceux dont nous venons de parler ont
été long-tems habités par un peuple
brave & courageux que l'on devoit
regarder comme la vraie poftérité

des Epirotes sujets de Pirrhus.
Scanderberg s'y maintint tant qu'il
vecut, contre la puissance des Turcs &
celle des Vénitiens. Aujourd'hui ce
pays n'est plus d'aucune considéra-
tion : l'air cependant y est salutaire,
le sol est sec, les terres élevées, &
ses habitans comme les Mainotes
sont des especes de corsaires qui vo-
lent indifféremment amis & ennemis : toujours animés par le desir de
secouer un joug qu'ils détestent, l'air
qu'ils respirent, les montagnes qu'ils
habitent semblent être pour eux une
cause sans cesse renaissante de mouvemens inquiets & cachés qui ne les
portent à penser qu'aux entreprises,
aux séditions, à la révolte, qui les
habituent à souhaiter l'impunité dans
le désordre & à se regarder dans un
état de guerre avec presque tous les
hommes. C'est dans ces montagnes
qu'habitent les Montenegrins, dont
un avanturier inconnu, cherche actuellement à faire servir à son avantage, les dispositions au pillage, &
à l'espece de guerre qui le favorise.
Ainsi les climats ne changent point,

la température y reste à-peu-près
toujours la même. L'abandon des
terres, le peu de soin d'entretenir le
cours des rivieres, peuvent altérer
la salubrité de l'air, & influer sur les
tempéramens : mais rien ne décide
tant l'état des mœurs, & n'est plus
capable de changer le courage en
férocité, la subtilité de l'esprit &
sa pénétration, en ruses habituelles,
& en fourberies, que les gouvernemens arbitraires & presque toujours
injustes.

Les différens peuples de la Grèce
varient pour la couleur, ceux de
la partie septentrionale sont assez
blancs : ceux des provinces méridionales sont bruns, on en voit
même quelques-uns d'un teint olivâ-
tre ; tous sont bien faits & fort agiles : leurs femmes sont vives & belles : il en est de même des Grecs de
l'Archipel, des Napolitains, des
Siciliens, & des naturels des îles de
la méditerranée qui sont beaucoup
plus bruns que les peuples de l'Italie
septentrionale.

§. VI.

Isles de la Méditerranée.

Les isles situées dans la mer méditerranée qui borne au midi, du couchant à l'Orient toutes les terres dont nous venons de parler, jouissent d'une température à peu-près égale à celle des pays dont la latitude répond à la leur, cependant en général plus douce, parce que l'évaporation de la mer tempére également les excès du froid & du chaud: c'est ce qui fait que ces îles bien cultivées font d'ordinaire plus fertiles que les parties du continent auxquelles elles répondent.

Les anciennes Baléares que l'on appelle aujourd'hui les isles d'Espagne s'étendent du 38e. au 40e. degré de latitude: les terres de la plus grande appellée Majorque font fort élevées, le sol en est naturellement sec, bien cultivé & très-fertile;

quoiqu'il n'y ait point de rivieres, mais seulement beaucoup de fontaines & de puits dont l'eau est très-bonne à boire ; par-tout l'air y est fort sain. Minorque n'est formée que d'un amas de sommets de montagnes d'où coulent plusieurs ruisseaux. Sa richesse principale consiste en pâturages excellents qui nourrissent quantité de bestiaux. Ivica qui est à l'Occident des deux autres est petite, mais si fertile en bleds, en vins & en fruits excellents, qu'elle en fait un commerce assez considérable avec l'Espagne & l'Italie. Ces trois isles ont été de tout tems habitées par un peuple laborieux, robuste & guerrier, & ne font sujettes à aucune intempérie. La Formentera qui est au midi de l'isle d'Ivica est couverte de bois de sapins, & tellement remplie de serpens & d'autres reptiles venimeux qu'elle est abandonnée. Ces insectes vivent ordinairement dans des terreins humides, & multiplient d'avantage dans un air mal sain que par - tout ailleurs, ce qui porte à croire que c'est une des principales causes pourquoi cette isle a été regardé jusqu'à présent comme inhabitable, il n'eut pas été impossible aux peuples d'Ivica de détruire ces reptiles, s'il n'eussent pas trouvé d'autre inconvénient à l'habiter.

L'isle de Corse a environ 225 lieues d'Italie de circuit, elle est en la possession d'un peuple grossier, dur, & plein de courage lorsqu'il est question de défendre sa liberté à laquelle il sacrifie tout. Plusieurs familles de ces Grecs Mainotes qui prétendent que le sang des Spartiates coule encore dans leurs veines, y furent transportées dans le siecle dernier, & en s'alliant avec les Corses naturels, ils ont fortifié leur aversion pour toute domination étrangère, des ruses qu'ils étoient accoutumés de mettre en usage contre les attaques des Turcs, d'un goût décidé pour le pillage, enfin de toutes les ressources que peut employer un peuple foible mais intrépide, & qui ne connoît d'autre loi que l'intérêt

du moment sur lequel il se décide
toujours. Les terres qu'ils habitent
hérissées de montagnes couvertes de
forêts, sont pour eux des retraites
sures où l'on n'a pas encore osé les
poursuivre ; & où il ne seroit pas sûr
de s'engager. Dans la crainte que
leurs ennemis ne profitent de leurs
travaux, depuis long-tems ils ne cultivent les terres qu'autant qu'il est
nécessaire pour en tirer leur subsistance ; ils abandonnent le reste,
quoique le sol soit par-tout naturellement fertile, & susceptible de produire de bonnes denrées, à en juger
par la qualité des vins, des grains &
des fruits que l'on recueille dans
quelques vallées ou sur les collines.
On en regarde l'air comme grossier
& mal sain, ce qui peut avoir été
occasionné par le peu de soin que
l'on a eu jusqu'à présent de cultiver
les terres, de donner aux eaux un
cours libre, où elles restent stagnantes, & par la quantité de forêts qui
ne sont point assez ouvertes, où les
exhalaisons & les vapeurs sont rete-

nues long-tems dans une humidité nuisible, avant que de se répandre dans l'atmosphère. Cependant les Corses sont vigoureux, actifs, & vivent très-long-tems : il pourroit donc se faire qu'un autre gouvernement, plus de tranquillité & l'esperance de jouir en sûreté de leurs récoltes, déterminassent ces peuples à donner une nouvelle forme à cette isle, d'où il résulteroit un changement favorable de température : peut-être qu'un jour on les amenera à croire que de bonnes loix son préférables à une liberté sans regle, & on verra la paix amener dans ce pays les arts, l'industrie & l'abondance. Le spectacle gracieux qu'offrent ses abords dans la belle saison, les montagnes couvertes de vignobles & d'oliviers, de citroniers & de pins à leurs sommets ; l'odeur suave & balsamique qu'exhalent les arbustes & les végétaux de différentes especes, qui remplissent l'air d'un parfum agréable, la nature même du sol plutôt sec qu'humide donne lieu de conjecturer, que l'air pourra perdre insensiblement par les soins que l'on prendra de faciliter sa circulation, & par les suites d'une culture plus exacte, cette grossiéreté nuisible, dont on ressent les effets dans le centre de l'isle & même dans les terres voisines des côtes, lorsqu'à la suite des chaleurs de l'été, les eaux commencent à s'altérer; c'est alors que les maladies s'établissent parmi les étrangers, qui ne sont pas habitués à cette température.

On s'en apperçoit sur-tout dans les villes de la Bastia, San Fiorenzo, Calvi & Ajaccio où l'on manque de bonnes eaux. On trouve dans les montagnes voisines ainsi que dans le reste de l'isle des mines d'or, de cuivre, d'argent & de fer, des carrieres de marbre & de porphire dont la politique Genoise empêchoit les naturels du pays de faire usage en leur interdisant tout commerce; elle avoit même privé du droit de noblesse les anciennes familles, en

G v

leur fermant l'entrée à toutes dignités civiles & militaires.

Un pareil traitement ne pouvoit que déterminer un peuple tel que nous l'avons représenté à des guerres & des révoltes fréquentes ; c'est sans doute ce qui leur a formé un caractere dur & sanguinaire ; ce qui les a rendus cruels, avares, voleurs, dissimulés, vindicatifs, assassins, fainéans, jaloux jusqu'à l'excès : mais ce qui les rend actuellement formidables & difficiles à subjuguer, c'est qu'ils sont sobres, agiles, infatigables à la guerre : ils dorment à terre avec leurs armes entre leurs bras, leurs troupes se rassemblent & se dissipent avec la même célérité : ce sont des ennemis qu'on ne retrouve plus dès qu'on les a laissé échapper. Ils marchent en pelotons séparés les uns des autres sans suivre aucun chemin à travers les campagnes, en se courbant contre terre : à la faveur des petites murailles, des rochers ou des broussailles, ils vien

nent tout d'un coup sans être apperçus attaquer leurs ennemis en
tirant de toutes parts, après quoi
ils se jettent en arriere & rechargent
très-promptement, de sorte qu'une
troupe attaquée ne peut ni sçavoir
leur nombre, ni ajuster ses coups
pour répondre à leur feu. Dans la
guerre précédente les François ne
les attaquoient pas en colomne ou
en bataille rangée, ils les pour-
suivoient en haye fort ouverte tirant toujours du côté d'où le feu
venoit, mais les Corses à leur approche se retiroient en sautant de
murailles en rochers, & de rochers
en broussailles, d'où ils gagnoient
leurs forts. A présent ils ont ajouté
à cette maniere de combattre & de
se défendre, plus d'union entr'eux,
plus de régularité, de meilleures
armes, une discipline plus exacte
& des projets mieux concertés &
mieux suivis.

Ces peuples quoique méridionaux
sont plus barbares encore, & plus
cruels envers leurs femmes que les

nations du nord les plus grossieres :
ils les méprisent à l'excés, & nulle
part la condition des femmes n'est
aussi dure & aussi abjecte : outre les
occupations ordinaires du ménage,
ce sont elles qui sont chargées des
travaux de la campagne, de labourer, de couper du bois, tandis que
leur maris s'occupent à fumer, à
jouer, à causer entr'eux ou à chas-
ser : jamais elles ne mangent avec
eux, & même elles n'y couchent
pas. Les Corses à ce mépris joignent
beaucoup de jalousie, & souvent ils
immolent leurs femmes à leur moindre soupçon, quoiqu'elles soient les
plus soumises & les plus laborieuses
du monde ; lorsque la fidélité d'une
femme est suspecte à son mari, il
lui tire un coup de fusil en plein
champ, & va dire à ses parens de
venir enterrer leur fille. On retrouve dans ces procédés atroces le
fond des anciennes mœurs Italien-
nes dégénéré en vraie barbarie,
parmi un peuple grossier, méchant
& indiscipliné.

La Sardaigne qui eſt au midi de l'iſle de Corſe, eſt beaucoup plus grande & moins fertile : le Duc de Savoye la poſſéde depuis 1720, à titre de royaume. Son air eſt ſi épais & ſi malſain, que de tout tems il a été regardé comme peſtilentiel : Pauſanias en attribuoit la cauſe à la hauteur de ſes montagnes qui empêchoient les vents du nord de s'y faire ſentir, tandis qu'elle étoit continuellement expoſée aux vents du midi qui y concentroient les vapeurs nuiſibles qui s'élevoient de ſes ſalines. D'autres ont attribué la cauſe de ſa dépopulation à une ſorte de fourmis venimeuſes qui y ſont très-communes, & à la multitude de crapaux dont ſont remplies ſes terres marécageuſes & humides, enfin à la quantité d'herbes vénéneuſes que l'on y trouve, entr'autres à l'herbe ſardoine, qui dit-on retire les nerfs & les muſcles & produit un ris forcé, le rire ſardonique. Les Romains la regardoient comme le ſéjour des maladies & de la mort.

comme une terre empeſtée. Cicé-
ron parlant d'un certain Tigellius
né dans cette iſle, dit qu'il étoit plus
peſtilentiel encore que ſa patrie. (1)
Martial dans un inſtant de réflexions
ſérieuſes ſur la mort, dit que lorſque ſon heure eſt venue, on tente
envain de l'éviter, qu'alors l'air de
Tivoli eſt auſſi funeſte que celui de
la Sardaigne. (2) Silius Italicus regarde toutes ces cauſes comme chimériques, & n'admet ni inſectes venimeux, ni herbes empoiſonnées
dans cette iſle, mais un ciel triſte,
une atmoſphère infectée des exhalaiſons peſtilentielles que les marais
y répandent. (3) C'eſt à ces dernieres cauſes qu'il paroît naturel

____

(1) *Peſtilentiorem patriâ ſuâ... Epiſt. fa-
mil. lib. 7.*

(2) *Nullo fara loco poſſis excludere, cum mors*
Venerit, in médio Tibure ſardinia eſt. Martialis.

(3) *Serpentum tellus pura ac viduata veneno,*
Sed triſtis cœlo, & multa vitiata palude.

Silius Italicus.

d'attribuer la dépopulation de cette ifle , & le peu de foin que l'on a pris jufqu'à préfent de la mettre en valeur. Cependant elle eft fertile en grains & en olives , on y trouve des forêts d'orangers & d'autres arbres de cette efpéce : le bétail s'y multiplie , on prétend même que les montagnes renferment des mines riches des métaux les plus précieux : mais tous ces avantages ne lui procurent pas un grand nombre d'habitans , parce que fon air les détruit : il femble même qu'il leur communique une forte de férocité , qui fait que fur leur territoire il eft difficile de les difcipliner : transportés ailleurs ils changent de caractère. Le Roi de Sardaigne a toujours à fon fervice un régiment de Sardes , qui tant qu'ils font dans les autres Etats de ce Prince , s'accoutument aifément à la difcipline militaire , en rempliffent tous les devoirs avec exactitude & bravoure , font doux & honnêtes dans la fociété ; mais dès que le foldat licentié a remis le pied dans son isle, il reprend ses mœurs dures & féroces : on ne reconnoit plus en lui aucun trait de cette humanité & de cette douceur qui lui paroissoit naturelle lorsqu'il étoit en Piémont. La conduite de la plupart des montagnards de Sardaigne est aussi barbare que celle des Sauvages les plus grossiers de l'Amérique. Il y a quelques années que des Génois établis en Corse, sachant que dans le mois de Juin le sol des forêts de Sardaigne étoit couvert de fleurs d'orange à la hauteur de plus d'un demi pied, sur des côtes désertes, s'y rendirent au nombre de cinq avec des fourneaux & des alembics pour distiler ces fleurs ; ils commencerent leur opération assez tranquillement, mais la fumée des fourneaux les ayant décélé, quelques Sardes vinrent à la découverte, & sans s'informer de ce qui avoit déterminé ces gens à venir sur leurs terres, ils tirerent sur eux, en tuerent deux, en blesserent un troisiéme qui s'enfuit avec les deux

autres dans la barque, & qui ga-
gnerent bien vîte la pleine mer. Le
Roi y entretient quelques compa-
gnies de garnison, & un tribunal de
justice à Cagliari, & tire à peine des
revenus du pays, de quoi payer ces
troupes & les gages des Officiers
de justice.

Cependant cette isle n'a pas toujours été dans cet état d'abandon :
Aristote, (*Lib. de Mirabil.*) sans
doute sur une ancienne tradition,
prétendoit que la Sardaigne, qu'il
dépeint telle qu'elle est encore,
avoit été originairement peuplée
par une colonie Grecque ; que cet
Aristée prétendu fils d'Apollon &
de Cirène, que le docte Evêque
d'Avranches a crû être le même
que Moïse, auquel l'histoire fabu-
leuse dit que l'on doit la maniere
de faire les fromages, de préparer
les ruches à miel, & de cultiver
les oliviers, la gouverna & y réta-
blit ces arts utiles avec l'agriculture qu'il avoit perfectionée, mais
que les Carthaginois s'en étant em-

parés, ils y détruisirent tous ces beaux établissemens, & défendirent fous peine de la vie d'y cultiver la terre : il femble que l'on y redoute encore la févérité de cet arrêt deftructeur de l'humanité, & que la défiance où font les Sardes de tous les étrangers, l'averfion même qu'ils ont pour eux, eft une fuite des maux qu'ils en ont fouffert. Ne pourroit-on pas les comparer à ces reftes d'Indiens qui fe font retirés dans les montagnes du Chili, ou dans quelques îles éloignés : il fuffit qu'ils voyent paroître un vaiffeau ou quelques Européens affemblés, pour qu'ils fe mettent en état de défenfe. La mémoire des maux qu'ils ont éprouvé de leur part, eft encore fi récente, qu'il n'eft point étonnant qu'ils ne craignent pas d'expofer leur vie pour fe fouftraire aux malheurs qu'ont effuyés leurs peres.

On peut regarder la Sicile comme la plus fertile & la plus belle des îles de la Méditerranée, forte

par sa situation & très-propre au
commerce ; elle a passé longtems
pour le Grenier de Rome, & on
en exporte encore aujourd'hui une
quantité confidérable de bleds : ses
vins & ses fruits font d'excellente
qualité, mais ses soyes font à préfent le meilleur revenu de l'ifle.
Sa température eft affez égale, plus
chaude que froide, eu égard à la
latitude du pays, ce qui fait que
les étrangers ont peine à s'accoutumer à fon air, quoi qu'il foit
fain pour les naturels : des lacs d'eau
chaudes & fulfureufes en alterent
la pureté en quelques endroits ; le
lac de Naphetia près de Catane, a
des eaux fi puantes qu'elles infec-
tent l'atmofphère des environs, &
font très-préjudiciables à la fanté
des habitans. Les cendres de l'Etna
fouvent répandues par les vents fur
tout le fol de l'ifle, contribuent à
fa fertilité, fans donner à l'air aucune qualité nuifible : fa population eft nombreufe, & par tout elle
eft cultivée & fertile. Les Siciliens

accoutumés aux révolutions, font
naturellement fubtils & entreprenans, capables de former des projets & de les conduire à leur exécution avec autant de prudence que
de fecret : leur extérieur a quelque
chofe de rude & de plus groffier
encore que celui des Napolitains,
quoiqu'il annonce de la fineffe, &
une nation foupçonneufe & défiante.

L'ifle de Malthe fituée au 35ᵉ.
dégré, 54 minutes de latitude, au
midi de la Sicile, n'étoit autrefois qu'un rocher de peu de conféquence & prefque inhabité, l'orf-
qu'en 1530 l'Empereur Charles V.
en fit la conceffion aux Chevaliers
de St. Jean de Jerufalem qui venoient de perdre l'ifle de Rhodes :
à préfent elle compte plus de cinquante mille habitans. L'air y eft
affez fain quoique fort chaud : le
fol eft aride & brulant, il ne produit que du coton, quelques fruits
excellens, fur tout des oranges délicieufes, de très-bons raifins, mais
fort peu de grains : on tire de la

Sicile tout le bled néceffaire à la
confommation ; les rochers élevés
dont toutes les côtes de Malthe font
bordées, empêchent les vents frais
de la méditerrannée d'y pénétrer librement, ce qui fouvent y caufe
une chaleur extrême & étouffante,
fur tout en été où les rochers dont
l'ifle eft parfemée réfléchiffent de
toute part les rayons du foleil &
redoublent fon ardeur.

L'Ifle de Candie à-peu-près à la
même latitude que celle de Malthe,
a été fi confidérable jufqu'au milieu
du dernier fiécle environ, qu'elle
tomba au pouvoir des Turcs, & fi
peuplée, qu'elle le difputoit à la
Sicile pour la fertilité & l'abondance:
elle l'emportoit même pour la falubrité de l'air, & la beauté de fes
eaux qui font les meilleures de toutes
les échelles du levant. Par fa pofition elle eft comme une barriere
qui couvre l'Archipel au midi, &
qui arrête en partie les effets des
vents brulants qui viennent de ce
côté : on les appelle vents de terre

à cause de la proximité des côtes de l'Afrique. Ils y sont si dangereux & toujours si incommodes que M. de Tournefort rapporte que l'on a pensé deux ou trois fois à abandonner la Canée, ville très-importante & la plus forte de l'Isle, où le vent du sud est tout-à-fait suffoquant & quelquefois si ardent qu'il étouffe les gens en pleine campagne : il eut même grande peur d'un pareil accident en venant du Cap Mélier à cette ville. (*voyage du levant Tom.* 1.) Comme ce vent ne fait pas moins sentir son ardeur dans les maisons qu'à la campagne, elles sont construites de façon à s'en garentir, sans pour cela se priver de la communication avec l'air extérieur. Dans tout ce pays outre la terrasse qui couvre la maison, il y en a une autre de plein-pied à l'étage supérieur, qui n'est proprement qu'une chambre découverte & garnie de quelques pots de fleurs ; cette manière de bâtir est très-avantageuse à la santé ; dans la ville capitale où la

plus grande partie des maisons sont
tournés au nord, on en tient les
fenêtres fermées lorsque le vent
vient de ce côté, & alors on ouvre
la porte de la terrasse qui est au
midi ; & au contraire on ferme
cette porte, & on ouvre les fenêtres
exposées au nord, lorsque les vents
d'Afrique si dangereux par-tout le
levant commencent à se faire sentir.
Cette précaution seule rend les maisons commodes & habitables en
toute saison, en renouvelle l'air
intérieur & le purifie. Malgré la
chaleur de ces vents, les montagnes de la Sfachia au sud de la
Canée sont presque toujours chargées de neiges auxquelles on attribue la fertilité de tout le pays des
environs qui est couvert de forêts
d'oliviers, entre coupées de champs,
de vignes, de jardins & de ruisseaux
bordés de mirthes & de lauriers
roses. Tout le reste de l'isle sur-
tout la côte Septentrionale est une
plaine très-fertile, dont les productions consistent en grains, en vins

excellens, en huiles, en laines, en foyes, & en miel délicieux dont l'exportation eft affez confidérable. Le commerce s'y foutient encore quoique la population y diminue fenfiblement ainfi qu'il arrive à tous les pays foumis à la domination Mufulmane ; mais les terres font fi faciles à cultiver & naturellement fi fécondes, la température fi égale & fi douce que peu de travaux font récompenfés des plus grands fuccès. Ce qui me paroît devoir être le plus remarqué, c'eft que les Candiots dont la réputation étoit ancienne-ment très-équivoque quoiqu'ils euf-fent eu pour légiflateur le fage Mi-nos, paffent à préfent pour le peuple le plus honnête du levant. On ne voit, dit-on, parmi eux, ni filoux, ni mendiants, ni affaf-fins, ni voleurs de grand chemin. Si c'eft un effet de la domination à laquelle il font actuellement fou-mis, il eft unique ; car ainfi que nous avons déjà eu occafion de le remarquer, il a changé les belles

qualités

qualités des Grecs en vices oppofés & il eft d'autant plus fingulier, que les Vénitiens même, tant qu'ils ont été maîtres de l'Ifle de Candie, n'avoient pas à beaucoup près une auffi bonne idée des naturels du pays.

§ VII.

Etat de l'Air dans quelques Ifles de l'Archipel.

Les vents ne font pas fi réglés, & la température eft fujette à beaucoup plus de variations, dans l'Archipel que dans l'Ifle de Candie, où l'on ne connoît que deux vents principaux. Il paroît par les relations des Navigateurs qui ont couru cette mer, que les vents y varient trés-fréquemment, que le nord y domine avec violence pendant l'hyver, & y contrarie la navigation au point que la mer n'eft pas tenable dans les parages voifins de Candie. Les côtes élevées de la plûpart des

Isles de l'Archipel refléchiffent les vents, les nuages caufent des mou-vemens de tourbillon dans l'air qui ne font pas moins incommodes : les vents des grands continens s'y font fentir en toute direction, de forte qu'on n'a point de route fure & déterminée à tenir, & que l'on va tous les jours d'une Ifle à l'autre par des vents oppofés. De-là naiflent les variations du chaud au froid, & fouvent même la continuation du froid que l'on ne devroit pas reffen-tir dans une latitude fi peu avancée long-tems après que le foleil eft en deçà de l'équateur. L'Ifle d'Andros quoiqu'au 37ᵉ degré 50 minutes eft fujette à des froids qui fouvent font très-longs, ce qui fait que la foye que l'on y recueille eft fi groffiere qu'on ne peut l'employer qu'à faire des tapifferies ; quoique la campagne y foit par-tout couverte d'orangers, de figuiers & de grenadiers, ce qui prouve que ce qu'on appelle froid dans ces contrées eft une difpofition de l'air tout-à-fait différente de celle à laquelle nous donnons le même nom dans nos climats. Ces froids font occasionnés par la constance des vents du nord qui rendent la mer très-grosse & difficile à tenir. Alors pour passer d'une Isle à une autre, on n'entreprend pas de longues traites, & on ne suit pas la route la plus droite, mais on va d'abord à l'Isle la plus voisine, d'où on passe à une autre peu éloignée, ainsi d'abris-en-abris on se rend à sa destination. On se sert pour cela de barques à quatre ou six rameurs, & on court les risques d'être enlevés ou dépouillés par les petits corsaires Grecs qui se tiennent cachés sous les rochers qui bordent la plûpart des côtes. On ne craindroit pas ce danger si l'on prenoit une tartane : mais dans ce cas il faudroit attendre un vent favorable, & une mer plus tranquille, avantages sur lesquels on ne peut compter, les vents étant aussi incertains dans ces parages que sur terre, & ayant beaucoup plus d'effet. C'est pourquoi les anciens

Géographes ont eu raiſon de dire
qu'il n'y a point de mer qui pouſſe
plus haut ſes vagues que celle de
l'Archipel : elles ſe refléchiſſent avec
impétuoſité entre les Iſles qui ſont
fort proches les unes des autres &
avec un mouvement ſi précipité que
leurs flots, ſuivant l'expreſſion d'Hé-
ſichius, reſſemblent à des chèvres
bondiſſantes. Les petites barques à
rame réſiſtent mieux à la violence
& à l'inégalité de leur choc que les
bâtimens plus conſidérables ; tant
par leur légéreté qui céde au coup
du flot, que par l'habitude qu'ont
les gens du pays de les gouverner
pendant la tempête. Comme elles
ſont découvertes, les pluies fortes
qui annoncent la fin des orages y
ſont très-incommodes, & font re-
chercher avec empreſſements quelques rochers eſcarpés ſous leſquels
on puiſſe ſe mettre à couvert. C'eſt
là où l'on rencontre ſouvent des
petits corſaires qui s'y tiennent cachés & qui ne manquent pas de
faire butin s'ils ſont les plus forts ;

quoiqu'ils foient moins dangereux
dans cette pofition qu'en toute autre,
n'étant pas auffi hardis dans ces retraites qu'en pleine mer dont ils
redoutent fi peu la violence, qu'elle
les feconde dans leurs entreprifes
par l'ufage où ils font de braver fon
impétuofité. Leur hardieffe étonne
les paffagers qui croient le danger
beaucoup plus grand qu'il n'eft, &
que la crainte met fouvent hors
d'état de fe défendre ; au lieu que
dans ces abris toutes chofes font
égales, les corfaires y font moins
entreprenans, & les voyageurs plus
affurés.

Quant à la maniere générale de
naviguer dans les mers du levant,
on n'eft guères dans l'ufage de
prendre la hauteur du Pôle, on
redreffe la courfe du vaiffeau par
l'afpect des côtes. Quand il arrive
qu'elles difparoiffent dans le gros
tems foit par le brouillard foit par
l'obfcurité que répandent les nuages, ou parce qu'elles font baffes,

on consulte l'estime, ce qui dans ces
mers est fort équivoque ; car comment le Pilote peut-il calculer au
juste la quantité de chemin qu'a fait
un vaisseau par un mouvement inégal , cédant tantôt à l'action des
vents, tantôt à la force des courants:
aussi prendroit-on souvent pour vitesse absolue ce qui n'est que vitesse
relative, si l'on connoissoit moins ces
mers ; on pointe la carte & par
l'usage du compas on trouve le
chemin présomptif de la course du
vaisseau , & par des préjugés on
établit l'endroit de la mer où l'on est,
quoiqu'on ne puisse pas rester long-
tems dans l'incertitude dans une
mer par-semée d'une aussi grande
quantité d'Isles toutes connues. Elles paroissent les restes d'une partie
de terre ferme qui joignoit l'Europe
& l'Asie, dont le pays plat formé
d'un sol léger & mobile fut emporté
par une violente irruption des eaux
plus élevées, tandis que les parties
plus solides & plus hautes qui restent

encore à découvert , résisterent à
l'effort du courant.

C'est sur-tout à la fin de l'hyver
lorsque les neiges commencent à se
fondre que les tempêtes sont le plus
fréquentes dans l'Archipel. L'évaporation est alors très-abondante ;
dans l'instant qu'elle se fait , elle
établit dans l'air une espèce de calme dont il faut d'autant plus se dé-
fier qu'il est suivi de près par l'orage.
Le soleil n'a pas encore assez d'action pour raréfier les vapeurs qui
s'élévent dans l'atmosphère ; dès
qu'elles sont parvenues à une certaine hauteur , le froid qui y régne
les condense & en forme des nuées
d'où sortent des grains de vent presque aussi dangereux que ceux qui
se font sentir dans l'Archipel Indien
pendant la saison pluvieuse. La grêle , le tonnerre & les éclairs sont
effroiables , le vent souffle en même
tems de presque toutes les pointes
du compas & les plus grands vaisseaux sont horriblement tourmentés.

H iv

Dans les Isles on passe tout d'un
coup de la température la plus douce
à un air froid humide & mal-sain,
si on ne se précautionne pas contre
ses effets. Telles sont les causes
générales de la disposition de l'air:
il y en a de particulieres qui dépendent des qualités du sol plus ou
moins élevé, de sa sécheresse ou de
son humidité, & même des matieres
différentes que la terre renferme
dans son sein; elles sont locales,
nous indiquerons les plus remarquables, celles qui donnent lieu à des
phénomènes particuliers à quelqu'unes des Isles de l'Archipel.

L'Isle de Santorin située au nord
de Candie par les 39 degrés de latitude, quoique peu étendue, puisqu'elle n'a guères plus de trente
mille de tour a des singularités qui
méritent que l'on en fasse ici une
mention particuliere. C'est une terre
nouvelle qui est sortie du sein de la
mer par l'action d'une fournaise sou-
terraine dont les phénomènes se font

fentir de tems à autres. Sénéque en
parle comme d'une Ifle formée de
fon tems. (*a*) Pline en fait quelques
détails plus particuliers : il affigne
le tems de fon émerfion hors de
l'eau à la quatriéme année de la 1-3 6ᵉ.
Olimpiade. Son premier nom étoit
Thérafia qui fut changé enfuite en
celui d'Hiera , comme étant confa-
crée à Vulcain à caufe des feux qui
fortoient la nuit de fes rochers , enfin il rapporte un autre mouvement
qui la partagea en deux & dont une
des parties eut le nom de Thia (*b*).

(a) *Therafiam noftræ ætatis infulam , fpec-*
tantibus nautis in Ægeo Mari enatam quis du-
bitet quin fpiritus in lucem evexerit. Senec.
nat quæft. L. 6. c. 21 . . . . . .

(b) *Inter cicladas Olimpiadis* CXXXV.
An. 4. *Thera & Therafia.* Plin. l. 2. c. 87.
Therafia nunc Hiera quia facra vulcano eft,
colle in ea nocturnas evomente flammas . . . id.
l. 3. c. 9. *Thera cum primum emerfit Callifte*
dicta eft , ex ea avulfa poftea Therafia atque
inter duas enata, Mox Automate eadem Hiera ,
& in noftro ævo Thia juxta eamdem enata . id.
lib. 4. cap. 12 . . . . . .

H v

Ce qu'il y a de certain c'est que ce Volcan caché sous les eaux souléve de tems-en-tems les terres & les rochers qui le renferment & forme au-dessus de la surface de la mer de nouveaux terreins. En 726. en 1427 & en 1543 elle a reçû des accroissemens par de nouvelles fermentations, & les petites Isles ou rochers qui l'environnent sont sortis successivement du sein des eaux. En 1650 il y eût des éruptions de feux très-violentes à Santorin & dans les environs qui produisirent le grand banc que l'on voit à côté, & qui peut-être deviendra un jour une nouvelle Isle habitable & aussi susceptible de culture que l'ancienne. Baudrand parlant de cette Isle la nomme Thérasia, dit qu'elle a environ trente milles de tour, quinze cens habitans deux Evêques l'un du Rit Grec l'autre du Rit Latin avec quelques places fortifiées & huit bourgades, qu'elle est assez bien cultivée & distante de trente six milles de la côte Septentrionale de Candie, &

de quarante de l'Isle de Milo au
levant ; qu'en 1507 elle fut divisée
en deux parties par un tremblement
de terre , dont la plus grande a le
nom de Santorin , & la seconde qui
est la plus petite , conserve son ancien nom de Therasia. Tous ces
témoignages se rapportent assez , il
paroît seulement que Baudrand s'est
trompé sur la date de la division de
l'Isle en deux , que Pline qui en
parle expressément fait remonter
beaucoup plus haut.

Mais voici quelque chose de plus
sûr à ce sujet qui s'est passé dans ce
siècle, dont le récit est consigné dans
l'histoire de l'Académie des Sciences. (An. 1708.) A deux mille
de l'Isle de Santorin on s'est apperçu d'une nouvelle isle qui n'a
paru d'abord que comme un petit
bâtiment & qui , grossissant chaque jour , est devenue aussi grande
qu'un vaisseau de haut bord. Elle
est entourrée de diverses autres petites isles , & il en sort continuellement, de grandes flammes. Cette

nouveauté est d'autant plus surprenante, qu'en cet endroit l'eau a plus de soixantes brasses de profondeur, & qu'il faut que les feux souterrains ayent une étrange force pour pouvoir lancer si haut à travers des eaux une si grande masse de rochers. Ce phénomène fut apperçu pour la première fois le 23 Mai 1707 au lever du Soleil.... Les premiers qui abordèrent sur ce rocher nouveau qu'on prit pour un bâtiment prêt à faire naufrage, le trouvèrent encore agité, & dans un mouvement sensible d'accroissement : ils en rapportèrent de la pierre ponce d'une finesse extrême, & des huîtres exquises & fort grosses, que le rocher où elles étoient attachées avoit apportées avec lui du fond de la mer. On s'étoit aperçu d'un petit tremblement de terre à Santorin deux jours avant que cet écueil parût. Il augmenta très-promptement, tant en hauteur qu'en largeur, jusqu'au 13 ou 14 Juin : il avoit alors près d'un demi mille de

circuit & 20 ou 25 pieds de haut.
Après quelque tems de tranquillité, les eaux de la mer se troublè-
rent de jour en jour plus sensiblement, elles se teignirent de diverses
matières minérales parmi lesquelles
le souffre dominoit : les flots avoient
une agitation & un bouillonnement
qui venoit du fond : ceux qui vouloient approcher de la nouvelle isle
sentoient une chaleur immodérée
qui ne leur permettoit pas d'y aborder ; enfin il se répandoit dans l'air
une puanteur qui infectoit l'Isle de
Santorin , & en incommodoit extrêmement les habitans. Tout cela
annonçoit quelque phénomène effrayant, & l'épouvante étoit générale, lorsque l'on vit le 16 Juillet
au coucher du Soleil une chaîne de
17 ou 18 rochers noirs & obscurs
un peu séparés les uns des autres,
qui sortoient de la mer vers la nouvelle Isle & qui sembloient devoir
bien-tôt s'unir entr'eux. Ce qui arriva effectivement quelques jours
après. Le 18 il en sortit pour la
première fois une fumée très-épaisse.

& on entendoit des bruits qui par-
toient du fond de la nouvelle terre.
Le 19 le feu commença à paroître
fort foible d'abord ; mais il s'augmenta au point que la nouvelle Ifle
fembloit n'être formée que d'un
grand nombre de fourneaux qui
vomiffoient des flammes , on vit
même à la fin de Juillet une lance
de feu fort au deffus de l'Ifle &
qui fut emportée en l'air d'orient
en occident. Pendant ce tems la
nouvelle Ifle prit de grands accroif-
femens ; les eaux de la mer bouil-
lonnoient plus violemment , elles
étoient chargées de fouffre & de
vitriol , & l'infection étoit fi grande
à Santorin, qu'on y refpiroit à peine,
fur-tout quand le vent y pouffoit la
fumée. Vers la fin d'Août les bruits
fouterreins devinrent plus fréquens
& plus forts : les flammes fe firent
de nouvelles ouvertures qui lancè-
rent des cendres & des pierres en
abondance ; enfin à la fin de l'année le bouillonnement de la mer fe
calma , les vapeurs ne furent plus
auffi fétides , quoique la fumée & les

pluies de cendre continuaſſent encore.

Par ce détail on doit ſe faire une
idée de la maniere dont l'Iſle de
Santorin s'eſt formée & applanie;
comment le nouveau terrein qui
lui a été ajoûté eſt devenu bien-tôt
ſuſceptible de la même culture que
l'ancien : tout cela s'eſt fait ſuccef-
ſivement & par la même méchanique qui a produit les terres nouvelles
voiſines du Véſuve, & que nous avons
expliquée plus haut.

Toute cette Iſle & ſes nouveaux
environs, quoique naturellement
ſèche & ſtérile, eſt devenue très-
fertile par l'induſtrie de ſes habitans, on y recueille beaucoup d'orge, de cotton & de vin, au point
que dix mille perſonnes au moins
qu'elle renferme, ſubſiſtent de ſon
produit, & ont de quoi en faire un
commerce aſſez utile. Cette terre,
quoique nouvelle, n'eſt pas de la nature de celles dont les exhalaiſons
trop abondantes & trop graſſes ſe
corrompent aiſément & communi-

quent à l'atmosphère des qualités nuisibles. L'air de Santorin est vif & sec, ses habitans laborieux y jouissent d'une bonne santé. Les Turcs ont une sorte de respect & de frayeur pour cette terre qu'ils craignent d'habiter ; de sorte que les Chrétiens Grecs & Latins dont elle est peuplée vivent dans une liberté très-propre à favoriser l'industrie & la population qui y est nombreuse, eu égard au peu de terrein qu'ils ont à cultiver. Ce qui est arrivé dans ce siècle à cette Isle prouve que les tremblemens de terre suivis d'éruption de matieres enflammées, ne causent à la pureté de l'air qu'une altération momentanée, car on ne parle pas que ces fumées sulfureuses & fétides qui parurent si incommodes à Santorin, y ayent produit aucune intempérie.

Les anciens croyoient que la plûpart des Isles avoient été formées de la même maniere que celle de Santorin ; quelques-unes si anciennement que l'on ne pouvoit en fixer

l'époque : d'autres dont l'origine
étoit connue & se rapportoit à des
tems plus nouveaux. C'est le sentiment de Séneque & celui de Pline
le naturaliste. Ils mettoient dans cet
ordre l'Isle de Milo dans l'Archipel,
célèbre par la sûreté de son port,
ses fruits, ses vins délicieux, l'a-
bondance de ses mines de fer &
de souffre; & beaucoup plus grande
que celle de Santorin. Le fond de
cette Isle est une sorte de roche
creuse, spongieuse & pénétrée des
eaux de la mer : quand on en fait
le tour en batteau, on reconnoit
les ouvertures de plusieurs canaux
souterrains par lesquels l'eau s'en-
gouffre & porte le sel marin jusques
dans les moindres cavités de cette
grande roche. Les mines de fer qui
s'y trouvent & qui ont donné le
nom au quartier Saint-Jean de fer,
y entretiennent des feux perpétuels
qui sont nourris par la matiere fer-
rugineuse, le souffre que l'on y dé-
couvre partout & l'eau de la mer
qui les unit & les met en fermen-

tation ; ainsi on peut regarder l'intérieur de cette Isle comme un laboratoire naturel où continuellement il se prépare dé l'esprit de sel, de l'alun & du souffre, par le moyen de l'eau de la mer, du fer, & de la structure singulière du rocher qui sert de noyau à l'Isle, & qui laisse filtrer par plusieurs crevasses ou fentes les parties salines & bitumineuses de l'eau de la mer. Ces matières sont mises en mouvement par la violence des feux que le fer & le souffre y entretiennent sans cesse, & les résultats de cette effervescence sont le souffre & l'alun produits par l'esprit de sel.

La roche qui sert de fondement à l'Isle de Milo, est donc une espèce de poèle qui échauffe doucement la surface extérieure du sol, & lui fait produire les meilleurs vins, les figues & les melons les plus délicieux de l'Archipel. Ce sol nourri de sucs abondans & toujours renouvellés, travaille sans cesse, jamais les champs ne s'y reposent.

Il sort d'une multitude de cavernes répandues dans cette Isle des vapeurs si chaudes qu'elles sont sensibles pour peu que l'on s'en approche, & cette chaleur domine au point que le froid n'est jamais assez fort pour interrompre la végétation ou pour nuire aux arbres & aux plantes. Il ne géle jamais à Milo : la neige y tombe rarement, & si elle blanchit la terre ce n'est que pour un instant, en moins d'un quart-d'heure elle est fondue. Cette heureuse température & la bonté des pâturages contribuent sans doute à celle du bétail que l'on y nourrit ; mais il s'en faut beaucoup que cette Isle soit aussi peuplée à proportion que le rocher aride de Santorin, ce que l'on ne peut attribuer qu'à la corruption de l'air qui est presque pestilentiel. La ville de Milo est d'une saleté insupportable ; les ordures que l'on y laisse en tas, jointes aux vapeurs des marais salins qui sont sur le bord de la mer, aux exhalaisons des minéraux dont elle est infectée, & à la disette des bonnes eaux, empoisonnent son atmosphère, & y causent des maladies dangereuses qui de-là s'étendent plus loin ; quelques-unes ont des caractères marqués de peste, à en juger par les charbons ardens, les maux de gorge gangreneux & les bubons qui les accompagnent. Les eaux de cette Isle sont en général mal-saines & désagréables à boire sur-tout dans les bas fonds, où elles sont impregnées d'une odeur de souffre & d'œufs couvis qui les rend insupportables. La seule fontaine de Castro en fournit de bonnes : la source en est chaude dans son bassin, mais deux heures après qu'elle a été puisée, elle devient très-froide & d'une légereté extrême. Les bains chauds que l'on trouve au pied d'une colline à droite en descendant de la ville au port, sont ferrugineux, le résidu de leurs eaux est couleur de rouille, ce qui indique que les particules de fer qui y sont répandues

sont la principale cause de leur fermentation. Au-dessous de ces bains
sur le bord de la mer sortent au travers du sable plusieurs bouillons
d'eau si chaude qu'on n'y sçauroit
tremper les doigts sans se brûler.
Les œufs y éprouvent peu de changement & n'y cuisent pas ; mais si
on les met dans le sable voisin qui
est beaucoup plus ardent ils durcissent très - promptement. Nous
avons remarqué un phénomène tout
semblable à la Guadeloupe sur le
bord de la mer au bas de la souf-
friere , ce qui porte à croire que
ces deux Isles ont été l'une & l'autre formées par des volcans qui ont
soulevé du fond des eaux, les rochers & les terres qui composent la
partie haute de leur terrein : l'air
est presque aussi mal-sain à la Guadeloupe qu'à Milo , ce qui n'empêche
pas que dans ces deux Isles la végétation ne soit très abondante , &
le sol fertile en toutes sortes de productions propres à chacun de ces
pays.

L'Isle de Siphanto qui est à trente six mille de Milo au nord ouest, est sous un beau ciel : l'air, les eaux, les fruits, la volaille, tout y est excellent ; on y voit communément des vieillards de cent vingt ans qui ont toujours joui d'une bonne santé. L'atmosphère n'y est pas infectée de vapeurs & d'exhalaisons métalliques & sulfureuses. La température en est moins douce & les denrées, quoiqu'abondantes & fort saines, le cèdent à celles de Milo pour la finesse du goût & la délicatesse. Il en est ainsi de tous les terreins sulfureux, leurs productions sont excellentes & d'une qualité supérieure à toutes les autres ; mais il faut en user sobrement, les excès en sont pernicieux, ils portent dans les corps auxquels ils s'assimilent les mêmes principes de corruption qu'ils répandent dans l'air.

Le territoire de l'Isle de Siros ou Sira est fort élevé ; quoique montagneux & dépouillé de ses bois, il est plus frais & plus humide que celui de la plûpart des Isles de l'Archipel, ce que l'on doit attribuer sa hauteur. C'est le point où se rassemblent indifféremment & en toutes saisons les vapeurs qui s'élèvent de la mer, qui retombent en pluies & en rosées, & la rendent agréable à habiter & très-fertile. Elle jouissoit de ces avantages dès le tems d'Homère, & sans doute plus anciennement encore. » Elle n'est pas » fort considérable, dit il, (*Odissee*, » *lib.* 15.) par sa grandeur, mais » elle est bonne, on y nourrit de » nombreux troupeaux de bœufs & » de moutons ; elle est fertile en » vins & en froments ; jamais la fa- » mine n'a désolé ses peuples, & » les maladies contagieuses n'y ont » jamais fait sentir leur venin ; ses » habitans ne meurent que quand ils » sont parvenus à une extréme vieil- » lesse. . . . . . «. Son nom de Syros ou de Sira signifie en langue phénicienne, riche & heureuse.

Par rapport à ces pluies fréquentes & si salutaires on peut comparer à l'Isle de Siros celle des Pins en Amérique, située vis-à-vis de la côte méridionale de la grande Isle de Cuba, dont elle est séparée par un canal étroit, mais très-profond: elle a environ neuf à dix lieues de longueur sur quatre ou cinq de largeur. Les Espagnols qui en sont voisins assûrent qu'il y pleut plus ou moins tous les jours de l'année, tantôt d'un côté, tantôt de l'autre : le milieu de cette Isle est occupé par une haute montagne qui s'élève en pointe & qui le plus souvent est couverte de nuages. Les Armateurs prétendent que cette montagne attire à elle toutes les nuées puisqu'elle en est chargée lorsque l'on n'en voit point ailleurs. On pourroit dire la même chose des sommets de Siros & de Tiné dans l'Archipel : on peut remarquer le même phénomène sur les points les plus élevés des Alpes & de l'Apennin; enfin dans toutes les montagnes qui se terminent en pointes qui dominent sur les terres voisines. Ces

pointes

pointes font comme un centre de
réunion où fe rendent toutes les vapeurs qui fe forment en nuages, &
dont la partie inférieure fe réfout &
retombe en pluie avant que d'être
emportée plus loin par les vents.
C'eft ce qui rend les terres qui font
au-deffous de ces fommets fi fraîches & fi fertiles. L'Ifle des Pins,
quoique déferte, a des pâturages
excellens où fe nourriffent de nombreux troupeaux de bétail.

L'Ifle de Tiné dont les rochers
& les montagnes font fort élevés,
eft dans une température à peu près
femblable à celle de Siros, & occafionnée par les mêmes caufes : il
y a des brouillards & des nuages à
leurs fommets pendant une partie
de l'année ; le vent de nord y rend
le froid très-vif ; c'eft cependant
l'Ifle de l'Archipel la mieux cultivée & l'une des plus fertiles. Les
vents froids & impétueux du nord
qui excitent de fi grands mouvemens dans ces mers, avoient déterminé les anciens à placer la caverne

d'Éole dans les montagnes de Tiné. On retrouve dans l'histoire de la Nature l'origine de la plûpart des fables auxquelles donna naissance l'amour du merveilleux qui est toujours une suite de l'ignorance.

L'Isle de Scio plus grande que toutes celles dont nous venons de parler est encore très-peuplée : elle est hérissée de montagnes arides autrefois couvertes de bois ; le sol en est sec & l'air y est fort sain, même dans les terres basses, dont les plantations d'orangers, de myrthes, de grenadiers donnent le spectacle le plus agréable ; les côteaux sont couverts de vignes qui produisent en abondance du vin excellent ; on y recueille si peu de grains qu'ils ne suffisent pas à nourrir ses habitans le quart de l'année : mais le commerce de soye, de laine, & celui des vins les mettent en état de se procurer tout ce qui leur manque de denrées.

Il s'en faut beaucoup que l'Isle de Samos, quoique presqu'aussi éten-

due que Scio soit aussi peuplée : l'air
y est mal-sain, il y règne une intempérie continuelle, occasionnée
par les eaux qui croupissent dans la
plaine & qui se vuidoient autrefois
dans la mer ; inconvénient que l'on
ne peut attribuer qu'à la négligence
du gouvernement auquel elle est sou-
mise ; car cette Isle avoit beaucoup
plus d'habitans & étoit plus riche du
tems des Grecs & même sous le bas
Empire, qu'elle ne l'est actuellement.
Néanmoins la campagne est belle &
a toutes les apparences de la fertilité de la richesse & de la fraîcheur,
parce qu'on arrose de ces eaux sur-
abondantes, les champs, les vignes,
les plantations d'oliviers & d'orangers, ce qui prouve que la salubrité
de l'air pour les hommes & les animaux ne répond pas toujours au
bel aspect du pays. Cette Isle est
divisée par une longue chaîne de
montagnes fort élevées, souvent
couvertes de nuées où se forment
des tonnerres violens. Leur nom
actuel de *Catabate*, qui paroît ve-

I ij

nir du Grec κατασβά ης qui lance là foudre, étoit un des surnoms de Jupiter, d'où l'on peut conclure que de tout tems cette terre a répandu de son sein dans les airs, des exhalaisons propres à devenir la matière de la foudre. Elle n'est pas comme la plupart des autres isles de l'Archipel entierement dépouillé de ses bois. On voit au nord quelques forets de sapins qui donnent beaucoup de thérébentine : mais sans doute qu'elle ne renferme pas autant de souffre que l'isle de Milo, car on ne s'apperçoit pas qu'il s'y fasse aucune fermentation intérieure; sa température est beaucoup plus froide. M. de Tournefort (Voyage au Levant. Let. 10.) remarque que le froid y étoit si âpre au mois de Février, que les gens du pays refuserent de lui servir de guides dans les montagnes. C'est alors que les pluies y sont très-considérables, & que le vent du sud s'y fait sentir dans toute sa violence, au point qu'il renverse les maisons, sur tout celles de la campagne sur lesquelles il a plus de prise. La mer des environs est si agitée qu'elle paroît toute en feu, les tonnerres y sont effroyables : cette disposition de l'air est assez générale dans l'Archipel jusqu'au quinze de Mars environ. Les crues d'eaux sont alors d'autant plus abondantes à Samos, que la neige fondant sur les montagnes , on la voit couler de tout côtés par torrens. Le reste de l'année , découvertes & dépouillées de verdure, leurs sommets paroissent calcinés , & même diminuent insensiblement ; moins cependant que dans les pays plus froids , où les suites de l'action destructive de l'hyver divise les rochers , dont une partie se réduit en poussiere, qui s'en sépare dans les dégêls du printems , & que les pluies entraînent dans les vallons ; effet qui ne peut pas être aussi prompt dans les régions tempérées , & plus voisines de l'équateur.

Par les observations que nous

venons de rapporter, sur la température variée de la plupart des
isles de l'Archipel, sur le plus ou
moins de salubrité de l'air que l'on
y respire, sur les dégrés du chaud
& du froid que l'on y éprouve ; on
peut voir que la différente élévation des terres, la nature des minéraux qu'elles renferment dans
leur sein, les qualités du sol sec
ou humide, l'abondance ou la disette des eaux, décident de l'état
habituel de l'atmosphère, ainsi il en
est des isles comme de la terre ferme ; il est rare que l'air inférieur ne
participe pas aux qualités du sol
qu'il enveloppe immédiatement.

Toutes ces isles qui formoient
une ligne autour de la Grece, &
qui étoient habitées par autant de
colonies de ses peuples principaux,
ont été très-célèbres autrefois par
leurs fêtes publiques, leurs temples,
les hommes illustres qu'elles ont vû
naître. Aujourd'hui elles n'ont plus
rien de leur ancienne splendeur:
elles gémissent toutes sous la do-

mination Ottomane, & ne font plus
connues que par leurs vins excellens
qui fe tranfportent dans le refte de
l'Europe ; par quelqu'unes de leurs
productions telles que la cire, le
miel & la foye, en quoi confifte
leur commerce d'exportation.

§. VIII.

Température de la partie la plus
orientale de l'Europe. Conf-
tantinople & fes environs.

IL s'en faut beaucoup que la température des régions les plus orientales
de l'Europe, foit auffi douce & auffi
égale que celle de la Grece & des
ifles de l'Archipel. Quoique la fituation de Conftantinople au 41ᵉ.
dégré de latitude foit l'une des plus
belles & des plus heureufes de notre
continent, elle ne jouit pas d'un
air auffi pur, d'un ciel auffi beau
que Naples qui eft à-peu-près à la
même latitude, mais fur le bord

d'une mer plus ouverte & mieux garantie de l'action immédiate des vents du nord, dont elle est aussi plus éloignée.

Le ciel est très-variable à Constantinople, d'horribles tempêtes troublent sa serenité : elles disparoissent à la vérité presqu'aussi promptement qu'elles se sont élevées, mais les orages qui les accompagnent sont souvent terribles & se succedent rapidement. Le 19 & le 20 d'Aoust 1767, les campagnes de Constantinople & de Nicomédie furent ravagées par une grêle d'une grosseur extraordinaire, accompagnée de torrens rapides d'eaux qui entraînoient à la mer les hommes, les animaux, les maisons mêmes dont il ne restoit aucun vestige. Le 31 Janvier 1769, on y essuya un orage des plus violens venant du sud, accompagné de tonnerre & d'éclairs aussi vifs que dans la saison des plus fortes chaleurs, cet orage dura jusqu'au lendemain & fut suivi d'un vent de nord qui amena une grande quantité de neige. Ces variations tiennent à l'inconstance des vents qui font sentir dans le même jour un froid piquant & une chaleur vive; ils sont alternativement opposés & viennent de régions tout-à-fait différentes. On ne connoît que deux vents à Constantinople, le nord & le sud, que l'on peut regarder comme les deux clefs de son port, qui en ouvrent ou en ferment l'entrée aux vaisseaux. Quand le premier soufle, il ne peut rien y arriver de la mer de Marmora, mais alors les bâtimens qui viennent de la mer noire ont le vent en poupe, & fournissent la ville de toutes les provisions nécessaires : au contraire, quand le sud domine rien ne peut aborder de la mer noire à Constantinople, tout y vient des côtes de la Grece & des isles de l'Archipel ; quand l'un & l'autre cessent, le commerce ordinaire d'approvisionnement se fait par le moyen des petites barques qui vont à la voile ou à rame. Le chaud

& le froid dépendent de même de la durée de ces vents, relativement à chaque faifon.

Quelquefois les chaleurs de ce climat font longues & exceffives, les campagnes defféchées par l'ardeur du foleil ne renvoyent dans l'atmofphère que des exhalaifons brûlantes : la malpropreté des rues de Conftantinople & la pouffiere dont elles font couvertes, enlevée en tourbillons par les vents orageux du midi, les rend impratiquables, & charge l'air d'une multitude de corpufcules étrangers, prefque toujours nuifibles. Il arrive encore, quoique rarement, que l'hiver y eft très-rigoureux. Au commencement du dernier fiécle fous le régne d'Achmet I. le Bofphore gela fi fort, que le Sultan emporté par l'ardeur de la chaffe, le traverfa à la fuite de fes chiens qui pourfuivoient un lievre, & qui paffa fur la glace d'Europe en Afie. Ce phénomene eft occafionné par les glaçons que les grands fleuves tels que le Da-

nube, le Boristhene ou le Tanaïs
charient dans la mer noire, & que
les vents du nord poussent ensuite
du côté du détroit : le froid qui
survient les joint les uns aux autres & en fait une masse assez solide pour traverser dessus le canal
de Constantinople. On a vû quelque fois de la glace formée dès le
mois de Décembre, dans le petit
golfe qui sépare cette ville de Ga-
lata : il ne faut pas s'en étonner,
l'eau de la mer noire est peu salée
en comparaison de celle de toutes
les autres mers, même de la Méditerranée, & dès - lors elle a plus
de disposition à se glacer, sur tout
le long des côtes, quand les vents
froids du nord qui régnent si souvent dans ces parages se font sentir
en hiver. (*a*) Dans le commencement de 1768, le froid y étoit extrême, on ne se souvenoit pas d'en

______

(*a*) *Th. Smith opuscula ex itinere ipsius
Turcico enata.* 80. *Roterod.* 1716.

avoir éprouvé un pareil, les eaux avoient été couvertes de glaces pendant tout le mois de Janvier ; & en Mars, lorsqu'un vent perçant du nord régnoit sur toute l'Europe, il continuoit de geler & de neiger, ce qui n'étoit jamais arrivé. A ce spectacle extraordinaire, les Turcs superstitieux à proportion de leur ignorance sur les effets naturels d'une cause connue, furent saisis de la plus grande terreur, & le regarderent comme le présage de quelque malheur général sur tout l'Empire, de la fin même du monde, par le bouleversement & la confusion des élémens.

Je ne parle pas ici des rapports que peut avoir avec l'air le sol bien ou mal cultivé des environs de Constantinople : la ville par elle-même est si étendue, habitée par un peuple si nombreux, fréquentée par un si grand concours des différentes nations de l'Asie, de l'Afrique & de l'Europe qui y abordent continuellement ; qu'on peut

confidérer les qualités permanentes
de fon atmofphère , comme produites par les exhalaifons qui s'é-
levent de cette ville. La beauté de
fa fituation , fon afpect du levant
au midi , toutes les aifances que fes
Souverains lui ont procurées , devroient être autant de caufes de la
falubrité de fon air , & peut-être
y trouve-t-on la fource de ces intempéries fréquentes qui s'y font
fentir, par l'abus que fes habitans
font de tous ces dons précieux , par
leur négligence fur les précautions
à prendre pour fe garentir des
fléaux qui les expofent fi fouvent
à une mort prématurée.

Les eaux fraiches & faines font
affés abondantes à Conftantinople
& dans les environs ; les fources
principales en font près de Domuz-
deri , village peu éloigné de la mer
noire , au nord-oueft de Conftantinople. C'eft à l'Empereur Soliman II. dit le Magnifique, mort en
Hongrie en 1566 , que la ville de
Conftantinople doit le rétabliffe-

ment du grand aqueduc qui lui porte ses eaux. Il avoit été construit sous l'empire de Valentinien I, mais la négligence des Grecs & la misere du bas-Empire l'avoient laissé tomber en ruine. Soliman avoit si fort à cœur le succès de cette entreprise, qu'il disoit qu'il eut volontiers dépensé un sac d'écus pour chaque pierre de l'aqueduc s'il eut été nécessaire ; il ne souhaitoit que l'accomplissement de trois choses pour mourir content : la mosquée de son nom finie, l'aqueduc rétabli, & la prise de Vienne qu'il fit assiéger inutilement. Les eaux fraiches se distribuent dans la ville & ses environs par cet aqueduc, qui se subdivise en une multitude de petits canaux couverts, ou par des rigoles découvertes qui forment dans la campagne une infinité de petits ruisseaux, de sorte que par tout on trouve des puits, des fontaines & des citernes. La partie inférieure des Kiosks, où les Turcs vont prendre le frais pendant les chaleurs de l'été, est ordinairement un grand réservoir d'eau recouvert par un plancher sur lequel ils se tiennent. L'évaporation de cette eau répand une douce fraicheur dans le Kiosk, qui est entretenue par l'ombre des grands arbres dont il est entouré, & par les vents auxquels ils laissent un passage libre. Ces endroits sont délicieux pour les Musulmans, c'est où ils croyent jouir des vraies douceurs de la vie : ils y font des repas agréables & libres, prolongés fort avant dans la nuit, où ils oublient les préceptes de Mahomet pour ne suivre que leurs goûts. Ces bâtimens assez élevés sont presque tous de forme piramidale ; les murs de la chambre inférieure ou du salon, servent de base au toît qui se termine en pointe.

Outre ces agrémens que les eaux répandent à chaque pas dans la campagne, elles fournissent encore à l'entretien de plus de cents bains publics à Constantinople : les devoirs de la Religion & le soin de la santé les y rendent auffi utiles que néceffaires. Les Turcs ont leurs ablutions & leurs purifications marquées ; l'efpéce de nourriture dont ils vivent à l'ordinaire, qui eft de viandes falées, ou de fruits cruds & froids tels que les melons, fuivant les faifons, ne buvant que de l'eau ou du caffé, au moins ceux qui font obfervateurs exacts de la loi : la vie oifive à laquelle ils font tellement attachés, qu'ils fuyent tout exercice jufqu'à la promenade ; tout cela fait, que le fréquent ufage des bains devient prefque néceffaire à la confervation de leurs jours. Ils y font d'autant plus affidus que c'eft pour eux une fource de mérite & fouvent de plaifirs, ainfi ils y vont en foule.

L'air que l'on refpire dans ces bains eft fi épais & fi chaud, l'évaporation en eft fi abondante, que ne pouvant s'échapper par les ouvertures du toît, la plus grande partie fe condenfe au faîte des voûtes, fe réunit en goûtes fenfibles & re-

tombe en une espece de brouillard
qui se répand dans toute l'atmosphère des bains sous la forme d'une fumée humide. Cette fumée outre la
vapeur aqueuse qui en fait le fond,
est chargée de toutes les émanations
des différens corps qui se trouvent
dans le bain, qui sont d'autant plus
abondantes que la transpiration excitée par une chaleur douce est alors
très-forte. Ainsi malades ou sains,
pestiférés ou non, les Turcs allant
indifféremment à ces bains, y res-
pirant tous le même air, se lavant
dans les mêmes eaux, il n'est pas
étonnant que les maladies épidémiques soient si fréquentes & se communiquent si aisément dans une
ville où on ne prend aucune précaution pour en éviter les effets ou les
diminuer, & même où ce qui devroit
en arrêter la propagation, ne sert qu'à
l'étendre d'avantage.

La chaleur & le froid, l'humidité
& la sécheresse & les autres qualités
sensibles de l'air auxquelles tiennent
d'ordinaire les épidémies, doivent

donc moins être regardées comme les cauſes de celles qui regnent ſi ſouvent à Conſtantinople, que les uſages & la négligence même de ſes habitans. Le germe y réſide depuis long-tems & il y fermente toujours; quelquefois il reçoit une nouvelle activité par des cauſes qui facilitent ſon développement, & qui y ſont apportées de l'Egypte & des autres pays que l'on peut regarder comme les funeſtes laboratoires où la peſte ſe prépare, pour ſe répandre delà dans le reſte de l'univers.

Les Turcs loin de la prévenir, ſemblent luï préparer les voies par le peu de police qui regne dans leurs bains : c'eſt-là où l'air en pénétrant les corps humains dont tous les ports ſont ouverts à ſon action, y porte de tous côtés ces miaſmes contagieux dont les effets ſont les mêmes dans tous les individus ſur leſquels ils ſe développent. Il n'eſt pas douteux encore qu'ils ne ſe diſperſent bien au-delà de ces bains par les vapeurs qui en ſortent & ſe mê-

lent dans la maſſe de l'atmoſphère
& par la contagion établie dans diverſes maiſons particulieres d'où les
exhalaiſons ſe répandent dans l'air.
Il ſort continuellement des corps
des atomes imperceptibles, qui participent à la qualité & aux diſpoſitions des matieres dont ils s'échappent. Ces atomes reſtent dans les
habits, s'attachent aux meubles,
aux murailles mêmes, & s'y fixent
juſqu'à ce qu'ils ſoient attirés par
d'autres atomes avec leſquels ils ſe
trouvent quelque ſimpatie, c'eſt-à-
dire juſqu'à ce que l'air agité par
l'atmoſphère propre à tous les corps,
agiſſe ſur l'air de la chambre infectée de la contagion, & mette en
mouvement les atomes peſtilentiels
qui y ſont dépoſés. Alors ce qui
n'étoit que diſpoſition à l'épidémie
devient tout de ſuite contagion,
parce que la cauſe s'en répandant
avec rapidité dans tout le corps par
le moyen de l'air que l'on reſpire,
circule avec le ſang, & infecte les
liquides qui portent à leur tour la
corruption dans les ſolides.

Ces fortes d'exhalaifons femblent avoir une propriété particuliere pour fe conferver & fe divifer enfuite prefque à l'infini, fans épuifer la matiere d'où elles fortent. Les auteurs les plus exacts en rapportent mille exemples frapans. Foreftus cité par Boyle (*a*) affure que des miafmes peftilentiels fe conferverent long-tems dans des toiles d'araignées. Alexandre Bénédictus dit qu'une couverture infectée ayant été portée du Frioul à Venife, fit mourir fubitement de la pefte tous ceux qui fe trouverent dans l'endroit où longtems après on la fecoua à l'air. Le docte Sennert raconte qu'à la fuite de la pefte qui fit périr à Breflau en 1544 plus de fix mille perfonnes en fix mois, un linge qui en fut emporté dans ce tems, fit renaître lorfqu'on le déplia dans une autre ville, quatorze ans après, la pefte

______

(a) Rob. Boyle *de mira fubtilitate effluviorum.* 4. Bafil. 1677.

avec les mêmes caractères, où elle
fit des ravages aussi grands. Trin-
cavella écrit que des cordes qui
avoient servi à Capo d'Istria, à descendre au tombeau des corps pestiférés, portées ailleurs y firent naître une peste qui emporta dix mille
personnes. On croira sans doute que
ces divers corps empestés, n'ayant
pas été exposés à l'action libre de
l'air & des vents, conserverent les
miasmes contagieux dont ils étoient
pénétrés, qui ne se développerent
que lorsqu'on les mit à l'air, qu'autrement ils se seroient dissipés beaucoup plus promptement : plusieurs
Phisiciens pensant que quinze ou
vingt jours d'une action libre de
l'air suffisent pour les diviser & les
anéantir : mais voici un fait attesté
par Dimmerbroeck célèbre Médecin
mort à Utrecth en 1674 qui est bien
contraire à cette opinion. Il rapporte au quatriéme livre de son
excellent traité de la peste ; que de
la paille qui étoit restée dans un
jardin sur lequel avoit été le grabat

du valet d'un Apoticaire malade de la peste, conserva pendant plus de huit mois les miasmes contagieux dont elle étoit impregnée, quoiqu'elle eût été exposée aux pluies, aux neiges & aux vents de tout un hyver. Huit mois après l'Apoticaire ayant remuée cette paille avec son pied, les miasmes contagieux s'y attacherent avec une telle violence, que sur le champ il y ressentit une douleur vive, suivie d'une pustule qui dégénéra en bubon pestilentiel qu'il fut quatorze jours à guérir; sans avoir eu pendant ce tems, le moindre mouvement de fièvre, étant fort sain d'ailleurs, & la matiere de la peste n'ayant agi que sur la partie du pied qui l'avoit mise en mouvement. Si le principe de la contagion se conserve si long-tems & se développe ensuite avec tant d'activité dans des régions où elle n'est qu'accidentelle, dont le climat est plus froid que chaud, d'où les dispositions de l'air, les mœurs, les usages, le genre de vie tendent à l'éloigner:

doit-on être étonné qu'elle subfiste toujours dans une ville, où elle est endémique, où ont fait tout ce qu'il faut pour l'entretenir?

Une multitude de caufes particulieres, telles que celles que nous venons de rapporter venant à fe réunir, en forment une générale, à laquelle on peut ajoûter encore la fituation de la ville tournée au midi; les orages fréquens qui y verfent une grande quantité d'eau, qui ne s'écoulant pas affez vite, détrempe les terres, & cette pouffiere dont les rues font couvertes, qui devient une boue fétide. Ces inondations paffagères fuivies tout d'un coup d'un tems fort chaud & d'un vent de midi qui hâte la putréfaction des matières humectées & des eaux croupiffantes, répandent dans l'atmof-phère des exhalaifons fétides, cor-rompues, peftilentielles, qui infec-tent l'air que l'on refpire & les fubf-tances dont on fe nourrit.

Il n'eft donc pas étonnant que les maladies de ce caractère foient communes à tous les habitans d'un lieu où l'on peut dire qu'elles régnent conſtamment , puiſque non-ſeulement on en trouve les cauſes dans le climat., ſa ſituation , les qualités accidentelles de l'air dont l'activité pernicieuſe eſt ſi ſouvent renouvellée ; mais encore dans la maniere de vivre des peuples, dans le commerce indiſcret qu'ils ont entr'eux, & avec les étrangers dont la ſanté devroit leur être ſuſpecte , dans la ſtupide indifférence avec laquelle un homme ſain ſe couvre des habits d'un autre qu'il voit mourir à ſes pieds de la peſte ; dans leur eſpèce de Théologie , qui leur donne ſur la peſte les opinions les plus bizarres. Ils croient qu'il y a des eſprits armés d'arcs & de flêches que Dieu envoie pour punir les hommes quand il lui plaît: lorſque ces ſpectres ſont noirs, leurs bleſſures ſont mortelles , ſi au contraire ils ſont blancs, on n'a rien à craindre : (a) pénétrés de cette idée,

____

(a) Hiſt. des Arabes par M. l'A. de Marigny. T. 4. Paris 1750.

ils

ils ne prennent aucunes précautions
pour se garentir des maladies contagieuses: quand ils en sont attaqués
& qu'elles sont à leur dernier période, ils tombent dans une espèce
de délire tranquille: ils croient voir
arriver les anges noirs, & cette
vision chimérique d'un cerveau altéré, est ordinairement la derniere idée qui s'y forme, elle annonce l'instant prochain de leur
destruction.

On a essayé en différens pays &
avec succès d'empêcher que les maladies contagieuses ne s'y répandissent,
où même de les en délivrer lorsqu'elles y étoient établies en purifiant l'air par le moyen des feux de
bois résineux dont on allume des
buchers à quelque distance les uns
des autres; Hyppocrate en fit la
plus heureuse expérience dans la
peste d'Athènes, & n'hésite pas de
proposer ce reméde comme un
moyen sûr de changer la disposition pernicieuse de l'air: mais le
tenteroit-on dans une ville où les

incendies font fi fréquents, & caufent des ravages affreux ? Hoffman
propofe encore la fumée des charbons de terre, & des autres fubftances foffiles, comme ayant la propriété de détourner les mauvais effets des exhalaifons qui peuvent
produire des maladies épidémiques
de toute efpèce : cette précaution
auroit moins de rifque que celle des
buchers, & on ne déterminera pas
à l'employer un peuple fuperftitieux
qui croit ne pouvoir échapper à la
fatalité de fon fort, & qu'il eft auffi
impoffible de fe fouftraire à la pefte
fi on doit l'avoir, qu'à la mort quand
on eft au terme de fa carriere.

Cette perfuafion qui quelque fois
a formé des héros parmi les Turcs,
mais qui dans le peuple ne fert qu'à
le rendre furieux ou ftupide, empêche toute précaution dont l'effet
feroit de conferver la vie à une
multitude d'habitans : ils déteftent
même les vents du nord fi capables
de purifier l'air & de faire ceffer la
contagion, parce que leurs fuites

font trop oppofées à leur maniere
d'exifter. Il eft d'expérience que les
vents de nord & d'eft établiffent
dans l'atmofphère un principe général de falubrité, qu'ils empêchent
qu'il ne s'y mêle des exhalaifons
dangereufes, & que s'ils ne diffipent
pas entierement celles qu'ils y trouvent, au moins ils rendent le corps
humain moins fufceptible des mauvaifes impreffions qu'elles peuvent
faire, en lui donnant plus de force
par l'augmentation du reffort de fes
fibres, & confervant par ce moyen
la faculté d'exercer librement toutes
fes fonctions : mais le Mufulman
contemplatif regarde tout principe
d'activité comme contraire à la maniere d'être la plus favorable; pour
qu'il fe croie bien, il faut qu'un
relachement général de toute la machine, lui faffe fentir la néceffité &
les douceurs d'une inaction entiere,
d'un efpèce d'anéantiffement d'où
il ne fort que pour avoir le plaifir
de s'y plonger de nouveau. Qu'on
n'allégue point ici fon intrépidité

K ij

à braver la mort, ſes conquêtes &
ſa forcé actuelle. Comme ſon exiſtence tient à la volonté arbitraire
d'un Deſpote abſolu, il en exécute
les ordres avec autant de promptitude que de ſoumiſſion, parce que
la moindre déſobéiſſance eſt tout de
ſuite punie de la mort, dont tout
être vivant cherche à ſe garentir
autant qu'il eſt en lui. Ce Deſpote
lui-même ſçait qu'il ne peut conſerver ſon état & jouir des prérogatives
qui y ſont attachées que par le main-
tien de cet eſclavage, & l'exercice
d'une autorité ſans bornes ; c'eſt ce
qui l'occupe, & il forme au moins
les projets qui tendent à la maintenir ; tandis que tout le reſte du
peuple, grands ou petits, tous également eſclaves, ne vivent que parce
qu'il plaît au Sultan de leur laiſſer
la vie : il n'eſt pas étonnant que la
tenant comme un bienfait qui peut
leur être enlevé d'un inſtant à
l'autre, ils la prodiguent avec une
réſolution ſi décidée lorſqu'ils en
ont reçû l'ordre : auroient-ils quel-

que espérance de la conserver s'ils refusoient d'obéir ?

On peut dire encore qu'un despotisme outré tel que celui qui régne en Orient, & qui exclut toutes loix positives, bannit aussi toutes régles de mœurs. Comme il n'y a qu'un seul homme devant lequel tout tremble & dont l'existence fasse une sensation réelle ; il n'est pas étonnant de trouver des gens de la plus grande souplesse & d'une douceur remarquable. Le point de la vertu est un dévouement absolu aux volontés d'un seul.

Kara Mustapha, célèbre Grand Vizir, heureux dans tous ses emplois, félicité par ses amis des victoires qu'il avoit remportées, des services qu'il avoit rendus à son Prince, & de tout ce qu'il avoit fait de grand dans son ministere, leur répondoit que véritablement il étoit au comble du bonheur & de la gloire où il pouvoit prétendre en cette vie, mais que pour la consommation de tous ces honneurs, &

K iij

pour la juſte récompenſe de ſa fidélité, il lui manquoit encore le ſaint martyr, le bonheur de mourir par le commandement du Grand Seigneur.

A proprement parler il n'y a que des eſclaves dans cet Empire, & c'eſt un eſpéce de prodige d'y rencontrer quelque âme qui ait de l'amour pour la liberté. On n'y a qu'une exiſtence incertaine, & dèslors on eſt peu attaché à ce qui fait ailleurs l'objet de la cupidité : on y ſacrifie tout au plaiſir dés ſens ; on en peut jouir dans l'inſtant, & il plonge dans une ſorte d'yvreſſe qui fait oublier le malheur de ſon état. Le ſyſtème d'une fatalité abſolue ne peut manquer encore de jetter les ames les plus honnêtes dans une indifférence qui ſe répand ſur tout : il eſt vrai que ces mêmes motifs, la volonté du Prince & la voix de la religion, enhardiſſent les ſcélérats aux actions les plus déterminées & aux plus grands crïmes.

Quoique le pouvoir des élémens ſoit encore plus abſolu que celu

d'un defpote ; il s'en faut beaucoup
que les Turcs s'y foumettent avec
autant de tranquillité. Ils regardent
les vents de nord comme le fléau le
plus infupportable de la nature : la
fécherefle & le froid qu'ils répandent
dans l'air, l'agitation violente qu'ils
y caufent, eft un fupplice pour eux.
Le nord eft qu'ils appellent le vent
noir, celui de tous les vents que
l'on redoute le plus à Conftantinople,
parce qu'il y rend les incendies plus
violents & plus défaftreux, eft dans
leur idée la caufe de tous leurs
maux, de la pefte même dont ils lui
attribuent les ravages, quoiqu'il en
foit le remède le plus efficace. Ils
n'ont jamais obfervé que la Ville
d'Andrinople plus éloignée dans les
terres au nord oueft de Conftantinople, dans un pays ouvert & cultivé, ne doit la falubrité de fon air
& les agrémens de fa température,
qu'à l'action de ces mêmes vents ;
que c'eft pour cela que fon féjour
plaît au Grand Seigneur, & qu'il s'y
retire lorfque l'intempérie de la

K iv

Capitale fait craindre pour ses jours,
Il est vrai que ces vents sont si forts
& si impétueux sur la mer noire,
dans le détroit & une partie de l'Archipel, que les eaux poussées avec
une violence extrême contre les
terres, refluent sur elles-mêmes à
une très-grande distance, ce qui a
persuadé à quelques écrivains, entre
autres à Denis de Bisance, que cette
mer avoit un flux & un reflux réglé.
Il ne l'observoit sans doute que lorsque le vent du midi succédoit à celui
du nord ; alors son action sur la
Propontide & le Bosphore s'oppo-
sant au cours réglé des eaux, sou-
leve les flots si haut qu'ils reviennent
par intervalles en sens contraire,
& paroissent courir du détroit dans
la mer noire.

Cette mer a environ deux cents
lieues de longueur, tirant juste de
l'est à l'ouest ; sa plus grande largeur est du nord au sud, du Bosphore au Boristhène par un espace
d'environ trois dégrés, à sa partie
la plus occidentale ; l'autre côté n'est

pas la moitié auffi large. L'eau de
cette mer eft moins claire, moins
verte & moins falée que celle de
l'occéan, ce qui vient de la quantité de fleuves qui s'y déchargent,
& de ce qu'elle eft tellement reffer-
rée par les terres qui la bordent,
qu'on pourroit la regarder plutôt
comme un lac que comme une mer;
ainfi que la mer Cafpienne, qu'elle
reffemble encore en ce qu'elle n'a
point d'ifles & qu'elle eft fort ora-
geufe. La mer noire ne tire donc
pas fon nom de la couleur de fes
eaux, puifqu'elles font plus blanches
que celles des autres mers : on l'a
ainfi nommée, du danger que l'on
court à y naviguer, les tempêtes y
étant plus communes & plus violentes que fur toutes les autres mers,
par ce que fes eaux font refferrées
dans un lit étroit & prefque fans
iffue, l'ouverture du Bofphore ne
devant être comptée que pour peu
de chofe. Quand donc les eaux font
émues par la tempête, ne trouvant
point à s'écouler & étant repouffées

de toutes parts, elles s'élevent haut
& en tourbillon, battent les navires
de tous les côtés avec une vîtesse &
une force insuportables : ce qui peut-
être est encore plus dangereux, c'est
que cette mer n'a que de mauvaises rades, la plupart sans abris &
où les vaisseaux sont moins en sûreté qu'en pleine mer. Aussi ceux
qui sont le plus au fait de la marine
des Turcs, prétendent qu'il se perd
tous les ans un quinzieme des bâtimens qui vont sur cette mer. L'endroit où les nauffrages sont le
plus à craindre est l'entrée du Bosphore ; elle est étroite, il y soufle
des vents opposés, & il en sort
presque toujours un qui repousse
les vaisseaux, & qui lorsqu'il est
violent, les fait échouer sur la côte
par tout bordée de rochers escarpés : ainsi les fréquens nauffrages
qui se font sur cette mer doivent
être attribués aux orages qui s'y
élevent en toutes saisons, à ses flots
courts & entrecoupés, & à ses côtes
inabordables : à quoi il faut ajou-

ter l'ignorance des pilotes & la barbarie des peuples voifins qui durant
les tempêtes allument des fanaux
fur les écueils les plus dangereux,
afin que les navires féduits par ces
feux trompeurs viennent s'y brifer.
On peut juger de la quantité des
nauffrages qui s'y font fur tout auprès
du détroit, par les villages dont prefque toutes les maifons font conftrui-
tes des débris des bâtimens que les
flots rejettent fur la plage. Cette mer
n'eft point tenable en hiver, &
l'ordre de la marine des Turcs eft
de ne point fortir du détroit avant
la fin d'Avril, & d'y être rentré
au commencement d'Octobre. (*a*)

De tout ce que nous venons de
dire, on doit juger que la température de la mer noire eft tout-à-
fait différente de celle de l'Archipel, & beaucoup plus froide & plus
humide. Les pluies qui finiffent en
deçà du détroit dès le mois de Mars,

______

(*a*) V. les voyages de Chardin. *Tome* 1.
& 2. *Edit. de* 1711.

durent sur le pont Euxin quelque
fois jusqu'à la fin d'Avril, par des
vents froids & de tempête qui y rendent la navigation terrible. La dif-
position de l'air des pays situés sur
les côtes est à-peu-prés la même;
quoique l'aspect en soit fort agréable par leur verdure, & les bois de
futayes, qui s'étendent si avant dans
les terres, qu'on les perd de vue.
On peut regarder ces bois & la hauteur du sol, comme les causes principales de l'humidité, du froid &
des vents impétueux qui battent
cette mer & les côtes qui la bordent.

En considérant cette partie de la
Thrace qui s'étend de Constantinople
au nord & à l'est jusqu'aux Palus
Méotides & au Tanaïs qui sépare
l'Europe de l'Asie ; il semble que
l'humidité que répandent les grands
fleuves qui se jettent dans la mer
noire, les lacs qu'ils forment à leurs
embouchures, la rendent plus froide
& sa température plus rigoureuse.
Nous avons peu d'observations sur
ce pays, qui sans doute a été plus

peuplé autrefois & mieux cultivé qu'il ne l'est aujourd'hui par les Tartares qui l'habitent : la plûpart n'ayant point de demeure fixe, s'occupent rarement à mettre les terres en valeur, ils se contentent du produit de leurs troupeaux qui les suivent dans leurs transmigrations. Ovide exilé dans ce pays se représente comme jetté sur des sables déserts à l'extrêmité du monde, où la terre couverte de neiges ne produit aucuns fruits, où les montagnes sont sans forêts, les campagnes sans cultivateurs ; où l'on a de toutes parts des ennemis à redouter, où une mer sans cesse agitée par la fureur des flots, sous un Ciel continuellement obscurci de nuées épaisses, ne présente pas plus de ressources, que la terre (a). Cependant cette ville de

---

(a) *Orbis in extremis jaceo desertus arenis,*

   Fert ubi perpetuas, obruta terra nives.

Non ager hic pomum, non dulces educat uvas,

   Non salices ripa, robora monte virent.

Quocumque aspicias, campi cultore carentes,

Tomes dont le séjour paroissoit si horrible au poëte infortuné n'étoit qu'au 45ᵉ degré de latitude. On croit que la ville de Tomiswar située au nord de Varnes est bâtie sur les ruines de Tomes : d'autres les placent un peu plus loin au nord toujours sur les bords de la mer noire, plus près des bouches du Danube : au reste ce pays actuellement abandonné aux Tartares Précopes, ressemble assez à l'idée qu'Ovide en donne, quoiqu'il dut être très-fertile s'il étoit cultivé. Les montagnes qui sont au sud, les vents du nord & de l'est qui sortent du Pont Euxin, le froid & l'humidité des forêts du

Vastaque, qua nemo vindicet arua jacent.
Ne-ve fretum laudes terra magis, aquora semper
Ventorum rabie solibus orba, tument
I. Deponto Epist. 3. ad Rufinum.

Quelle différence de ce pays aux campagnes délicieuses de Rome sous l'Empire d'Auguste ; mais aujourd'hui, aux neiges & au froid près, la description de cette partie de la Thrace est celle des environs de Rome.

Danube devoient rendre cette contrée infuportable à un homme né
en Italie, qui en regrettoit continuellement le féjour.

Le territoire de la Crimée & des
environs de Caffa qui en eft la capitale eft fec & fabloneux, les eaux
n'y font pas bonnes, mais l'air y eft
fort fain : quoique les fruits qui
croiffent dans les villages voifins
foient de médiocre qualité, il n'en
eft pas de même du bétail & des
autres denrées qui y font très-abondantes. La Crimée eft cette Cher-
fonefe Taurique des anciens, ina-
bordable & inhabitable à caufe de
la férocité des fes habitans & de
leurs cruels facrifices; ils regardoient
tous ceux que les flots jettoient fur
leurs bords comme autant de malheureux dévoués à la colère du Ciel
que l'on ne pouvoit appaifer qu'en
les immolant. Ses habitans actuels
font un mêlange de Turcs & de
Tartares très-groffiers, dont l'occupation principale eft la pêche, &
le commerce, celui du poiffon falé

& du caviar fait des œufs d'esturgeons, qui font si gros qu'un seul de ces poissons en fournit souvent jusqu'à trois cens quintaux. La pêche qui se fait dans les Palus Méotides est d'une abondance incroyable eu égard à leur peu d'étendue. Les gens du pays en donnent pour raison que l'eau en étant limoneuse, grasse & peu salée à cause du Tanaïs qui se jette dedans, elle attire le poisson non seulement de la mer noire, mais encore de l'Helles-pont & de l'Archipel, le nourrit & l'engraisse en très peu de tems. Ce poisson sec & salé se distribue dans le nord de l'Europe & de l'Asie, par les grands fleuves qui en facilitent l'exportation, & par la mer noire en Perse & jusque dans les Indes Orientales.

Les peuples de ces régions sont pour la plus grande partie des Tartares qui ressemblent à ceux dont nous avons parlé : il n'en est pas de même des Turcs, sur-tout des habitans de Constantinople & des villes de sa domination situées en Europe,

ils doivent être confidérés comme
un peuple formé d'hommes de diverfes nations, parce qu'ils achetent
un grand nombre d'efclaves étrangers qui forment des établiffemens,
& ont des enfans qui font regardés
comme Turcs naturels.

Il en eft de Conftantinople, comme
des capitales de tous les grands Em-
pires qui fe renouvellent ou s'alterent dans un certain nombre d'années par le concours des peuples
raffemblés qui y mêlent leurs ufages
avec leur fang & obfcurciffent les
mœurs de la nation, en même tems
qu'il fe forme des efpèces nouvelles
de caractères & de tempérammens,
de la diverfité defquels on pourroit
juger en étudiant les phyfionomies
différentes & les variations des traits
qui les caractérifent. Il n'y a peut-
être point de villes au monde où
ce mélange fingulier de phyfionomies & de caractères foit plus fenfible qu'à Conftantinople. Autant
qu'on peut le connoître par les re-
giftres de la Douane de cette ville

ſeulement , on y amène tous les ans plus de vingt mille eſclaves, dont la plûpart ſont des femmes & des enfans, qui ſe déterminent aiſément à embraſſer la ſecte de Mahomet par les belles promeſſes qu'on leur fait. Les hommes faits ſont Ruſſes pour la plus grande partie & ont été enlevés par les Tartares qui les envoyent à Conſtantinople par la mer noire. Le même brigandage s'exerce du côté de l'Aſie. Les habitans des Provinces ſituées entre la Perſe & la Turquie ſe vendent les uns les autres : c'eſt de l'union des hommes & des femmes de ces différens pays, tous eſclaves, que viennent la plûpart des Turcs & que la population de la capitale & d'une partie de l'Empire ſe ſoutient. Ainſi il n'y a point de nation pure à Conſtantinople , & rien n'eſt plus rare que d'y trouver des familles ſorties d'Ayeux Turcs & libres d'origine & en droite ligne : c'eſt ce qui fait qu'ils ont une diſpoſition ſi naturelle à la ſervitude , & qu'ils

font mieux gouvernés par la févérité
que par la douceur.

Mais dans les grands mouvemens
de l'Empire, par exemple lorfqu'à-
près une longue paix, une déclara-
tion de guerre de quelque importance, caufe une fermentation générale, ou dans les révolutions qui
font tomber le Souverain de fon
Thrône ; on démêle fort bien les
brigands de l'Afrique, les enthoufi-
aftes de l'Afie & leur caractère, de
la fubtilité des Grecs, de la férocité
des Thraces & des montagnards de
la Macédoine & de l'Albanie, de
l'impétuofité des Tartares, & de
la lacheté des Spahis ou cavaliers
Turcs. Ces caractères nationaux qui
fe confervent malgré les préjugés
d'une éducation commune, caufent
ces révolutions étonnantes, ces mouvemens tumultueux & précipités,
où malgré le défordre général on
s'apperçoit que la force de l'ame
des uns l'emporte fur la foibleffe &
la duplicité des autres. C'eft dans
ces circonftances qu'il faut que les

étrangers évitent avec la plus grande attention de ſe trouver mêlés parmi eux : l'imagination échauffée de la plûpart de ces hommes groſſiers & féroces, les porte à des excès qu'aucune police ne peut ou n'oſe réprimer.

Ce mélange de tant de nations différentes n'empêche pas qu'en général les Turcs ne ſoient robuſtes & aſſez bienfaits : il eſt même rare de trouver parmi eux des boſſus ou des boiteux, ce qui vient ſans doute de la conformation réguliere de leurs femmes qu'ils choiſiſſent en les achetant & qui preſque toutes ſont belles, bienfaites, ſans défauts corporels & fort blanches parce qu'elles ne ſortent pas. Quant aux hommes, la plus grande partie ſont blancs, & quelqu'uns fort baſannés. En général les Turcs pour les traits, la couleur & la taille reſſemblent aux habitans des provinces Septen-trionales du Mogol & de la Perſe; aux Arméniens, aux Circaſſiens & aux Georgiens, & à tout le reſte

des peuples de l'Europe situés en
deçà du cercle Polaire Arctique,
qui sont les plus beaux, les plus
blancs & les mieux faits de toute
la terre. Ces nations quoique fort
éloignées les unes des autres, mais
situées à une distance à-peu-près
égale de l'Équateur, n'ont rien dans
la figure qui les différentie: les idées
sur la beauté varient en quelques
point, mais qui ne touchent en rien
à l'essentiel de la conformation. Parmi les Européens, les Grecs, les
Napolitains, les Siciliens, les habitans de Corse & de Sardaigne & les
Espagnols étant à-peu près sous le
même paralelle, & dans une température plus chaude que froide, se
ressemblent pour le tein, & sont
plus basannés que les François, les
Anglois, les Allemands & les peuples du nord de l'Europe jusqu'en
Laponie, où on trouve une autre
race d'hommes petits, laids & fort
basannés quoiqu'ils habitent la Zone
glaciale; on en rencontre même
dans les terres Arctiques quelqu'uns

dont la noirceur approche de celle
des Négres ; ce qui porte à croire
qu'un froid continuel & fort sec a
le même effet sur les corps quant
à la couleur qu'une chaleur extrême :
il agit de même sur les terres, les
déserts de la Siberie sont aussi arides
que ceux de l'Afrique.

§ IX.

Causes des variations de l'air dans le reste de l'Europe.

Nous avons parcouru la plus belle partie de l'Europe, la plus riche,
celle qui devroit être la plus fertile
si l'industrie des hommes scavoit y
profiter des bienfaits de la nature.
L'heureux aspect des terres qui la
composent autant que leur latitude,
est une des causes les plus sensibles
de la température douce qui y régne
constamment : le Printems & l'Été y
occupent les deux tiers de l'année, à
peine le froid & les pluies troublent
ils la sérénité de l'air pendant trois

mois. Il n'en est pas de même pour le reste des régions de l'Europe depuis le 45ᵉ degré de latitude environ jusqu'au 65ᵉ auquel on fixe les bornes de la Zône tempérée au nord; car les pays voisins du cercle polaire ont une température qui répond beaucoup à celle de la Zone glaciale dont nous avons déja parlé. Quoique ces diverses régions, différent entr'elles à raison de leur climat, cependant comme le froid y devient insensiblement plus vif & plus long à mesure que l'on avance du midi au nord, il arrive que relativement à leurs latitudes la disposition de l'air d'une province est à-peu-près semblable à celle qui en est voisine, & que la différence qui s'y trouve n'a rien de frappant, si la position des terres & leur hauteur, la quantité des eaux, & les usages du pays sont à-peu-près les mêmes. C'est ce qui donne tant d'étendue à cette partie de la Zone tempérée dans laquelle l'Europe est située ; on passe d'un climat à l'autre sans presque s'appercevoir des différences de l'état de l'air qui cependant font très réelles ; ce n'eft que dans un jufte milieu que l'on en peut juger ; en France par raport à l'Italie & à l'Efpagne comparées à l'Allemagne & à la Pologne.

Mais comme les variations du chaud au froid , de l'humidité à la fécherefle font plus fréquentes en Europe que dans aucune autre partie du monde connu,& que ces viciffitudes agiflent fenfiblement fur les qualités de l'air , il eft bon d'en affigner au moins les caufes générales, furtout celles du froid qui depuis le 45ᵉ degrés de latitude jufqu'au cercle polaire fe fait fentir pendant une partie confidérable de l'année.

On confidere la température des différentes régions de la terre comme relative aux degrés de latitude entre lefquels elles font renfermées; cependant les qualités du fol , les eaux plus ou moins abondantes, le féjour du Soleil fur l'horifon & les vents , établiffent dans les pays divers , des difpofitions fouvent oppofées

posée à cette regle générale. Ainsi
quoique la différence qui se trouve
entre le chaud & le froid dans chaque contrée devienne plus sensible
à mesure qu'on s'éloigne de l'équateur, il ne faut jamais perdre de
vue l'effet qui résulte de la position
des terres, du voisinage de la mer
& d'autres causes locales de ce genre.
Une plaine desséchée & cultivée
depuis longtems est moins froide
qu'un pays montueux où il se trouve
beaucoup de bois, quoiqu'ils soient
l'un & l'autre à la même latitude:
les régions maritimes jouissent d'une
température plus égale soit en hiver
soit en été que les terres situées au milieu des grands continents : telles
sont les plaines brûlantes & desertes
de l'Afrique relativement à ses côtes, & les vastes contrées inhabitables du milieu de la Tartarie Oriental en tirant de l'est au nord, où
les vents du pole arctique ont répandu un principe de stérilité qu'ils
ne font qu'augmenter , comparées
à quelques provinces de la Chine

& de la Perse. Mais par raport aux régions dont il nous reste à parler, nous nous arrêterons moins à exposer les causes de la chaleur que l'on y éprouve, que celles du froid qui y est beaucoup plus sensible & en général plus nuisible.

Le froid de l'atmosphere est produit par des causes purement naturelles & qui obéissent aux loix générales de l'Univers. Telle est la température qui régne d'ordinaire dans nos climats pendant l'Hiver, & celle des Zones glaciales pendant huit ou dix mois de l'année. C'est dans l'air où nous vivons que ce froid se fait d'abord sentir, les corps qu'il enveloppe immédiatement, en reçoivent l'impression qui pénétre ensuite dans l'intérieur de la terre à une profondeur plus ou moins grande. Pour cela il faut que la chaleur nécessaire à l'entretien du mouvement & de la vie, répandue dans l'Univers, soit diminuée à proportion de la force du froid. Or la chaleur des corps terrestres venant

en partie de l'action que le Soleil
exerce fur eux , il eft évident que
tout ce qui affoiblit cette action doit
contribuer au froid : mais comme il
a des caufes particulieres & locales
qui agiffent avec la caufe générale,
fouvent il eft difficile de diftinguer
les effets des unes & des autres. Ces
caufes accidentelles font la fituation
particuliere des lieux , la nature du
terrein , l'élévation de certaines exhalaifons dans l'atmofphere , la fup-
preffion des éffluences du fluide ignée
terreftre , & fur tout les vents qui
de toutes les caufes accidentelles font
la plus fréquente & la plus active.

Des provinces entieres font par
leur fituation beaucoup plus froides
que leur latitude ne femble le per-
metre : on ne peut attribuer cette
température qu'à leur élévation ,
parce qu'en général plus le terrein
d'un pays eft élevé, plus le froid que
l'on y reffent eft confidérable. Il
eft conftant dans toutes les latitudes
& fous l'équateur même , que la
chaleur diminue & le froid augmen-

te à mesure qu'on s'éloigne du niveau de la mer : il ne faut donc pas s'étonner que les sommets des montagnes qui séparent le Pérou du Chili soient toujours couvertes de neiges & de glaces, & qu'il y régne un froid mortel. La rareté de l'air toujours plus grande dans les couches plus élevées de notre atmosphère, est la cause de ce phénomène. Un air plus rare & plus subtil étant plus diaphane, reçoit moins de chaleur de l'action immédiate du Soleil : ses rayons ne font presque aucune impression sur un corps qu'ils traversent sans resistance , parceque leur chaleur réfléchie par les particules d'un air plus épais, chargé d'exhalaisons & de vapeurs aqueuses, échauffe beaucoup plus que leur action directe. La cause de la diminution de la chaleur sur les montagnes moins élevées, n'est pas absolument la même, l'air n'y est pas aussi rare puisque l'on y vit & même que l'on y habite ; mais elles font froides parceque leur atmosphère est moins chargé de vapeurs que celle des terres basses ; que le Soleil n'éclaire chacuns de leurs cotés que pendant peu d'heures ; que ses rayons sont souvent reçus fort obliquement sur ces différentes faces ; que sur un sommet escarpé & de peu d'étendue, la chaleur n'est point redoublée comme dans une plaine horisontale par une multitude de rayons qui refléchis à la surface de la terre, se croisent & s'entrelacent dans l'air en tout sens ; enfin parce que les vents ayant plus d'action sur les montagnes que dans les plaines & y étant presque toujours assés forts, ils rompent les rayons, rendent la force de leur réfléxion nulle, changent continuellement l'air qui les couvre immédiatement & empéchent que la chaleur que le Soleil pourroit lui communiquer, n'y fasse une impression sensible.

Les régions situées vers le milieu des grands continents, étant d'ordinaire plus élevées que celles qui sont voisines des mers, il fait plus

froid dans les unes que dans les autres, toutes choſes d'ailleurs égales.
Moſcou par cette raiſon eſt beaucoup plus froid qu'Edimbourg quoi
que les latitudes de ces deux villes
different à peine de quelques minut-
tes. Une partie de la Bourgogne
ſeptentrionale ſituée à une diſtance
à-peu près égale de Calais & de
Toulon a des froids plus longs,
plus fréquens, plus vifs que ceux
que l'on éprouve à Paris qui eſt
plus au nord.

La nature du terrein mérite une
conſidération particuliere ; rien n'eſt
plus commun que d'éprouver en
été des froids piquants & des gelées
dans les pays dont le ſol contient
beaucoup de ſalpêtre, ainſi que nous
l'avons remarqué par raport aux
provinces ſeptentrionales de la Chine
& à la Tartarie qui en dépend. Les
ſels foſſiles & ſurtout le ſel am-
moniac lorſqu'il s'en trouve dans les
terres, produiſent de ſemblables effets : la Catalogne eſt plus froide
que le bas Languedoc & la Provence:

les environs d'Erzerum & quelques plaines d'Armenie font expofées à des gelées affez vives même dans le mois de Juillet, parce que le fel y abonde. Il peut arriver que des tremblemens de terre, fuivis déruptions confidérables d'exhalaifons & de vapeurs, répandent au loin les mêmes qualités & caufent des froids extraordinaires qui font plus nuifibles dans les pays éloignés du centre du mouvement parceque leur température y eft moins analogue. Quoiqu'il en foit, ces differentes matieres raffemblées à la furface de la terre, ou même à une certaine profondeur, y établiffent une caufe conftante de froid, qui glaçaut toute l'eau qui y eft difperfée, arrête l'évaporation & furtout les émanations du fluide ignée qui circule dans l'intérieur de la terre : cette caufe jointe au peu d'action du Soleil, occafionne des froids d'autant plus vifs, qu'elle fe foutient plus longtems, & qu'elle refferre davantage la fuperficie du fol.

L iv

Pour juger des effets du fluide ignée à la surface de la terre, il faut donner ici quelques inftans à les confiderer dans les mines & les excavations les plus profondes que l'on ait faites jufqu'à préfent ; nous verrons ce qui arrête ou facilite fon action. En fuivant la nature dans les retraites les plus cachées, elle nous inftruira plus furement de ce qui arrive dans notre atmofphère, & des caufes des viciffitudes que nous y reffentons.

La température n'eft pas égale dans toutes les mines & les antres fouterreins fuppofés de la même profondeur : & la maniere dont quelques philofophes ont imaginé de divifer les régions intérieures de la terre, relativement à la chaleur que l'on y doit reffentir, n'eft pas une loi fixe de la nature ; ce n'eft au plus qu'une conjecture vraifemblable, que mille accidens modifient autrement qu'on ne l'imagine. Il peut fe trouver des marcaffites, des fels ou d'autres

minéraux rangés par lits à différentes profondeurs : ainfi fuppofons
que dans la région qui paffe pour la
plus chaude , il y ait une veine de
terre imprégnée de nitres abondans
ou d'autres fels qui mêlés avec l'eau
ou avec la terre comme il arrive
fouvent dans les mines , foit capable de répandre des exhalaifons qui
réfroidiffent l'air : fuppofons encore
que dans les parois d'une autre mine
de même profondeur il y ait abondance de minéraux imparfaits , de
marcaffites & de ces autres concrétions connues fous le nom général
de pirites mêlées de fubftances minérales , mais fi peu compactes que
l'eau & l'air les pénetrent aifément
& les divifent : pendant qu'elles fe
diffolvent l'air contracte un dégré
fenfible de chaleur , tandis qu'à la
même profondeur un fol chargé de
corpufcules nitreux & falins le ré-
froidira.

De cette premiere obfervation, on
peut déja conclure que la température répond aux qualités du fol

& change comme lui , car à ces matieres salines & nitreuses , il en peut
succéder d'autres purement métalliques à la même profondeur & dans
la même mine.

Il y a une troisiéme région de la
terre , celle où se font les travaux
dans les mines les plus profondes,
que l'on dit être constamment
chaude , quoiqu'à différens dégrés.
Mais cette chaleur n'est - elle pas
augmentée par le peu d'espace où
sont renfermés les travailleurs , dont
l'atmosphère échauffe l'air immédiat où ils sont ? on s'en apperçoit
à l'odeur qu'ils rendent & qui domine sur celle des minéraux , qui
se conserve & est d'autant plus propre à corrompre l'air , qu'elle est
occasionnée par des exhalaisons
animales , qui restent stagnantes,
eu égard à la difficulté de renouveller l'air dans ces profondeurs étroites. Sans descendre dans les mines ,
ne voit - on pas que l'atmosphère
des animaux renfermés dans un trop
petit espace , en échauffe tellement

l'air qu'il s'y corrompt, il n'eft plus propre à la refpiration ; fi on les y laiffe trop longtems ils deviennent malades.

Cependant on doit préfumer que dans les régions de la terre où on n'a pas encore pénétré, il y a des lieux extrémement chauds, des réfervoirs de chaleur qui par des canaux, des fentes, des fibres & d'autres voies fouterreines fe communiquent du centre à la circonférence par des corps qui ne paroiffent pas s'é-chauffer, mais qui leur fervent de véhicule. C'eft par là que les exha-laifons fortent des entrailles de la terre : la plupart ont une odeur ful-fureufe & bitumineufe, & font dans une difpofition prochaine à s'enflammer ; d'autres font purement métalliques ; quelqu'unes font hu-mides & froides : c'eft ce que l'òn re-connoît dans toutes les mines, en quelque partie de l'Europe qu'elles foient fituées, en Allemagne, en Boheme, en Hongrie en Pologne ou en Angleterre. On s'apperçoit

L vj

même de leurs effets à l'extérieur ;
quelquefois la neige & la glace
tiennent fur des terreins imprégnés
de fubftances minérales , d'autrefois elles s'y fondent promptement :
cette différence vient du plus ou
moins de facilité que trouvent les
exhalaifons chaudes à pénétrer la
furface du fol : plus l'obftacle eft
fort , plus elles perdent de leur activité. On voit la neige fe conferver quelque tems fur les rochers qui
reftent fur le Véfuve, à côté même des petites bouches à fumée ,
tandis que dans le refte elle fe fond
à mefure qu'elle y tombe. On peut
juger de la force de la chaleur qui
met les exhalaifons en mouvement ,
& des effets qu'elle doit avoir fur
l'air extérieur , par ce qui arrive aux
arbres qui croiffent fur les terreins
qui couvrent les mines d'or de Hongrie : leurs feuilles du côté tourné
vers la terre , deviennent de couleur d'or en certain tems ; fi ce fait
eft vrai , il donne de la vraifem-
blance à l'idée de ceux qui pré-

tendent voir circuler des paillettes de ce précieux métal dans le vin de Tokai. (*a*)

Tout ce que nous venons de dire ne porte que fur des obfervations faites dans une bande de la terre peu épaiffe eu égard à fa maffe, & dans laquelle cependant on a établi une divifion magnifique par régions. Que feroit-ce donc s'il étoit poffible de connoître la température des parties centrales de la terre ; y trouveroit-on une continuité de folides, ou des bandes ou régions occupées par quelque efpece de fluides ; quel feroit leur nombre, leur ordre, leur épaiffeur ? Nous l'ignorons, & probablement nous n'en fçaurons jamais rien. Il y a des mines en Suede qui, fuivant Agricola, ont trois mille pieds de profondeur, ce qui paroît énorme, & cependant ne va qu'au trois cinquiémes d'un mille d'Italie.

____

(*a*) Boyle *de Temperie regionum fub-terranearum.*

Or si nous suivons le calcul de Gassendi sur l'épaisseur de la terre, qu'est-ce que cet espace ? Quoi qu'il y ait, dit le célèbre philosophe, diverses opinions sur le tour de la terre, il nous paroît presque sûr qu'il est de 26255 milles d'Italie, qui répondent à un dégré de 73 de ces milles, dans le plus grand cercle à la surface de la terre, (*a*) ce qui revient à environ neuf mille de nos lieues communes ; qu'est-ce que la profondeur de trois mille pieds mise en parallele avec une espace d'environ quinze cent lieues qu'il faudroit parcourir pour arriver au centre de la terre ? & comment prononcer sur la structure de cette masse énorme, par les observations faites sur quelques excavations dont les plus profondes ne vont qu'à quelques centaines de pied ? Nos spéculations dans ce genre ne sont-elles pas encore plus éloignées de la réa-

______

(*v*) Gassendi institut. Astron. L. 2. C. 3.

lité, que les plus simples jouets des
enfants ne le font des plus grandes
opérations de la Méchanique.

Revenons cependant à notre sujet
& reconnoissons que la terre renferme au moins jusqu'à une certaine
profondeur un phlogistique très actif qui entretient un mouvement,
une chaleur égale qui ne font point
assujettis à la vicissitude des saisons.
La température assés constante de
certaines caves, des mines & de la
plupart des lieux un peu profonds,
où les vicissitudes de l'air extérieur,
ne peuvent point se faire sentir : les
sources d'eaux chaudes, les volcans,
les tremblemens de terre & mille
autres phénomènes en font la preuve.
Que cette chaleur ait sa source dans
un feu central, qu'elle dépende des
qualités du souffre ou de certains
minéraux qui se trouvent abondamment dans les entrailles de la terre ;
qu'elle soit un effet de la matiere
subtile répandue dans tout l'Univers
& dans tous les corps qu'il renferme : nous ne traiterons pas ici ces

questions dont nous avons déja parlé.
Tout ce qu'il importe de considerer à présent, c'est que la terre indépendamment de l'action du Soleil doit répandre dans l'atmosphère des vapeurs chaudes quand rien ne s'y oppose d'ailleurs.

Cette émanation admise, on conçoit que sa quantité doit varier en différens tems & en différens pays à cause des changemens qui arrivent soit à l'intérieur de la terre, soit à sa surface. Ces mêmes vapeurs ne peuvent être supprimées en tout ou en partie, sans que la chaleur qui en résultoit sur la terre & dans l'air ne soit diminué & le froid augmenté : plusieurs causes locales telles que des bancs de rochers, des napes d'eaux soutereines, ou des amas de glaces peuvent intercepter les vapeurs chaudes dont nous parlons. C'est ce qui sert à rendre raison de certains froids excessifs relativement à la latitude des lieux où on les éprouve. Les Hivers sont beaucoup plus rigoureux en Sibérie entre le

55e & le 60e degré de latitude, que dans d'autres régions sous les mêmes parallèles: le terrein fort compacte y abonde en nitres, en sels & presque toujours on y trouve d'épaisses couches de glaçons. A Jénisçea & dans les environs au 58e degré de latitude, les glaces que l'on rencontre à un pied & demi ou deux en terre s'étendent à plus de vingt pieds de profondeur, & ne se fondent jamais, outre que ce pays à en juger par la quantité de rivieres qui en sortent est l'un des plus élevés de l'Univers.

Les terres hautes & les plaines en montagne qui ne sont ordinairement que des bancs de rochers recouverts à une certaine épaisseur de terre vegétale sont par la même raison plus froides que les terres basses, & parce que souvent elles renferment dans leurs cavités de grands réservoirs d'eaux, qui fournissent à l'entretien des sources qui en sortent. Ainsi toutes les contrées que nous appellons Points-de-partage, d'où les eaux coulent vers les différentes mers, sont nécessairement les parties les plus élevées du Continent respectivement à leur climat; & dès lors celles où le froid régne le plus long-tems, où les variations de l'atmosphère sont les plus fréquentes.

Partout ailleurs où le froid est assez violent pour gêler & durcir la surface de la terre à quelque profondeur, l'émanation du fluide ignée est arrêtée au moins pour un certain tems; ce qui dans quelques circonstances devient très préjudiciable. Lorsque ce fluide en action a commencé à rendre à la terre sa vertu productrice, elle s'ouvre, elle se dilate; on voit bientôt paroître les premiers effets de la végétation & la terre se parer d'une verdure nouvelle: mais dans notre Zone tempérée, il est toujours à craindre que ces avantages ne soient trop précoces, & que des causes inattendues de froid venant à s'établir dans l'atmosphère, elles ne pénétrent à une trop grande profondeur par les pores

ouverts de la terre. Alors les plantes
encore tendres privées subitement
de cette humidité douce, de cette
chaleur interne qui accéleroit leur accroissement, se fanent se déséchent &
périssent; on voit tout d'un coup
s'évanouir l'espérance d'une récolte
abondante. C'est ce qui est arrivé
au mois de Mars 1768 dans plusieurs
provinces de l'Europe, où les gelées
vives qui se sont fait sentir du quatre
au treize de ce mois ont fait périr
les bleds qui étoient déja très-avan-
cés. La température douce qui avoit
succédé aux froids rigoureux de la
fin de Décembre & du commencement de Janvier avoit hâté leur développement, & plus encore dans
les provinces dont les terres sont
grasses & humides que dans les autres, parce que l'eau répandue dans
la terre, est pour le fluide ignée une
espéce de véhicule par lequel il passe
avec beaucoup de liberté : c'est ce
que démontrent les expériences de
l'électricité. La matiere électrique
qui n'est autre chose que le fluide

ignée, se porte plus aisément dans la substance & le long des corps humides que dans tous autres. On mouille une corde pour répandre plus loin & plus promptement la vertu électrique ; si on verse des gouttes d'eau sur une barre de fer électrisée, on remarque à chacune d'elles une aigrette lumineuse, comme aux angles de la barre, parce que ces gouttes deviennent autant d'angles saillans par lesquels le fluide ignée trouve plus de facilité à rompre l'équilibre avec l'atmosphère qui le contient & à s'échapper dans l'air. C'est encore la raison pour laquelle les régions maritimes sont plus tempérées que les autres : dans le froid violent qui s'est fait sentir dans une partie de l'Europe au commencement de Janvier 1768 le Thermomètre de Réaumur n'est descendu à Roterdam qu'à douze degrés & demi au-dessous de Zéro, pendant qu'il étoit à paris à quinze, quoique Roterdam soit de trois degrés plus au nord que Paris.

Il n'eſt donc pas étonnant que même dans le plus fort de l'hyver au milieu des glaces & des neiges, on voie le fluide ignée ſe développer, allumer des flammes à la ſurface de la terre, y exciter des incendies dont les uns ſont durables, & fixés à certains lieux, les autres ſont paſſagers ; c'eſt qu'alors il rencontre des matières qui le réuniſſent, augmentent ſon action & la rendent très-ſenſible. Parmi les phénomènes de la premiere eſpèce, nous pouvons citer la fontaine ardente qui eſt à quelques lieux de Grenoble entre la Tour-ſans-venin & la montagne inacceſſible. Cette fontaine n'en eſt pas une, mais un petit terrein de ſix pieds environ de longueur ſur trois ou quatre de largeur qui eſt couvert de tems-en-tems d'une flamme légère & errante, de la couleur de celle de l'eſprit-de-vin allumé : elle eſt attachée à une eſpèce d'ardoiſe pourrie & qui ſe fuſe à l'air. Une fontaine qui coule à côté de ce terrein dont les eaux ne ſont ni en-

flammées ni inflammables, a paru
aux yeux du vulgaire étonné de ce
phénomène ſi ſimple, une eau bru-
lante, & long-tems on l'a regardée
comme telle. Cette flamme a l'odeur
du ſouffre & ne laiſſe point de cendres ; elle eſt plus vive pendant
l'hyver & dans les tems humides
qu'en toute autre ſaiſon, & diſparoit
à la ſuite des ſéchereſſes de l'été.
On prétend qu'elle eſt aſſez forte
pour bruler le bois qu'on lui préſente.
Dans le Prieuré de Trémolac a cinq
lieues de Bergérac, eſt un ruiſſeau
dont on a éprouvé pluſieurs fois
que l'eau prenoit feu & produiſoit
des flammes qui bruloient ce qui
étoit expoſé à leur action, ſur-tout
dans les endroits creux où l'eau
s'arrête & croupit. Il eſt très-vrai-
ſemblable qu'il ſe raſſemble ſur le
terrein où l'eau reſte, ou qu'il en
ſort quelque matière ſulfureuſe aſſez
ſuſceptible de mouvement pour s'ex-
haler au travers & au-deſſus de
l'eau, & pour prendre feu à la
moindre approche d'une flamme

étrangère : il s'en faut beaucoup que la fontaine ardente du Dauphiné dont nous venons de parler, mérite ce nom à aussi juste titre que le ruisseau brulant de Trémolac. (*v.* les *Mém. de l'Acad. des sciences An.* 1741 *Hist. pag.* 37.

Sur les hauteurs de Piétramala en Toscane, on voit des flammes ou de la fumée sortir sans interruption par des fentes qui sont à la surface de la terre : c'est le sol qui les entretient : elles paroissent en divers endroits : si l'on frappe la terre d'un bâton, si on l'ouvre & que l'on y jette du papier ou de la paille, aussitôt de nouvelles flammes s'élévent. Elles sont plus vives dans la saison des pluies ou en hyver qu'en tout autre tems, ce qui n'empêche pas les endroits même d'où elles sortent, d'être couverts de neige & de glaces qu'elles ne fondent point : quelquefois même elles rendent une odeur agréable qui s'attache aux pierres exposées à leur action, ce qui est produit par un mélange de soufre

& de nitre exaltés. Il semble que ces feux doivent devenir un jour plus considérables : depuis quelques années on a ressenti dans ce canton des secousses de tremblemens de terre assez vives, & même les pierres qui étoient autour de ces crevasses se sont repandues au loin ; on en voit le long du chemin de Bologne à Florence qui passe au-dessous de ces hauteurs, rangées dans le même ordre qu'elles doivent avoir suivi en roulant du haut de la montagne : cependant les crevasses se sont peu élargies, & les tremblemens de terres n'ont été accompagnés d'aucune éruption de cendres ou d'autres matières calcinées.

On lit dans les Voyages Historiques de l'Europe (*Tom. 3.*) que dans les environs de la ville de Bologne, on voit vers le Mont Apennin, lorsque le tems est obscur & ténébreux, un Météore-ignée de forme ronde que les gens du pays appellent *Bocca d'Inferno* ; parce qu'il est arrivé, disent-ils, que des voyageurs

geurs s'étant égarés la nuit, cette clarté qu'ils fuivoient de loin les conduifoit dans des précipices. Il eft très-probable que ce Météore n'étoit autre chofe que les flammes que l'on voit encore à Piétra-mala où les chemins devoient être très-difficiles dans le fiécle dernier.

Les fources d'eau minérales & chaudes qui fe trouvent dans les différentes parties de la terre font encore des phénomènes de la premiere efpèce, qui démontrent l'exiftence d'un feu terreftre très-capable d'entretenir par fon action une chaleur conftante dans l'atmofphère. Si ces eaux paffent à travers un des foyers où ce feu eft plus raffemblé & plus fort, elles s'y chargent des matières minérales & y prennent un degré de chaleur qu'elles confervent tant qu'elles ne font pas expofées à un air extérieur plus froid. Car les minéraux ne s'enflamment pas d'eux-mêmes, les eaux n'ont point de chaleur qui leur foit propre : il faut qu'il furvienne une nouvelle caufe de fer-

mentation ou d'inflammation, &
cette cause ne peut être qu'un fluide
ignée généralement répandu dans
toute la terre, puisque ses effets par-
tout où ils se manifestent sont les
mêmes. On ne peut pas les attribuer
à la force du soleil, il n'a aucune
part à ces incendies souterreins qui
d'ordinaire sont plus violens, lorsque l'action du soleil est plus foible,
ou même qu'elle paroît tout-à-fait
interrompue. Il n'est pas nécessaire
non plus pour les expliquer de re-
courir à une communication établie,
entre ces petits foyers dont l'action
est uniforme & tranquille, & les
Volcans dont la fureur ne se développe que par accès : quoique ces
feux différens aient quelque rapport
dans leurs principes, les effets des
uns & des autres sont si différens
qu'on ne peut les comparer. La chaleur de la Solfatarre de Pouzzols,
celle des bains chauds qui en sont
voisins est toujours égale, leurs effets sont les mêmes, quelque soit
l'état du Vésuve, qu'il soit tranquille

où furieux. Il n'y a donc point de
communication entre ces foyers différens, comme on le croyoit avant
qu'on n'en eût bien obfervé les phénomènes. Ce que l'on pourroit dire
c'eft que le fluide ignée trouvant en
quelques parties de la terre un amas
de matières fulfureufes & métalliques jointes à une certaine humidité,
les met en fermentation, & que
leur chaleur égale dépend de l'action
continuée de ce même fluide fur ces
matières, qui à mefure qu'elles fe
diffipent par l'évaporation, font re-
produites de nouveau par le mouvement général qui les raffemblent à
leurs parties fimilaires dans certains
endroits de la terre plutôt que dans
d'autres : c'eft l'explication la plus
fimple que l'on puiffe donner de ces
phénomènes qui fubfiftent dans le
même état depuis une fi longue fuite
de fiécles.

N'eft-il pas vraifemblable encore
que les fouffres & les huiles répandus dans le fein de la terre, dif-
perfés de maniere à n'y être pas

reconnoiffables, peuvent fervir d'a-
liment à ce feu, l'entretenir & fouvent le manifefter par des effets
fenfibles ? Par eux mêmes, ils reftent
dans l'inaction, où ils coulent à
la maniere des autres liquides, fi
ils font raffemblés en maffes affez
confidérables, & s'il fe trouve
dans certaines parties de la terre
des laboratoires cachés, où les parties fimilaires des huiles & des fou-
fres foient féparées de toute autre
matiere hétérogêne & réunies les unes
aux autres. C'eft ce qui forme ces
fources de Naphte & d'autres huiles
terreftres que l'on voit dans toutes
les régions du monde, en Amérique,
en Afie, en Écoffe, en France, en
Italie, jufques dans la Dalécarlie,
& dans les montagnes D'vral en
Siberie.

Si près de ces fources il fe trouve
quelque caufe d'inflammation, le
terrein qui en eft impregné brule
fans fe confommer, & refte à-peu-
près au même état. C'eft un incendie
d'une efpèce particuliere qui dure

des siécles entiers sans causer aucun ravage, & qui méme a son utilité, ainsi qu'on l'éprouve dans le voisinage des sources de Pétrol ou de Naphte qui coulent toujours au bas de la ville de Backu dans le Schirvan, à l'extrêmité Septentrionale du Golfe de Guilan sur la mer Caspienne. Près de ces sources est une place toujours en feu dont le sol est continuellement arrosé par une substance bitumineuse & inflammable qui se filtre à travers.

C'est-là où les habitans de cet endroit font cuire leur chaux. Ils n'ont besoin pour cela que de faire un creux qu'ils remplissent de pierres & recouvrent ensuite de terre ; deux jours après ils en retirent la chaux cuite. Lorsque les Russes emploiés à tirer l'huile de ces sources ont besoin de lumiere, ils ouvrent dans le sol de leur chambre, un trou d'un demi pied de profondeur, y enfoncent un petit jonc de la longueur d'un pied, l'allument par un bout, & l'exhalaison bitumineuse, s'élevant par ce tuyau, y entretient la lumiere aussi long tems qu'il est nécessaire sans consumer le jonc (a).

Ne peut-on pas regarder cette matière comme la base de tous les feux soit Pérennes soit accidentels qui s'allument dans le centre de la terre, avec d'autant plus de raison que l'eau même ne peut pas éteindre cette flamme ? Elle ne cesse que faute d'aliment, ou lorsqu'on l'étouffe de façon à empêcher son développement. On prétend que cette espèce de Naphte étoit l'ingrédient principal du feu Grégeois. Il sert encore à entretenir le feu de la plûpart des Volcans.

Il n'en est pas de même d'autres phénomènes de ce genre peu durables, & dont la cause n'est que passagere, ils forment une espéce

---

(a) V. la description des pays situés à l'Occident de la mer Caspienne dans le choix des Mémoire de l'Académie de Berlin. *in.* **12.** *Tom.* **1. 1761.**

différente des premiers. Tels font
les incendies qui s'allument à la furface de la terre, qui confument
ce qui la couvre dans un efpace
déterminé, & dont on voit l'origine, les progrès & la fin : ils font
communs à tous les pays, parce que
par tout le fluide ignée peut trouver une matiere propre à développer fon action de maniere à la rendre très-fenfible. Ceux que je vais
rapporter d'abord nous intéreffent
d'autant plus qu'ils ont paru en
France à peu de diftance les uns
des autres. (*a*) Au mois de Septembre 1670, le village de Bon-
court fur la riviere d'Eure au dio-
cèfe d'Evreux, commença d'être
brûlé d'un feu qui prit à la plûpart
des maifons en divers tems & à
diverfes fois, fans aucune caufe ap-
parente : il s'allumoit indifféremment dans les maifons, les granges
& les écuries ; il prenoit aux murail-

(*a*) V. le Journal des Sçavans. Avril 1671.

les & aux fumiers, il étoit trés ardent, d'une couleur bleuâtre : il s'en exaloit une puanteur affez grande ; femblable à un feu follet, il alloit & venoit, fe jouoit fur toutes fortes de matieres. Un jour il prit à une maifon qui étoit jointe à deux autres, il confuma la premiere & la derniere fans toucher à celle du milieu. De quatre - vingt maifons dont ce village étoit compofé, il n'en refta que deux ou trois, les autres furent fucceffivement brûlées. Toutes les années que ce feu a paru dans fa plus grande force, c'étoit à la fin d'Août ou au commencement de Septembre, la température étoit à-peu-près la même, & la fertilité égale : ce qui indique qu'il devoit-être fecondé par les difpofitions de l'air extérieur, qui fuivant ces obfervations ont dû être les mêmes dans toutes ces années. On prétend feulement qu'on pouvoit annoncer le retour de ces feux par des nuées rougeâtres qui s'élevoient au-deffus du village & qui étoient un effet immédiat de l'évaporation excitée par la fermentation du terrein où ils s'allumoient.

Au mois d'Août 1743, dans la paroisse de Bros sur la riviere d'Iton au diocèse d'Evreux, un feu spontané en quinze jours qu'il dura, consuma environ trois âcres de bois taillis. Il étoit tantôt vif, tantôt lent, d'une couleur bleuâtre & rendoit une odeur sulfureuse. La terre brûloit ainsi que le bois, les racines même étoient consumées avant leurs tiges, & le sol qui paroissoit sans feu, s'allumoit en souflant dessus. On fit de vains efforts pour éteindre cet incendie qui continua tant qu'il y eut de la matiere pour l'entretenir, qui sans doute ne s'étendoit pas au-delà du terrein désigné.

L'année suivante au mois d'Août 1744, un feu de pareille nature se fit voir dans le village de Boulai-Morin sur la riviere d'Iton à une demie lieue du précédent, mais il y fit moins de ravage, il ne parcourut qu'environ une demie vergée de terre sur un côteau tourné au midi, que l'on sépara du reste du bois par des fossés pour empêcher la communication : les souches furent de même consumées avant les tiges. Le feu étoit de couleur bleuâtre, exhalant une odeur sulfureuse, plus ardent dans la terre qu'à l'extérieur ; si on l'ouvroit, on trouvoit les souches embrasées, sans qu'il eut paru un feu violent à la superficie. Cet incendie dura environ huit jours sans sortir de ses limites, il ne fut éteint que par un orage considérable, précédé & accompagné d'éclairs & de tonnerres, dont il y a apparence que les exhalaisons même qui s'élevérent du terrein enflammé furent la matiere. Le sol en étoit noirâtre, recouvert d'une mousse blanche, & peu différent de celui des bois où l'incendie ne s'étendit point. On ne peut pas dire que ce fut un feu ordinaire ou mis exprès ; il auroit fait plus de ravage & plus promptement, & n'auroit brûlé que la superficie des bois sans altérer les racines, bien loin de

commencer par les détruire. A quoi
donc attribuer ces trois incendies
arrivés dans la même province à si
peu de distance les uns des autres ?
sinon aux qualités du sol plus propre à rassembler les particules du
phlogistique dispersé dans la terre,
& à le retenir dans une sorte d'inaction, jusqu'à ce que par sa propre
force il n'eut excité une fermentation locale assez grande pour se développer & se rendre sensible par
des effets aussi marqués. On doit
rapporter aux mêmes causes l'inflammation des terreins qui se font nouvellement allumés en Hongrie &
en Boheme : elle s'est manifestée
d'abord par une fumée épaisse qui
a duré quelque tems & qui a été
suivie de flammes qui ont réduit en
charbons ou calciné des espaces de
terrein assez considérables. Ces
fortes de volcans, en consumant la
matiere des exhalaisons nuisibles
qui se répandoient dans l'atmosphère, peuvent en changer la disposition habituelle & rendre l'air de

certaines contrées beaucoup plus
sain qu'il n'étoit auparavant : car il
s'en faut beaucoup que les volcans
n'alterent la pureté de l'air des régions où ils sont situés , sur tout
quand ils sont anciens, on a l'expérience contraire dans la douceur de
la température , & la salubrité de
l'air de presque tous les pays où il
s'en trouve , il ne faut pas leur attribuer les effets de causes qui leurs
sont tout-à-fait étrangeres.

Quelque fois l'action du fluide
ignée terrestre se manifeste avec
plus d'éclat encore , quoique la durée des phénomènes qu'il produit
soit inégale. On vit au mois de
Septembre 1767 , une miniere de
Hesse située au-delà de Vissen-Hau-
sen , jetter du feu avec une explo-
sion semblable au bruit d'un coup
de canon. Plus nouvellement encore, une des mines de cuivre de Fah-
lun en Dalécarlie s'est enflammée,
& l'incendie y est si considérable,
qu'on ne croit pas pouvoir l'exploi-
ter de longtems. Peut-être est-ce un

effort de la Nature en faveur de cette
nation si pauvre , qui purifiera un
métal trop commun , & lui donnera une valeur qu'il n'a pas eu jusqu'à présent. Ces feux spontanés
qui ont paru pendant l'été de 1768,
en differens cantons de l'état ecclésiastique où ils ont enflammé des parties de forêts , & des moissons prêtes
à être recueillies , ont été moins
excités par l'ardeur & la sécheresse
de la saison ainsi que le vulgaire l'a
crû , que par l'action du fluide
ignée qui doit être très - vive dans
des terres aussi sulfureuses que le
sont la plupart de celles où ces accidens sont arrivés.

Si ce fluide concentré dans un espace déterminé y produit une chaleur assez vive pour exciter des
incendies aussi violens que ceux dont
nous venons de parler il s'ensuit
nécessairement que répandu dans
toute la terre , & que s'en exhalant
continuellement s'il ne trouve aucun obstacle assez fort pour arrêter
ses émanations , il doit être un prin-

cipe conftant de chaleur qui ne peut ceffer fans que le froid ne devienne d'autant plus violent qu'il aura moins d'effet. C'eft comme nous l'avons dit, ce qu'occafionnent les bancs de rochers, les glaces, les fels & les nitres répandus abondamment dans certains fols ; il n'eft donc pas étonnant que ces pays foient plus froids que ceux où le phlogiftique n'a pas ces obftacles à vaincre, où il trouve la furface de la terre toujours ouverte, & en état de faciliter fon expanfion dans l'atmofphère.

§. X.

Comment les vents influent sur la température de l'air.

Outre les caufes que nous venons d'indiquer, les vents contribuent beaucoup à augmenter la rigueur & le degré du froid, au point qu'ils fuffifent pour établir dans l'été mê-me la température de l'hyver. C'eft la plus active de toutes les caufes qui produifent les variations aux-quels nos climats font expofés.

Les vents ont donc une influence très-marquée fur les viciffitudes des faifons, & le froid qu'ils répandent dans l'atmofphère, eft moins l'effet de leur mouvement, que de ce qu'ils entraînent dans leur cours, jufques fur nos contrées les particules gla-ciales dont eft chargé l'air des ré-gions plus froides que celles que nous habitons. Dans notre hémifphère boréal, le vent du nord est la cause la plus sensible du froid de l'hiver, parce que l'atmosphère des terres d'où il vient est alors vraiment glaciale par proportion avec celles où sa direction le porte. Que l'on se rappelle ce que nous avons dit plus haut de la température rigoureuse de la Sibérie, de la Baie de Hudson, de la nouvelle Zemble & on concevra que l'air froid dont ces régions sont couvertes, étant transporté dans d'autres contrées, y doit augmenter considérablement la rigueur de l'hiver. La partie méridionale de la Tartarie Moscovite & Chinoise est infestée de certains vents qui viennent de Sibérie, si froids, que c'est pour cette raison qu'elle est stérile & presque tout-à-fait déserte : les vents qui soufflent du nord ouest de l'Amérique causent un froid extrême dans le Canada ; Astracan & Quebec aux 46 & 47e. degrés, éprouvent des froids plus longs & plus violens que ceux que l'on ressent en France aux mê-

mes latitudes. Ces vents font tellement la caufe de ces froids & de la
ftérilité qui s'en fuit, que des régions plus près du Pole, mais qui
n'y font pas expofées font très-ha-
bitables, & produifent abondamment toutes les denrées néceffaires
à la vie. Les Ruffes ont bâti la ville
de Toorn environ le 70ᵉ. degré de
latitude au nord - eft de la Tartarie,
où la température eft beaucoup plus
douce qu'à Tobolsk & à Yenifcéa
qui font plus près de l'Equateur de
douze degrés. Des navigateurs qui
ont faits plufieurs voyages au Groenland affurent qu'au-delà du 70ᵉ. degré de latitude feptentrionale, ils
ont trouvé en été des chaleurs beaucoup plus fortes que celles qui s'é-
toient fait fentir avant que d'être
parvenus à cette hauteur, d'où ils
concluoient que cette chaleur devoit augmenter à mefure que l'on
s'approchoit du Pole, puifque pendant fix mois le foleil éclaire continuellement cette partie du monde
qui s'étend tout-à-fait au Pole arc-

tique. (*a*) Il s'en faut donc beaucoup que les vents les plus froids viennent des régions & des mers les plus voisines de ce Pole : ce que nous venons de rapporter rend croyable en partie, ce que racontoit aux Espagnols de Porto-ricco l'équipage d'un des vaisseaux que les Anglois envoyèrent en 1520, pour chercher au nord - ouest un passage vers le Cathai. Ces gens prétendoient qu'après avoir été séparés d'un autre vaisseau par une furieuse tempête, ils s'étoient trouvés dans une mer de glace ; que s'en étant tirés, ils avoient été transportés dans une autre mer dont l'eau bouilloit comme fait celle d'une chaudiere qui est sur le feu ; qu'après s'être encore sauvé d'un si dangereux parage ils étoient venus reconnoître l'isle des Morues ou de Terre-Neuve. Il est difficile de deviner ce que ces navignateurs ont voulu dire

____

(*a*) Hist de Pensilvanie. C. 6. Paris 1768.

par là, & de quelles régions ils ont
parlé : ce que l'on en peut conclure
c'est qu'ils furent le jouet des vents
qui les firent paſſer par des tem-
pératures bien différentes l'une de
l'autre, quoique ſous des latitudes
très-avancées, avant que d'arriver
à Terre-Neuve (a).

Le froid que l'on éprouve à la
Baie de Hudſon par les 57. degrés
environ, a paru ſi conſidérable au
célèbre Halley, qu'il en conjecture
que cette partie du nouveau monde,
étoit ſituée autrefois beaucoup plus
près du Pole & qu'elle en a été éloignée par un changement conſidérable arrivé anciennement dans notre
globe. Il regarde en conſéquence le
froid qu'on reſſent actuellement dans
ces contrées, comme une ſuite de
celui qu'elles éprouvoient dans leur
premiere poſition, & les glaces que
l'on y trouve en très-grande quanti-

____

(a) Introd. à l'Hiſt. de l'Afrique, &c.
par la Martiniere. *Tom.* 2.

té, comme les restes de celles dont elles étoient couvertes alors & qui ne sont pas encore fondues. Cet auteur si éclairé ne sçavoit donc pas, que dans les latitudes plus avancées, on trouve des mers libres & sans glaces, une température plus douce & des vents moins impétueux & moins froids que ceux qui regnent au nord ouest de l'Amérique ? Pouvoit-il ignorer que les énormes glaçons que l'on rencontre dans les mers dont il parle, se forment dans les rivieres qui descendent des terres inconnues au nord ouest, & sont portées delà dans les mers de Baffin & de Hudson par les crues d'eaux qui arrivent à la suite de l'hiver, où ils s'amoncellent & forment à la longue ces prodigieux bancs de glace ? Que ceux dont sont couvertes les mers qui environnent le Groenland & la nouvelle Zemble, se forment de même & sont portées delà par les vents du sud, sur les côtes du Spitzberg où le climat est moins rude que dans le Groenland. C'est ainsi que les plus

grands génies en voulant rendre raifon de tout, trouvent des caufes qui
n'ont de réalité que dans leur imagination.

Quoiqu'il en foit, le froid s'é-
tend fur plus ou moins de régions,
lorfque le vent du nord qui l'amène
regne fur une plus grande ou une
moindre étendue de pays : il eft
d'autant plus confidérable que la caufe en eft plus vive dans les contrées
où il prend fon origine, dans le Groenland, la nouvelle Zemble & les mers
glacées qui environnent ces terres.
Elles font d'autant moins connues,
qu'elles font prefque toujours couvertes d'une brume épaiffe que fon
feul poids, & l'élévation des terres
& des mers où elle fe raffemble fait
fouvent refluer de plufieurs degrés
du nord au fud, de la partie feptentrionale du Groenland & des terres
paralleles, jufqu'au midi de l'Iflande
& fur les côtes de Mofcovie, de
Norvege & de Laponie qui s'étendent dans la même bande de l'oueft
à l'eft. Or cette caufe eft par elle

même affez puiffante pour imprimer à une partie confidérable de l'atmofphère terreftre un mouvement déterminé.

Plufieurs autres circonftances en apparence oppofées, contribuent à augmenter la force des vents du nord, & à établir le froid des terres arctiques dans notre Zone tempérée. Si les vents de fud ont foufflé pendant long-tems dans une grande partie de notre hémifphère ; l'air fortement comprimé fe fera d'autant plus refferré vers le pole, qu'il y aura trouvé une caufe fubfiftante de condenfation dans le froid qui y regne, jufqu'à ce que la force de fa direction du fud au nord diminuant par degrés, s'anéantiffe enfin. La caufe de ce mouvement venant à ceffer, les vapeurs condenfées établiffent par leur propre poids, un courant tout-à-fait oppofé qui apporte dans notre atmofphère le froid des lieux où il prend fa fource. Ainfi après que les vents de fud eurent régné pendant la plus grande partie des mois d'Octobre, de Novembre & de Décembre 1767, le mouvement général de l'air changea de direction, les vents du nord reprirent le deſſus, & répandirent dans l'atmoſphère du Dannemarck, de l'Allemagne, de la Hollande & de la plûpart des Provinces de France les cauſes de ce froid rigoureux qui s'y fit ſentir dans la fin de Décembre & les premiers jours de Janvier 1768. Il ſeroit aſſez difficile de donner une autre raiſon de cette température, qui, outre ſon principe le plus ordinaire que nous venons d'indiquer, tenoit à des cauſes accidentelles & locales, dont on pourroit rendre compte, ſi on avoit un journal fidèle de l'état de l'air dans les terres voiſines de l'Iſlande, & à-peu-près à cette latitude, d'où on peut conjecturer que le froid nous étoit apporté : car il s'en faut beaucoup qu'il ſe ſoit fait ſentir dans des régions très voiſines du cercle polaire arctique auſſi vivement que dans nos provinces : la

Suéde jouiſſoit alors d'une température aſſez douce relativement à
ſon climat & à la ſaiſon.

Après que les vents de nord eurent ceſſé, la diſpoſition de l'air
changea tout d'un coup : les vents
de ſud & d'oueſt reprirent le deſſus
& dominérent pendant près de ſix
ſemaines. On commençoit à jouir
des douceurs d'un printems préma-
turé, le ſoleil ſecondé du fluide
ignée terreſtre, répandoit déja une
douce chaleur ; quand tout d'un
coup un vent de nord très-haut ſur-
vint, & répandit un froid vif & piquant, qui toutes choſes égales pouvoit être regardé comme beaucoup
plus actif que celui du mois de Janvier, & a certainement été plus nui-
ſible. La cauſe de ce froid paroiſſoit être dans les latitudes les plus
voiſines du pole ; c'eſt alors que les
rigueurs de l'hiver ſe ſont fait ſentir
en Suède : les vents y étoient impétueux, les neiges abondantes, on a
eu le même tems en Allemagne ; &
cette même température s'eſt continuée

nuée jufqu'en Italie, au de-là de l'Apennin, ou la neige a été plus abondante & le froid plus vif que pendant le refte de l'hiver. On peut donc avancer avec toute vraifem-blance que les brumes des terres Polaires, étoient alors très hautes très épaiffes & très froides, puifque le mouvement qu'elles ont imprimé à l'air a été affez fort pour s'étendre dans toute l'Europe, & y difper-fer les effets d'un froid, qui fans doute y étoit extrême.

Plufieurs phificiens font perfua-dés que le vent de nord foufle pref-que toujours de haut en bas. Ils al-leguent pour raifons de ce fenti-ment : que les couches fupérieures de l'atmofphère font plus froides que les inférieures ce qui fait que tout vent eft froid lorfqu'il a fa di-rection de bas en haut ; que le vent du nord ayant paffé fur plufieurs fommets couverts de glace & de neige, fe charge d'une quantité de molecules glaciales qui ne peuvent qu'augmenter le degré du froid, qu'enfin il apporte un air toujours plus condenſé que les autres vents & dès-lors plus froid. Les autres n'admettent cette direction que pour certains vents de nord qui regnent dans une étendue peu conſidérable; parce qu'en général la configuration extérieure de la terre y eſt oppoſée, & que tout vent qui ſe fait ſentir dans une grande partie de notre hémiſphère ne peut gueres s'écarter de la direction horiſontale que pour ſoufler de bas en haut. Ce raiſonnement leur paroit d'autant plus juſte, que les chaînes de montagnes répandues par intervalles ſur la ſurface du globe, déterminent le mouvement du grand fluide qui l'enveloppe dans la direction qu'ils lui ſuppoſent. Mais ces Philoſophes ont-ils faits des réfléxions attentives ſur la configuration du globe, & ſur la poſition reſpective de ſes parties? & la terre que nous habitons ne s'éleve-t'elle pas inſenſiblement de l'Equateur aux deux Pôles, de maniere que dans la partie de notre hémisphère, la mieux connue, les plaines septentrionales sont beaucoup plus élevées que les plus hauts sommets des montagnes de l'Equateur, dont l'élévation n'est étonnante, que parce qu'elles sortent des parties de la terre les plus basses. Nous avons dit ailleurs que les terres de la Tartarie Chinoise sont plus élevées au dessus de la mer qui baigne les provinces méridionales de la Chine, que les pointes les plus hautes des Andes, ne le sont au dessus du niveau de la mer pris aux cotes voisines de Lima ; & il s'en faut beaucoup que ce soient les régions les plus élevées du globe ; le sol continue de s'élever du 45ᵉ degré environ jusqu'au 55ᵉ auquel on peut placer la source de tous les grands fleuves qui coulent de l'Orient au nord dans la mer glaciale. Les terres Arctiques paroissent à proportion encore plus élevées, & quoique les montagnes que l'on y trouve, mesurées de leurs bases à leurs sommets paroissent bien moins hautes que celle de l'Amérique méridionale, & même que celles de l'Afrique, elles sont relativement au reste du globe beaucoup plus élevées.

Les anciens avoient entrevu cette vérité : Démocrite grand observateur & que l'on peut regarder comme le pere de la bonne Philosophie de ces tems reculés, dont Epicure & tous ceux qui l'ont suivi n'ont fait que présenter les idées sous une nouvelle forme, consideroit la terre comme un grand corps, plat, convexe par dessous qui ne divisoit point l'air inférieur d'avec le supérieur ; car il n'admettoit aucune communication de l'un avec l'autre ; mais qui le tenoit par sa largeur, son poids & sa forme dans un état de contrainte & d'assujettissement, qui le resserroit au point de servir d'une bâse solide & immobile à la terre. Comme cet air est moins fort du coté du midi parce qu'il est plus raréfié, il y soutient moins également le plan de la terre qui décline sensiblement dans cette partie

parceque la maffe n'eft plus en proportion avec la bâfe. Il attribuoit
à l'élévation des terres feptentrionales la rigueur du froid qui y regne & leur ftérilité, & il regardoit
l'abbaiffement des terres méridionales comme la caufe de leur belle
température & de leur fécondité.
Les fpéculations de ce Philofophe
ne s'étendoient pas au-de-là de l'hémifphère qu'il habitoit, & certainement tout s'accordoit à lui prouver
que plus les terres font élevées plus
elles font froides & de peu de rapport. La grande Tartarie étoit alors
regardée comme inhabitable : tout
le nord de l'Europe étoit inconnu
& peut-être encore défert : enfin
le cours des rivieres, le mouvement de l'air, lui perfuadoient également que la terre eft plus élevée
au nord qu'au midi. Je crois que
c'eft une vérité démontrée : dès-lors
il n'eft pas impoffible que les vents
du nord fouflent de haut en bas,
du point d'où ils partent fur le refte de la terre. Ils répandent dans

l'atmoſphère les qualités qu'ils con-tractent au point de leur origine: les chaines de montagnes qu'ils ren-contrent dans leurs courſes , leurs donnent des directions particulières ſoit à l'eſt, ſoit à l'oueſt, mais elles ne changent rien au mouvement général ni à l'effet de ces vents, dont le propre eſt toujours d'éta-blir dans les parties de l'atmoſphère qu'ils parcourent librement , la tem-pérature des climats d'où ils ſortent, ſi une autre cauſe également géné-rale ne s'y oppoſe. Ainſi lorſque le Soleil par rapport à nous eſt près du ſolſtice d'été, & que les émanations du fluide ignée ſecon-dent ſon action , les vents du nord lorſqu'ils regnent dans ce tems, ré-pandent quelque fraicheur dans l'air; mais ils ne ſont plus aſſez actifs pour y établir une diſpoſition qui ait un raport prochain avec le froid de l'hiver. D'ailleurs comme les régions les plus ſeptentrionales reſſentent alors les effets de la préſence du Soleil ſur leur horiſon , les brumes

y font moins épaiffes , l'air y
eft moins condenfé ; les glaces &
les neiges font fondues en partie
& les caufes du froid n'y font plus
affez fenfibles, pour conferver quelque activité, étant tranfportées au
loin & dans des climats où le principe de leur affoibliffement fe développe avec tous fes avantages.

Mais un vent de nord peut quelquefois ramener au commencement
du printems, dans un climat d'ailleurs tempéré les rigueurs de l'hiver,
malgré les obftacles qu'il peut trouver dans les caufes générales dont
nous venons de parler ; il en eft
de même de la fin de l'automne.
Comme ces deux termes font plus
difpofés au froid qu'au chaud, par
l'ordre général des faifons relativement au lieu du Soleil : fi quelque
caufe nouvelle & analogue furvient
il ne fera pas extraordinaire que l'on
éprouve pendant l'automne & au
printems un froid plus vif & dès-
lors plus dommageable que celui de
l'hiver.

N iv

Ces effets ne font pas toujours généraux, & les vents fans rien changer à l'ordre des faifons, alterent confidérablement la température d'un climat particulier. Quoique dans le bas Languedoc il faffe ordinairement plus chaud qu'en l'Ifle de France ou en Normandie, il arrive cependant qu'en certaines années on reffent un froid plus vif à Montpellier qu'à Paris. Un vent de nord qui regne dans un de ces climats, pendant que le fud fe fait fentir dans l'autre, rend raifon de cette irrégularité qui eft très commune dans toute la partie de l'Europe qui s'étend du 45e degré de latitude au 55e. Ce ne font pas les vents de nord feuls qui contribuent à la rigueur des hivers, tous les vents ont le même effet quand ils parcourrent des terres chargées de neiges ou d'autres caufes de froid qu'ils portent plus loin : le vent de fud eft froid en certaines circonf-tances & relativement à certains pays, ainfi qu'on l'éprouve à Paris lorfque les montagnes d'Auvergne font couvertes de neige

La configuration des lieux occafionne encore des changemens dans la direction des vents, felon les obftacles qu'ils trouvent, qui les réfléchiffent & les amenent enfin au point de fouffler en fens tout à fait oppofé à leur direction d'origine, de forte que de nord ils deviennent fud, fans pour cela rien perdre du degré de froid qu'ils avoient d'abord; parce que ces vents ne font qu'un réflux du même air qui vient du nord, & dont les qualités n'ont pas été changées. En 1709 il gela à Paris auffi vivement par le vent du fud qu'ailleurs par le vent du nord. La denfité de l'atmofphère, le peu d'élévation des nuées & leur épaiffeur, peuvent tenir le courant de l'air fort bas, & le forcer à fuivre les inégalités des terreins & à fe replier, ainfi que les fources qui fuivent toutes les finuofités des vallons par lefquels leur cours eft dirigé.

N v

C'eſt donc dans les vents qu'il faut chercher la cauſe des viciſſitudes que l'on éprouve en toutes ſaiſons, dans les Zones tempérées, & ſurtout dans des latitudes auſſi avancées que les provinces du milieu & du nord de la France, où l'inconſtance de la température eſt égale à celle des vents. Il s'y mêle quelquefois d'autres cauſes particulieres qui viennent d'une évaporation plus ou moins abondante, de la nature des exhalaiſons qui ſe répandent dans l'air, de la poſition des terres, d'inondations extraordinaires : mais elles ne doivent pas entrer dans une Théorie générale, il ſuffira d'en parler relativement aux endroits, où des phénomènes de ce genre ont cauſé quelque révolution remarquable dans l'ordre des ſaiſons ou dans l'état de l'air.

Il paroît donc conſtant que les vents produiſent le froid de la maniere dont nous l'avons expliqué; & ce n'eſt pas lorſqu'ils ſoufflent de la plus grande violence que le froid

est le plus rigoureux ; ses causes se
répandent alors dans l'atmosphère,
où elles restent en quelque sorte
suspendues, tant que les vents sont
impétueux, par les frottemens qu'ils
excitent, & le mouvement qu'ils
entretiennent dans la masse de l'air.
On observe pendant les plus grands
froids que la gelée n'est jamais plus
vive que lorsque le vent se soutenant
dans la même direction, il diminue
de force : le vent fut beaucoup
moindre le quatre & le cinq Janvier 1768 que les jours précédens,
& le froid & la gelée beaucoup plus
violens, il en a été de même dans
les gelées des mois de Mars &
d'Avril de la même année. Il est
vrai qu'un vent vif & froid nous
est plus sensible & refroidit plus
nos corps, qu'un air qui n'est point
agité, & qui est à un plus haut degré
de froid. La cause de cette sensation
est dans nous mêmes : nos corps
naturellement plus chauds que l'air
tranquille qui les environne, échauf-
fent insensiblement une partie de
N vj

cet air, & par là ſe trouvent plongés dans une atmoſphère d'une chaleur ſouvent égale, ou peu inférieure à celle de nos organes. Or les vents empêchent cet effet, en changeant ſans ceſſe l'air de cette atmoſphère, qui par conſéquent eſt toujours au même degré que celui de l'air général : il eſt donc très-naturel qu'un air agité excite en nous une ſenſation plus vive de froid, qu'un air tranquille quoique refroidi au même degré, ſur-tout dans une température ſéche & ſereine ; car ſi l'air eſt denſe, humide & froid en même tems, alors il devient plus pénétrant & plus dangereux qu'un air plus froid en apparence & plus agité : c'eſt ce qui fait que les brouillards en hyver ſont plus nuiſibles à la ſanté que le vent quelqu'incommode qu'il paroiſſe. On s'habitue beaucoup plus difficilement aux brumes épaiſſes qui couvrent en cette ſaiſon l'Iſle de Terreneuve & le Cap-Breton qu'au froid vif & ſec du Canada. Ces brumes ſont la perte des équipages des vaisseaux qui y font expofés, & la caufe la plus prompte des maladies & fur-tout du fcorbut qui les détruifent : en quelques mers elles font fi pénétrantes qu'un voyage de moins de deux mois fuffit pour établir la contagion & faire périr la plus grande partie des équipages, ainfi qu'il arriva à M. Tchirikow Capitaine Ruffe qui tenta en 1741 de paffer au nord par les mers de l'eft.

Quoique le vent refte le même, & que les caufes du froid n'aient éprouvé aucune diminution, elle ne font cependant pas également fenfibles à toutes les heures du jour; quelque foit la température, le froid eft plus vif aux environs du lever du foleil, qu'en tout autre tems. La chaleur que fa préfence répand fur notre horifon ne fe conferve que quelque tems, la terre & l'air fe refroidiffent fur-tout en hyver depuis trois ou quatre heures après midi jufqu'au foir, & plus encore pendant la nuit. Cette difpofition dure même après le soleil levé , jusqu'à ce que cet astre dont l'action est très-foible lorsqu'il paroît à l'horison , ait acquis assez de force en s'élevant pour communiquer quelque chaleur à l'air & à la terre. C'est dans ces instans que la rosée où les brouillards du Printems, dont les fleurs & les herbes sont couvertes, se condensent & se glacent quoiqu'ils aient conservé leur fluidité pendant la nuit , & même après la naissance du jour : les premiers rayons du soleil en donnant un mouvement sensible à l'air, y répandent une fraîcheur plus grande , & c'est alors que le fluide ignée principe de la liquidité de ces vapeurs & de ces exhalaisons réunies venant à s'échapper, les particules salines & nitreuses se rapprochent, & forment sur les végétaux une croute de glace plus ou moins épaisse, dont la dissolution leur est funeste ainsi que nous l'avons expliqué plus haut. Ces phénomènes ne sont cependant pas si réguliers, que les vents n'y apportent des changemens remarquables ; il peut arriver que le froid foit plus fenfible à midi que le matin, fi le vent change alors les difpofitions de l'air.

Ce ne font pas les vents directs de nord & de fud qui produifent en France les variations extrêmes de chaud & de froid. Ceux de nord oueft, & de nord eft caufent le froid le plus piquant & le plus incommode. Les premiers fe chargent des vapeurs humides & glaciales, des exhalaifons pénétrantes, dont font formées les brumes épaiffes qui couvrent en hyver l'ancien Groenland, l'Iflande & les Ifles au nord'oueft de l'Angleterre. Ceux d'eft-nord-eft nous apportent prefque fans mélange l'air froid & fec de la Sibérie, par les plaines de Ruffie, la Hongrie, & le refte de l'Allemagne ; mais le vent direct du nord pour arriver en France ne paffe qu'un long trajet de mer, & ne fait en quelque forte que gliffer le long des côtes Orientales de l'Angleterre avant que de pénétrer en France par la Flandre

& la Normandie : il est moins froid parce que l'air de la mer même dans le voisinage des Pôles est plus doux & moins dense que celui des terres, à cause du mélange continuel qui se fait des eaux de ces mers avec celles des climats tempérés : les vapeurs qu'elles envoyent dans l'air diminuent sa densité & les causes du froid dont il est chargé. C'est par la même raison encore que les vents de sud-sud-ouest nous apportent par les terres d'Espagne l'air sec & brulant de l'Afrique sans qu'il soit adouci par la température que lui donneroit, l'évaporation de l'Occéan ou de la Méditerranée, s'il nous venoit dans une autre direction.

Ces observations générales que l'on peut regarder comme exactes, ne sont vraiment telles, que lorsque les saisons sont bien décidées, que le vent est fixé à une direction constante, & que la température est chaude ou froide. Mais il arrive souvent en automne & au printems

que plufieurs vents régnent enfemble, dans les différentes couches de
l'atmofphère, & que leurs diverfes
combinaifons donnent à l'air une
température mixte & indécife ; fa
pefanteur même varie alors d'une
maniere fenfible & très - promptement. La raifon en eft que les caufes
des vents locaux & particuliers étant
en très grand nombre, & diftribuées
dans tous les climats, fouvent à
toutes les hauteurs de l'atmofphère
où elles fe forment ; il en réfulte
que plufieurs de ces caufes agiffent à la fois, & qu'aucune d'elles
n'eft affez forte pour fupprimer les
autres. On conçoit que fi un vent
vigoureux comprend toute la hauteur de l'atmofphère, il régne abfolument feul, par la raifon qu'un
torrent impétueux entraîne dans fa
direction tous les courans d'eau qu'il
rencontre & qui font plus foibles
que lui. Mais les torrens Aériens
n'ont cette force qu'en hyver &
en été : alors ils impriment à l'air
un mouvement déterminé, ils y

établissent des qualités constantes qui subsistent & se font sentir sur-tout lorsque la rapidité du courant est calmée, ainsi que l'on en peut juger par les fortes gelées & les chaleurs vives que l'on éprouve après que les vents de sud ou de nord ont régné avec violence pendant un certain tems. En toute autre saison, il n'est pas rare d'observer des couches de nuages séparés & à différentes hauteurs courir chacune en sens contraires. Ces mouvemens opposés même avant qu'ils ne soient sensibles, causent dans l'atmosphère ces variations annoncées par le baromètre & le thermomètre long tems avant qu'elles ne se manifestent : ainsi on verra par un vent de sud chaud & humide dans son principe, le mercure s'élever dans le baromètre & l'air se rafraîchir, parce qu'un vent de nord qui commence à dominer en haut change la disposition de l'air avant que les nuages n'obéissent à sa direction, & que l'on puisse s'appercevoir de fon cours. Il en eſt de même des autres vents.

Si je ſuis entré dans quelques dé-tails ſur les rapports qu'ont en géné-ral les vents avec les qualités de l'air de nos climats & ſa température, c'eſt qu'il eſt évident qu'il ſont la cauſe la plus fréquente de ſes va-riations ; & j'ai crû qu'il étoit utile de traiter ici cette matiere relative-ment à la théorie de l'air : quoiqu'il ſemble qu'elle dût plutôt être placée dans le diſcours où je parlerai de l'origine des vents, & de leurs eſ-pèces différentes.

D'autres cauſes ſe combinent en-core avec les vents, & donnent des modifications accidentelles & loca-les à l'air. Les differens degrés de chaud & de froid que l'on éprouve dans nos provinces, dépendent beau-coup de leur ſituation, de la nature du ſol, de la poſition des montagnes. En général les montagnes contri-buent à réfroidir l'air, par le moyen des vents qui après avoir paſſé ſur leurs ſommets, ſe répandent dans les plaines : mais si elles présentent au soleil un côté concave, elle feront quelquefois l'effet d'un miroir ardent sur les terres qui sont au bas : c'est ce qui rend les chaleurs si vives dans quelques vallées dont les sommets sont toujours glacés, même dans les régions les plus avancées au nord, ainsi que nous l'avons observé au sujet du détroit de Weigatz, & des parties les plus septentrionales de la Norvege ; c'est ce que l'on éprouve d'une maniere bien plus sensible entre les Alpes & les Pirennées.

Pour ce qui est de la nature des terreins, on sçait qu'un sol pierreux, plein de sable & de craie, réfléchit presque tous les rayons du soleil & les renvoie dans l'air, tandis qu'un sol noir, gras & humide en absorbe la plus grande partie, ce qui fait que la chaleur s'y conserve plus longtems : les paysans qui habitent les marais à tourbes, sentent leurs pieds ardens sans avoir chaud au visage ; au contraire dans les ter-

reins fabloneux , à peine éprouve-
t'on quelque chaleur aux pieds , tandis que le vifage eft brulé par la
force de la reverberation. La pofition des nuées & leur forme contribuent encore au degré de la chaleur & du froid , & aux modifications de l'atmofphère, de même que
l'évaporation , & tous les autres
météores , ainfi que nous l'explique-
rons dans la fuite. Ce font ces caufes accidentelles qui rendent la température d'une province tout-à-fait
differente de celle d'une autre, quoique très voifines & placées dans les
mêmes paralleles.

§ X I.

Observations sur les qualités de l'air en France.

La température des diverses provinces de la France est si connue ; l'état actuel des choses a donné tant d'activité à l'agriculture, & le commerce, même celui d'exportation est si généralement établi, qu'il n'est pas à craindre que la salubrité de l'air dont elles jouissent, s'altere jamais par l'abandon où on laisseroit les terres, & le peu d'attention que l'on auroit à faciliter l'écoulement des eaux. Par-tout les forêts sont bien ouvertes, & il y en a peu d'assez épaisses, pour que l'air humide & stagnant s'y corrompe de maniere à répandre dans l'atmosphère des exhalaisons contagieuses. Il paroît que l'on n'y doit plus redouter que les intemperies accidentelles, qui peuvent dépendre de la constitution générale de l'air,

telles que les froids extrêmes, les
sécheresses nuisibles ou les humidi-
tés qui s'établissent après des pluies
trop abondantes ou trop longues.
Les inondations qui en font la suite,
peuvent causer quelque dommage
momentané, altérer la salubrité de
l'air : mais la promptitude avec laquelle on en prévient les effets, soit
en enlevant les matieres étrangeres,
& sujettes à se pourrir, dont les terres font chargées, soit en ouvrant
des canaux pour faciliter une issue
aux eaux répandues & stagnantes,
préviennent tous les inconvéniens
qui pourroient résulter de pareils
évenemens, chez des peuples moins
actifs, sous un gouvernement moins
soigneux, & dans un état qui eut
moins de ressources. Nous pouvons
donc assurer, sans être accusés de
partialité, que l'air de la France est
temperé, gracieux & fort sain ; qu'il
tient un juste milieu entre le grand
chaud & le grand froid que l'on
éprouve ordinairement dans les régions situées plus au nord ou au

midi. Il eſt même naturellement ſi ſalutaire, que l'on a toujours remarqué que ce royaume eſt moins expoſé à la peſte & aux maladies épidémiques, que la plûpart des autres contrées de l'Europe. Cependant il y a quelques phènomènes locaux & des ſingularités dignes de remarque dont nous allons dire quelque choſe.

La température de la Provence eſt ſi douce & ſi égale, qu'en hiver même on y voit des fleurs & des fruits de toute eſpece. L'air & le terroir n'ont cependant pas les mêmes qualités par-tout ; dans la haute Provence le ſol eſt fertile & produit abondamment des grains & des vins : on y voit des plantations immenſes de mûriers & d'oliviers qui ne redoutent que les froids extrêmes dont la violence ne ſe fait pas ſentir ſouvent dans ces climats délicieux ; l'air y eſt par-tout fort ſain. A ſix lieues nord-oueſt de Glandêve dans la paroiſſe de Peireſc eſt une caverne d'où ſort tous les ſoirs un petit vent qui augmente ſenſiblement juſqu'à

minuit ;

minuit ; il est probable qu'il est utile à ce canton , puisqu'il n'altere en rien la beauté de sa temperature. La basse Provence est un pays sec où l'air est excessivement chaud , & le seroit encore d'avantage , sans un petit vent semblable aux brises que l'on ressent aux Antilles , qui regne ordinairement depuis neuf ou dix heures du matin jusqu'au soir. Le sol aride est plus fertile en plantes odoriferantes de toute espece , qu'en grains ou en autres productions utiles. L'air y est par-tout très-bon , excepté dans les environs d'Arles où les exhalaisons sont fort dangéreuses pendant les chaleurs de l'été.

Le Dauphiné est comme on le sçait , le pays des merveilles de la nature ; elles sont si connues , que je ne m'arréterai pas à en parler ici , étant d'une espece à peu influer sur les qualités de l'air & sa température : il faut cependant excepter le vent Pontias qui est particulier au territoire de la petite ville de Nyons en cette province. Il sort du fond des

O

montagnes dont cette ville est entourrée, des vapeurs abondantes, qui
condensées & repoussées par d'autres vapeurs, qui s'élevent des vallons plus au nord, donnent naissance
à ce vent, toujours très-froid &
d'une violence extrême. Il commence à un quart de lieue au-dessus de Nions, & son cours qui suit
celui de la riviere d'Eignes, n'est
que d'environ quatre lieues ; jamais il n'en occupe plus d'une en
largeur. L'été l'affoiblit, & l'hiver le fortifie. En hiver il commence à se faire sentir dès les neuf
heures du soir, & ne s'appaise qu'à
neuf ou dix heures du lendemain :
il a bien moins de durée en été, car
ne paroissant qu'environ les trois
heures du matin, il cesse quatre ou
cinq heures après. Il ne souffle pas
à reprises comme les autres vents de
terre, mais continuellement & sans
relâche jusqu'à ce que les vapeurs
qui le produisent soient entierement dissipées. Si le vent de midi
s'oppose à sa course, sa violence
devient plus impétueuse, & cet en-

nemi femble augmenter en lui la force & le courage. Ses effets font de purifier l'air par le froid qui lui eft effentiel, & d'imprimer au fol des qualités bienfaifantes, toutes fes productions en font plus parfaites & fes fruits meilleurs ; les oliviers font plus féconds, & l'huile qu'on exprime de leurs olives eft excellente : s'il ceffe de fe rendre fenfible pendant quelque tems, ce qui eft fort rare, c'eft un préfage infaillible de ftérilité de la terre, ou de quelque épidemie dangereufe.

Il ne feroit pas étonnant que dans la même Province on fentit tout d'un coup un autre vent local & périodique, qui trouveroit fon principe dans une évaporation abondante, s'il pouvoit s'échapper des cavernes où il eft renfermé. La montagne du Sauze dans le vicomté de Tallard, a une ouverture ronde & affez étroite, par laquelle on entre dans un chemin fouterrain qu'on fuit pendant quelque tems, après quoi on fe trouve dans une vafte caverne, où l'on n'est pas plutôt entré, qu'on y est battu d'un vent impétueux & mouillé d'une pluie fort menue. Jusqu'à présent ce vent ne, s'est point échappé au dehors, quoiqu'il put prendre sa direction par le chemin qui mène à la caverne. Si jamais il faisoit quelque éruption il n'est pas douteux qu'il ne causa du changement dans les dispositions habituelles de la partie voisine de l'atmosphère ; on peut regarder comme une singularité que ce mouvement de l'air intétieur qui doit son existence à un principe caché de raréfaction, soit toujours à-peu-près le même sans exciter au dehors aucun phénomène que l'on ait remarqué. Au bas de cette montagne est le lac de Pelhotiers sans fond en quelques endroits, & couvert d'herbes & de gazons solidement unis, qui forment une prairie flottante sur laquelle on marche en sûreté & où les bestiaux vont paître. Si l'on enfonce aussi profondement qu'il est possible, un bâton dans ce

gazon, un moment après il eſt re-
pouſſé en l'air à perte de vûe : il
ſemble qu'entre ce maſſif de terre
& d'herbes, & la ſurface de l'eau
qui le ſoutient, il y ait un air fortement comprimé, & prodigieuſe-
ment élaſtique qui chaſſe ce bâton
avec violence, comme il arrive dans
l'expérience du mouſquet à vent. (a)

Dans le bas Languedoc, le pays
eſt naturellement ſec & l'air fort
ſain, à moins que les vents de ſud
& de ſud oueſt, ne faſſent refluer
ſur les terres les vapeurs qui s'é-
levent en abondance de la Méditerranée, qui répandent alors dans
l'atmoſphère une humidité dont il
eſt ſage de ſe garentir, ſur tout dans
les chaleurs de l'été, où mêlées
avec les exhalaiſons terreſtres, elles
forment ce ſerein ſi dangereux à
Montpellier, à Cette & dans tout ce
canton ; ce qui n'exige que quelques
précautions, & ne diminue en rien

(a) Voyages hiſtoriques de l'Europe. T. 1.

les agrémens de ce beau pays, ni la bonté de l'air que les Anglois regardent comme un remede certain contre la confomption. On a toujours vanté le féjour de Béziers comme l'un des plus agréables de la France, la falubrité de fa température, la fertilité de fes environs, leur afpect riant, ont fait dire que fi Dieu vouloit habiter en terre, ce feroit à Béziers : Pézénas & toute cette partie du Languedoc jouiffent des mêmes avantages. La pofition de Narbonne dans le voifinage des étangs & des marais n'eft pas auffi gracieufe : elle eft expofée à des pluies fréquentes, à des orages qui fouvent fe fuccedent pendant un long efpace de tems, ce qui doit altérer la pureté de l'air, & caufer des intempéries qui peuvent encore être occafionnées par les terres marécageufes & les amas d'eaux ftagnantes que l'on voit aux environs de cette Ville. Dans le territoire de Livières on trouve cinq abîmes d'eaux d'une profondeur extra-

ordinaire connus fous le nom d'Oé-
lials, leur mouvement eft de bas
en haut, & leurs bouillons jettent
affez d'eau pour former un canal
qui fe joint à celui de la Robine.
Le fol qu'environne ces gouffres
tremble fous les pieds de ceux qui
ont affés de hardieffe pour s'en approcher, on ne peut attribuer l'agitation de ces eaux qu'à une fermentation intérieure, dont les effets font
fuivis d'une évaporation abondante
& continuelle, qui fans doute eft
une des caufes des pluies fi fréquentes à Narbonne & dans tout fon
voifinage.

L'air feroit continuellement in-
feété par les eaux croupiffantes &
corrompues des marais, des foffés
& des bords des étangs près d'Aiguemortes, fi le Rhone & les rivieres
de Viftre & de Vidourle, qui n'ont
point de digues vers leurs parties
baffes, & à leurs embouchures,
ne couvroient quelque fois de leurs
eaux, & ne rafraichiffoient tout ce
terrein inondé. Tant que les vents

marins durent, les eaux de la mer entrent par le Grau du Roi, & viennent inonder tous les environs d'Aiguemortes, ce qui arrive à toutes les ſaiſons de l'année & ſur tout en été, tems auquel les rivieres ne ſe débordent preſque jamais, ce qui fait que dans cette ſaiſon les eaux corrompues infectent l'air. Il eſt vrai que depuis plus de trente ans, le Roi ayant ordonné d'ouvrir & de creuſer ce Grau, la corruption des eaux en été & en automne a été infiniment moindre, & l'air dès-lors beaucoup moins dangereux; avant l'ouverture de ce canal, les habitans d'Aiguemortes & du voiſinage avoient le tein pâle & livide, les fiévres en faiſoient périr un grand nombre : on s'eſt apperçu que ces accidens ont fort diminué.

L'intempérie cauſée par les eaux croupiſſantes & corrompues régne encore du côté de Mauguio, de Pérol & juſqu'à Frontignan. Pluſieurs villages le long des étangs & des marais, autrefois très-peuplés, font presque déserts , ce qui vient en partie de ce que le canal des étangs interrompt la communication des eaux & en arrête le cours : inconvéniens qui s'augmentent & fe multiplient à mefure que le nombre des hommes diminue : le peu qui refte préfere de courir tous les dangers de l'intempérie, à la peine d'ouvrir & de creufer les foffés néceffaires à l'écoulement des eaux, peut-être même n'y fuffiroit - ils pas. Les qualités de l'air de ce canton doivent être à - peu - près les mêmes que celles de la plaine déferte où coule l'Albula entre Rome & Tivoli. On voit dans cette partie du Languedoc , comme dans les prairies voifines de l'Albula , la terre & les plantes fe couvrir pendant la chaleur du jour au fort de l'été, d'un fel marin blanc & trèsvif, qui s'éleve à quelque hauteur avec les vapeurs de la mer & des étangs , & que fa péfanteur fait retomber enfuite affez promptement fur les plantes où il fe raffemble &

O v

forme une croûte qui reſſemble à la gelée blanche, mais plus compacte & plus tenace (*a*).

Tout ce pays jouit ordinairement en hiver du plus beau ciel ; on obſerve que lorſque les montagnes d'Auvergne & de Dauphiné dont les premieres ſont au nord, les autres à l'eſt du bas Languedoc, ſont également couvertes de neige, le vent du ſud n'y ſoufle preſque jamais, & l'on y jouit du tems le plus ſerein : la raiſon en eſt que l'air qui eſt autour de ces montagnes condenſé par le froid, & devenu plus péſant, tend vers le ſud où il ſe raréfie & forme par conſéquent un vent de nord. Le même effet arrive par la même cauſe quand les montagnes d'Auvergne ſont plus chargées de neige que celles du Dauphiné : mais lorſque ces dernieres en ſont remplies & qu'il n'y

______

(*a*) V. les Mémoires de l'Académie des Sciences. An. 1741.

en a plus fur les autres, alors le vent de fud fe fait fentir, l'air du nord ne lui réfiftant plus que foiblement ; c'eft la caufe pour laquelle le Languedoc a quelque fois des hivers humides & pluvieux.

Les vents caufent dans l'atmofphère de cette province des variations fenfibles, & des phénomènes remarquables, qui n'ont cependant point de tems fixé pour leur retour : en voici une defcription finguliere. Entre les Alpes & les Pyrénées, eft un détroit large de quatre à cinq lieues & long du double, ouvert de l'eft à l'oueft. A l'eft il regarde la méditerranée & les plaines du bas Languedoc où font Narbonne, Beziers & Montpellier, à l'oueft il eft tourné fur l'occéan & les plaines du haut Languedoc, où l'on trouve Touloufe, Montauban, Bordeaux. Ce détroit eft fait comme une efpéce d'entonnoir, fur tout du côté de l'eft ; ou dès fa fortie, les chaînes de montagnes s'étendent à droite & à

gauche, les Pyrenées vers le Rouf-
fillon & la Catalogne, les Alpes
vers le Gévaudan, les Cévennes,
le Vivarais & le Dauphiné : il eft
à-peu-près de même du côté de
l'oueft. Ce lieu eft le champ de
bataille ordinaire des vents d'eft &
d'oueft. Les jours de combat on
voit venir de loin des amas de
nuages qui fe ferrent & s'épaiffiffent
à mefure qu'ils s'approchent comme pour fe difputer le paffage : on les
voit fe choquer, fe mêler & comme fe pouffer mutuellement. Les
uns prennent le deffus, les autres
gliffent par deffous, d'autres s'é-
chapent par les côtés ; cependant le
Ciel s'obfcurcit, la pluie furvient
avec abondance, & tandis que ce
combat fe donne en haut, il régne
en bas un calme qui dure jufqu'à ce
que l'un des vents arrête l'autre, le
faffe rebrouffer, l'abbatte dans la
plaine & paffe par deffus : car on
remarque que celui qui a une fois
pris le haut, l'emporte à la fin &
fait difparoître l'autre. Lorfque l'a-

vantage de l'un des deux vents est décidé , & qu'il commence à s'établir dans la plaine , les nuages se divisent en deux , à droite & à gauche, de sorte qu'une partie s'en va coulant le long des Pyrenées , & l'autre le long des Alpes , où ils se résolvent en pluie , tandis que le vent descendant comme un torrent impétueux , se jette droit dans la plaine, balayant l'air & chassant les nuages devant lui ; c'est ce qui donne ces jours clairs & sereins, ces beaux soleils du bas Langue-doc (*a*).

Mais il en résulte aussi des vents impétueux , & quelquefois des séche-resses qui font grand préjudice aux récoltes , ou des inondations très nuisibles quand les nuages se fondent à l'ouverture des plaines qui sont aux deux côtés de l'entonnoir : on l'a éprouvé les dernieres années dans les différentes parties

(*a*) V. le Journal des Sçavans. 7 Juin 1688. Extrait de diverses piéces , envoyées par M. Bernier à Madame de la Sabliere.

du Languedoc , où l'on a eu alternativement de longues sécheresses précedées ou suivies de débordemens de rivieres occasionnés par les pluies excessives qui tomboient dans les montagnes. Cette grande province, riche, fertile & très peuplée tient en quelque façon le milieu entre les Zones Torride & Glaciale : les vents froids & secs en purifiant l'air de tems en tems font le remede des intempéries que les chaleurs produisent dans les climats où ils ne se font pas sentir : ainsi on peut regarder cette position comme l'une des plus heureuses de l'Univers : les Météores y occasionnent plus de phénomènes que dans les autres contrées de la France , parce que l'opposition du froid & du chaud, y est plus sensible : c'est un point de partage où ils se disputent l'empire de l'air, mais où le chaud l'emporte constamment sur le froid.

A laquelle de ces causes raportera-t-on le phénomène suivant qui est particulier à Libourne & au bord de la Dordogne sur laquelle cette ville est située ? On sait que le flux amene les plus gros vaisseaux dans son port, de tems à autre il vient de la mer un certain tourbillon d'eau de la grosseur environ d'un tonneau, qui sans être agité d'un grand vent remonte la riviere avec tant d'impétuosité qu'il renverseroit les plus gros navires, s'ils se trouvoient à son passage ; comme on entend le bruit qu'il fait de plus de trois lieues, & que ce tourbillon qu'on appelle Macaret suit toujours le rivage : les batiments se mettent au milieu de la riviere. Les canards même, & les cignes n'entendent pas plutôt ce bruit, qu'on les voit courir à terre pour se garentir de ces ondes roulantes. (a) Il est très probable que ce tourbillon qui sans doute monte avec le flux est occasionné par l'éruption d'un vent qui sort du fonds de la mer, à peu de distance de la côte, dont-il suit la direction

____

(a) Voyages Hist. de l'Europe T. I.

jusqu'à ce qu'il vienne se briser & s'anéantir contre quelque angle saillant des bords de la riviere qui l'arrête enfin dans son cours.

Dans tout le reste de la France on ne remarque plus de ces singularités frappantes & locales : les saisons & la température y dépendent des vents, de l'aspect des terres au nord ou au midi, & de leur élévation. L'air des plaines est moins vif & plus épais que celui des montagnes : les qualités des eaux repondent d'ordinaire à celles de l'air : les terreins inégaux entremélés de coteaux, de vallées, & de plaines font les plus fertiles ; les diverses expositions que cette variété leur donne, les rend propres à toutes fortes de recoltes. C'est ce que l'on éprouve heureusement dans plusieurs provinces de France sans que la température en soit pour cela moins agréable ; & comme cette disposition des terres est assez fréquente, on peut lui attribuer la fertilité générale de ce Royaume : celles sur-tout qui font tournées au midi de l'eft à l'oueft produifent en abondances les denrées les plus excellentes. Telle eft la fituation de ces coteaux délicieux qui bordent les plaines de Bourgogne dans lefquelles coule la Saone & qui fe continuent affez loin audelà de Lion, en fuivant les bords du Rhone; on en trouve d'auffi heureufes en Franche comté, en Alface, & dans quantité d'autres provinces.

Les intempéries font plus fréquentes dans les villes dont la population eft nombreufe que dans les campagnes, quoiqu'il regne quelquefois dans celles-ci des maladies contagieufes & locales qui paroiffent tenir aux difpofitions de l'air, puifqu'elles fe bornent à certains cantons & fe font fentir dans les lieux dont la pofition eft à peu-près la même, où le fol & les eaux ont des qualités femblables. Le foin que l'on prend d'en découvrir les caufes & de s'oppofer de bonne heure à leurs fuites, en diminue promptement les effets.

furtout fi elles ne font pas occafionnées par les qualités vicieufes des
alimens de neceffité premiere , dont
il faut que la confommation fe faffe
par un peuple hors d'état de s'en
procurer de plus fains , avant qu'une
nouvelle récolte ne vienne mettre
fin à cette efpèce de fleau. C'eft
un inconvénient que l'on peut éprouver par-tout, qui prend fon origine
dans l'état accidentel mais vicieux
de l'air & du fol , qui n'agit fur
l'efpèce humaine que médiatement
& par le moyen des denrées qui
ont été élevées. & nourries dans ce
fol & cet air corrompus. Il feroit
utile d'obferver les variations qui
donnent lieu à cette corruption,
peut-être que fans perdre les denrées , & en leur donnant une pré-
paration différente , on pourroit pré-
ferver ceux qui font forcés d'en ufer,
de leurs effets pernicieux. Je crois
même qu'il ne feroit pas fort difficile de faire dans chaque pays des
obfervations qui conduiroient à découvrir le tems où ces intempéries

commencent à s'établir. Il y a mille phénomènes sur lesquels on n'ouvre pas les yeux parce qu'ils sont presque toujours présens , & qui cependant serviroient utilement. On parle d'un lac dans le Duché de Vendôme, très remarquable en ce qu'il regorge d'eau pendant sept ans, & reste sec les sept autres années ; on y voit alors des cavernes extrêmement profondes & des précipices effroyables: on dit que les paysans des environs connoissent à certaines remarques sur la hauteur de l'eau, si les sept années de son absence seront abondantes ou stériles. Si ces observations sont justes ; elles ne sont que le fruit d'une longue expérience , qui a contraint de s'y arrêter. La source de la Lys en Artois au village de Lisbourg sert de baromêtre aux habitans : lorsqu'il doit pleuvoir l'eau qui sort du sein de la terre, charrie avec ses bouillons un petit sable qui la trouble entierement ; lorsqu'au contraire le sable retombe dans le fond

de la source & que l'eau se purifie
c'est un signe de beau tems. Ne
peut-on pas se former également
dans les autres provinces des points
d'observations propres à chacune
d'elles, même à leurs cantons différens, au moyen desquelles on pourroit prendre les précautions les plus
utiles. Que l'on n'attribue point ces
découvertes au hazard : ce que l'on
appelle hazard n'est qu'une suite de
la négligence que l'on a eue d'observer plutôt : on est surpris de trouver tout d'un coup la cause d'un
effet que l'on n'avoit jamais cher-
chée ; on regarde cette découverte
comme fortuite : si on eut sçu ap-
précier plûtot la valeur des proba-
bilités, & la vraisemblance des conjectures, on fut arrivé plutôt à la
vérité, & on auroit vû que ce que
l'on appelle hazard, tient surtout
en Phisique à des regles certaines,
& dès-lors n'est plus ce qu'on le
suppose.

Quant aux révolutions que peuvent causer dans l'atmosphère, les

orages plus ou moins fréquens ; les tonnerres, les grêles, les trombes, les tiphons de terre, & les autres phénomènes de cette efpèce, comme ils font purement accidentels, & qu'ils ne font pas plus communs à une province qu'à l'autre nous en parlerons dans les difcours qui auront raport à ces différens Météores.

C'eft ici le lieu de dire quelque chofe de particulier fur l'état de l'air à Paris & dans fes environs : cette ville eft fituée dans une plaine où font plufieurs collines, au 48e degré 50 minutes de latitude. Sa population immenfe, la quantité d'animaux qu'elle renferme, les fumiers & les immondices que l'on répand dans les marais & fur les terres des environs, rempliffent l'air d'exhalaifons qui le rendent plus épais & moins pur qu'il ne le devroit être ; inconvenient ordinaire à toutes les villes auffi grandes & auffi peuplées & qui altère néceffairement la falubrité de l'air. Mais le mouvement continuel qui s'y fait, la quantité

de fumées qui s'élévent de toutes
parts dans l'atmosphère, empêchent
que ce même air ne devienne stagnant & fort nuisible. Le fleuve qui
traverse la ville de l'est-à-l'ouest y
sert comme d'un ventilateur qui renouvelle & rafraîchit l'air dans son
centre. Les vents y contribuent encore d'avantage par leurs variations.
Le nord-ouest est celui qui y domine
le plus souvent, & il y est plus humide que par-tout ailleurs, parce
qu'il traverse le bois de Boulogne
à la porte même de Paris, du côté
d'où il vient : le sud est y est fort
rare : le sud'ouest s'y fait sentir plus
souvent & amène presque toujours
de la pluie : le nord-est qui est le
plus sec de tous les vents, y est le
plus chaud en été & le plus froid
en hyver, c'est le vent qui y rend
le Ciel le plus serein.

On a dit à ce sujet, que Paris sous
un Ciel pluvieux, toujours plus ou
moins chargé de nuages épais ou de
brouillards, est en tout tems enve-
loppé d'un air humide & grossier

occasionné par des pluies plus incommodes dans ses murs qu'aux environs, où elles entretiennent la fraîcheur & la beauté de la végétation, & que pour y jouir dans les deux saisons de quelques jours purs & sereins, il faut être ou brulé du soleil ou vivement pénétré par les vents du nord & de l'est. Pour peu que l'on ait habité à Paris on sçait par expérience que cette observation vraie. quelquefois, est sujette à beaucoup d'exceptions. Les quartiers les plus élevés de Paris, ceux où les rues sont larges & bien ouvertes, où l'air circule librement, jouissent d'une température relative à sa disposition générale. Il est même probable qu'avant que cette ville ne fut aussi peuplée qu'elle l'est actuellement, l'air y étoit beaucoup plus sain. On pensoit sous le régne de Charles V. que le climat de Paris étoit l'un des plus heureux de la France, & celui où la race des hommes étoit la plus belle & du meilleur tempéramment (*a*), cet avantage ne paroît plus être aussi particulier à ce climat qu'on le suppoſoit alors : ce qui peut venir de l'état du ſol même qui n'eſt plus à préſent ce qu'il étoit autrefois, de ſa culture, de la quantité d'engrais de toute eſpèce que l'on y répand, d'autres changemens, que les uſages qui ont varié ont inſenſiblement rendus dominants.

(*a*) On en peut juger par l'avis que donnoit à Charles V. l'Auteur du Livre *de recuperatione terræ ſanctæ*, inſéré à la fin du recueil intitulé *Geſtâ dei per Francos* ; il prétendoit que le Roi & le Dauphin ſon fils devoient habiter & faire leurs enfans à Paris ou dans les environs.…. *expediret dominum regem & ejus filium vivere in regno ſuo, etiam prope Pariſios liberos procreare ; ipſos ibidem naſci & nutriri, eo quod ille locus meliori conſtellationi cœli quam alia quæcumque loca, noſcitur eſſe ſubjectus : ex quo ſequitur ut hactenus viſum fuit, quod ibi generati & nati melius ſunt compoſiti, ordinati & complexionati, quam aliarum regionum homines.*

Ce

Ce qu'il y a de vrai c'est que la température de l'air de même que les vents changent fort souvent à Paris. Des observations faites pendant quarante années de suite, il résulte que les deux extrêmes du chaud & du froid y sont éloignés de 46 degrés. La liqueur du thermomètre descendit dans l'hyver de 1709 a quinze degrés au-dessous de la congélation ; en 1768 elle alla plus bas encore, elle a monté à 31 degrés au-dessus de ce terme, on l'a vue jusqu'à 36 dans quelques instans de chaleur passagere.

La mer qui est à trente lieues environ de cette ville, en diminue la chaleur ou le froid lorsque le vent vient de l'ouest. Ce vent apporte au centre de Paris, au bout du Pont-neuf un air pur & qui n'est point encore mêlé des exhalaisons de cette ville, parce qu'il y arrive d'une campagne fort ouverte. La quantité d'eau de pluie qui tombe dans cette ville est d'environ vingt pouces de hauteur moyenne. Le mercure est le plus souvent à Paris à 27 pouces 10 lignes, quelquefois un peu plus haut, il descend jusqu'à 26 pouces 10 lignes, & ordinairement il varie tous les jours, quelquefois même d'une heure à l'autre.

Ces variations du baromètre, des vents & du thermomètre supposent aussi de grandes variations dans le poids de l'atmosphère & dans la température de l'air, ce qui est un désavantage; parce qu'en général les changemens subits du tems rendent la vie plus courte en interrompant l'ordre régulier de la nature, & en changeant ses procédés. Dans tous les climats on observe que les vicissitudes de l'air sont la principale cause de la destruction des êtres vivants.

M. Malouïn dont nous suivons ici les observations, dit que malgré tous les inconvéniens que nous avons rapportés, l'air de Paris est assez sain, que ses habitans ne sont point sujets à avoir des maladies particulieres si ce n'est la noüeure ou la rachitis des enfans, & les fleurs blanches, maladies plus communes dans la capitale qu'ailleurs & qui tiennent plus aux mœurs qu'à la température. Il ajoûte que les maladies qui y régnent dépendent de la maniere de vivre, de la difpofition de l'air, de fon état qui eft celui de toutes les grandes villes auffi peuplées & du climat comme par-tout ailleurs. (*a*)

Nous n'avons rien à ajoûter ici à ce que nous avons dit plus haut fur la couleur des François ainfi que des autres peuples de l'Europe, fur leurs taille & leur conformation extérieure : mais remarque-t'on encore parmi eux des traits originaux qui puiffent prouver leur defcendance des anciens Gaulois qui habiterent les mêmes provinces où nous vivons, qui refpirerent le même air ? Le climat a-t'il confervé fon

---

(*a*) V. les Mémoires de l'Acad. des Sciences an. 1754. p. 495.

effet sur les hommes de notre siécle tel qu'il étoit il y a deux mille ans ? Je ne déciderai rien à ce sujet, je ne ferai que préſenter quelques objets de comparaiſon, quelques anciens uſages auxquels nos mœurs paroiſſent encore tenir, malgré les changemens qui ont formé inſenſiblement d'autres hommes, en établiſſant une maniere de vivre tout-à-fait différente, & qui ont bien altéré, s'ils n'ont pas réduit à rien les effets naturels du climat.

Il eſt très certain que la nation Gauloiſe n'a jamais été détruite ; que les Romains, les Francs & les autres nations étrangères qui en firent ſucceſſivement la conquête, s'allièrent avec elle, & adopterent en partie ſes mœurs & ſes uſages.

Dès le tems de Céſar on ne connoiſſoit que deux rangs diſtingués dans les différentes Cités ou Républiques des Gaules ; celui des Prêtres ou Druides, & celui des Nobles ou Chevaliers : le gros du peuple étoit regardé comme une multitude d'eſ-

claves qui ne pouvoit rien par elle
même, qui n'entroit pour rien dans
le Conseil de la nation : que la quantité de ses dettes, le poids des impôts ou la violence des grands ré-
duisoient à un état de misère auquel
la servitude étoit préférable. (a)
C'est-à-dire que le peuple pour jouir
de quelque tranquillité se mit sous
la protection des Seigneurs voisins
qu'il paya par ses services, à la volonté de ses protecteurs : ce qui paroît avoir été libre originairement
de la part du peuple, & qui dans
la suite dégénéra en titre de propriété pour les Seigneurs, auxquels
il appartint au même droit que les

(a) *In omni Galliâ eorum hominum qui
in aliquo sunt numero atque honore, genera
sunt duo : Nam plebs pene servorum habetur
loco, quæ per se nil audet & nulli adhibetur
consilio ; plerique cum aut ære alieno aut mag-
nitude tributorum aut injuriæ potentiorum
premuntur, sese in servitutem dicant nobili-
bus : sed de his duobus generibus alterum est
Druidum, alterum Equitum......* Comment.
de Bel. gal **L. 6. c. 4.**

esclaves étoient aux Romains. Quoiqu'il y ait toujours eu cette différence que le peuple dans les Gaules portoit les armes, alloit à la guerre & jouissoit d'un état que les Romains n'accorderent jamais à leurs esclaves, que forcés par les circonstances: ils n'étoient pas renfermés comme à Rome dans la maison du maître, ils avoient chacun leur habitation particuliere, mais ils ne possédoient rien propriétairement, & insensiblement le joug de la dépendance fut appésanti au point qu'ils ne purent même pas disposer de leurs enfans, qui appartenoient au maître, Les choses resterent dans cet état jusqu'au tems de l'établissement des communes, lorsque l'usage d'affranchir les serfs prévalut : ce qui commença dans le onziéme siécle, & fut si avantageux au Prince & aux sujets que bientôt il n'y eût plus de servitude réelle ; le droit de main morte qui subsiste encore dans quelques provinces, n'en étant qu'un reste auquel, les loix permettent de

se souftraire en obfervant les for-
malités prefcrites. Ce ne font donc
pas les conquérans qui établirent la
diftinction des ordres dans la République : ils étoient fixés de tems
immémorial ; la foumiffion des peuples fut volontaire dans fon origine,
elle devint forcée par des abus , que
la Juftice des Rois réforma & dont
il feroit à fouhaiter, pour l'honneur
de la nation, qu'il ne refta plus de
veftiges.

Les Gaulois étoient blancs comme ils le font encore, de haute taille,
forts , courageux , vifs , entreprenans, ils formerent des établiffemens
dans toutes les parties du monde
connu de leur tems : mais qui n'eurent de folidité que dans les régions
où ils trouverent peu de réfiftance.
Les obftacles les rebutoient aifément : l'ardeur de leur premier effort étoit à craindre ; fi l'on y ré-
fiftoit , rien n'étoit plus aifé que de
les faire changer de réfolution : on
ne doit pas s'en étonner ; leur activité naturelle les portoit à entre-

prendre sans projet formé , sans intérêt connu ; c'étoient les circonstances qui les décidoient & d'ordinaire ils ne tenoient jamais de conseil qu'au moment de l'action & toujours avec précipitation.

Leur teint dépendoit du climat, leur taille & leurs forces répondoient à la salubrité de l'air, & à la maniere dont ils étoient élevés : on les accoutumoit dès l'enfance à la sobriété la plus exacte : des alimens communs & pris en petite quantité devoient leur suffire : on ne leur accordoit que le nécessaire, aussi étoit-ce une espèce de honte parmi eux que d'avoir trop d'embonpoint. Il y avoit dans les lieux d'exercice une ceinture à laquelle on mesuroit de tems à autre la taille de la jeunesse ; ceux pour qui elle se trouvoit trop étroite, étoient punis publiquement. C'étoit sans doute un excès de rigueur , & on étoit bien à plaindre d'avoir alors de ces heureux tempéramens , qui tournoient en sucs nourriciers & en

un bel - embonpoint les alimens
les plus communs & les moins
fucculents.

Par ces foins continués affez long-
tems, le tempérament fe fortifioit,
les idées de luxe & de volupté, ne
fe préfentoient point trop tôt à la
jeuneffe, elle avoit le tems de croître
& de devenir forte & grande avant
que de rien faire qui put l'énerver.
La beauté de la taille, & la force
du corps étoient un mérite réel parmi les Gaulois, c'étoit une honte
que de s'en priver, par un ufage pré-
coce des plaifirs qui étoient réfervés
à un âge plus formé : il étoit honnête & d'ufage de refter long-tems
dans l'ordre des enfans, & on regardoit comme une infamie puniffa-
ble d'avoir eu commerce avec les
femmes avant l'âge de vingt ans.

Les jeux & les exercices de la
jeuneffe foutenoient encore le but
de l'éducation. Son divertiffement
ordinaire étoit de fe dépouiller de
fes habits & de fauter en cadence
au travers des épées nues & des ja-

velots armés de fers pointus & tran-
chants : comme les mouvements
devoient être prompts, il n'y avoit
que la justesse du coup d'œil, la légereté du corps & la précision qui
pussent empêcher qu'on ne se blessa.
D'abord on ne vit dans cet exercice
que l'utilité qui pouvoit en revenir
à la jeunesse en l'accoutumant de
bonne heure à manier les armes, à
porter des coups & à les parer. Les
peres intéressés aux progrés de leurs
enfans venoient en être les témoins,
& dans la suite ces jeux devinrent le
spectacle ordinaire de la nation. Ce
n'étoit que là qu'on voyoit les enfans, ils ne paroissoient pas ailleurs;
ils restoient dans l'intérieur de la
maison : il n'eut pas été honnête à
un pere d'avoir son fils à son côté
avant qu'il eut atteint l'âge de porter les armes & de servir l'état :
c'étoit alors seulement que les jeunes gens étoient reçus au rang des
citoyens & qu'ils jouissoient des priviléges de la nation.

On retrouve dans ce que je viens

de rapporter l'origine des tour-
nois & des joutes qui furent si long-
tems l'exercice le plus brillant, le
plus solemnel des François les plus
distingués & même des Princes &
des Rois. L'ostentation de force &
d'adresse dont les guerriers firent
parade dans des tems postérieurs, à
ces sortes de jeux, étoit une suite de
ce qui se passoit avant que les armes à feu fussent connues. Comme
alors on se battoit souvent corps à
corps il étoit utile de pratiquer des
exercices qui entretenoient une vigueur & une souplesse nécessaire, &
qui étoient si bien le partage de
tous les anciens François, qu'on les
conservoient dans tous les états. Ne
voyoit-on pas autrefois les évêques
& les prêtres payer de leurs personnes dans les combats ? Dans les
guerres d'outremer, un prêtre
Champenois, de la suite à ce que je
crois du Sire de Joinville, dont il
étoit aumonier, alloit se mettre seul
en embuscade & attaquer le sabre
la main les postes avancés des Sar-

rafins, avec tant de succès qu'il n'é-
toit connu parmi les Croifés que
fous le nom du brave prêtre. Infenfiblement ces exercices moins néceffaires ont paffé de mode, on en
eft venu à ne faire pas plus de cas
de la taille que de la force, & on
n'a pris aucune des précautions anciennes pour les conferver.

La chaffe étoit en tems de paix
l'exercice favori d'une nation militaire: elle eft l'image de la guerre,
elle fortifie le corps & l'accoutume
aux fatigues qui en font inféparables;
on peut même dire qu'elle donne du
courage & qu'elle forme à la bravoure; c'étoit donc l'occupation qui
lui convenoit le mieux, l'état du
pays devoit en entretenir l'ufage.
Les Gaules étoient alors couvertes de
bois immenfes qui fe joignoient: la
forêt Noire, les Ardennes, les grandes forêts de Flandres communi-
quoient à celles de Champagne, de
Picardie, de Lorraine, de Bourgogne & d'Auvergne: elles étoient
peuplées de bœufs fauvages d'une

grandeur démesurée, de cerfs & de sangliers, qu'il étoit périlleux d'attaquer & difficile d'abattre. Mais la gloire égaloit le danger, & les jeunes gens qui rapportoient à l'assemblée plusieurs massacres de bœufs & de cerfs étoient reçus avec distinction: on les regardoit comme des citoyens sur le courage desquels l'état pouvoit compter : les cornes & les bois de ces animaux servoient à orner les portes & les appartemens: & les chasseurs trouvoient dans ce gibier une nourriture qu'ils aimoient de préférence à toute autre.

On ne chassoit pas toujours, on jouoit quelquefois, & avec tant d'acharnement que lorsqu'un Gaulois avoit perdu tout ce qu'il possédoit, il jouoit sa personne, & si le dez lui étoit contraire, il se livroit sans résistance à celui qui l'avoit gagné ; il se laissoit lier & vendre comme un esclave. Peut-être y avoit-il de la honte à avoir poussé si loin la fureur du jeu, même à avoir gagné, & pour n'y plus penser, le perdant étoit vendu. Cet usage est barbare, il déshonore la nation qui l'a toléré, il est difficile de se persuader qu'il fut bien répandu, eu égard à la générosité & à la franchise Gauloises : mais c'étoit dit-on, la coutume, & c'est bien à ce sujet que l'on peut dire que les usages les plus contraires aux vertus nationales, & les opinions les plus bizarres, n'exigent ni preuves ni raisons pour être admises : il ne faut que familiariser l'esprit avec elles, & on ne les trouve plus étranges. Il en est comme des modes dont la plupart paroissent ridicules, jusqu'à ce que les yeux y soient faits.

Qu'il y a loin de cette coutume, à la maniere dont l'hospitalité étoit exercée dans les Gaules ; avec quelle générosité & quel empressement on recevoit les étrangers & les voyageurs! ils pouvoient parcourir tout le pays sans crainte d'être insultés, sûrs de trouver partout le meilleur accueil : on ne les laissoit sortir que lorsque les provisions étoient épuisées, & alors on avoit soin de les conduire

dans une autre maison où ils recevoient le même traitement. La curiosité des Gaulois pouvoit les fa-
tiguer, mais elle ne diminuoit rien
à leur bonté naturelle. On ne trouve
plus de traces de ces vertus antiques
que parmi quelques nations regardées comme barbares par les peuples
policés, qui les ont perdues à mesure
qu'ils se font plus éloignés de la
simplicité de la nature, & des loix
de la droite raison, qui inspire que
tous les hommes font égaux entr'eux.

On voit les Gaulois, dit Diodore
de Sicile, par une parole qui les
choque pour la plus légére occasion
troubler la paix & la joie de leurs
festins, & les quitter pour en venir
à des combats singuliers, où ils s'immolent réciproquement au plaisir de
se venger. Voilà bien l'origine des
duels dont la passion s'est soutenue si
long-tems, malgré les loix les plus
rigoureuses ; actuellement elle est
moins de goût que de préjugé, &
il est à présumer qu'insensiblement
elle s'anéantira.

Cependant le point d'honneur est encore au fond du cœur des François, on déguise les affaires, on adoucit les noms, mais c'est toujours le même esprit qui regne parmi ceux qui ont conservé les vrais sentimens nationaux; il regne surtout dans les troupes, quoiqu'il se cache pour opérer. Les souverains pour ramener leurs sujets à une sorte d'égalité, ont diminué les droits & les priviléges de la noblesse, mais les prééminences du rang subsistent, & l'ambition des François est toujours tournée de ce côté-là. La plus brillante fortune est imparfaite, si elle n'est rehaussée de l'éclat de la noblesse. Bien-tôt elle deviendroit dominante dans l'état, si la plûpart de ces nouveaux annoblis ne retomboient dans l'état obscur d'où un caprice de la fortune, & un instant de faveur les ont tirés.

Je me rappelle encore d'avoir lu quelque part, que lorsqu'Annibal se disposoit à passer le Rhône pour entrer en Italie, les Romains envoye-

rent des Ambassadeurs à la nation
Gauloise pour lui intimer sous peine
de l'indignation du sénat, & de la
vengeance de la république, de s'op-
poser à ce que l'armée Carthaginoi-
se passa sur ses terres. On prétend
que nos bons ayeux, qui ne connoissoient encore Rome que par les
victoires qu'ils avoient remportées
sur elle, regardèrent ces ordres
comme une forfanterie dont ils firent
si peu de cas qu'ils les tournèrent
en ridicule, & ne donnèrent aux
Ambassadeurs pour réponse, que des
chansons. Ce fait bien prouvé ne
laisseroit aucun doute sur l'origine
des François : de tous les anciens
usages ce seroit le mieux conservé :
le vaudeville, dans les sujets les plus
graves comme les plus plaisans ,
trouve sa place, & la nation toujours
gaye chante ses malheurs comme ses
succès.

César & Tacite s'accordent sur
le respect qu'avoient les Gaulois
pour le mariage. Ils sont, disent-ils,
presque les seuls des Barbares qui

n'époufent qu'une feule femme, à
l'exception des principaux d'entr'eux
qui par un privilége particulier à
leur rang, peuvent en avoir plufieurs : coutume qui venoit fans
doute de l'amour de la nation pour
fes chefs, qui, defirant de voir leur
poftérité fe multiplier, crut en trouver le moyen dans la poligamie.
Mais on ne voyoit jamais ces femmes à aucune affemblée que le jour
que fe faifoit leur mariage : le refte
de leur vie étoit employé au foin
intérieur de la maifon d'où elles ne
fortoient plus, & à veiller fur les
premieres années de l'éducation de
leurs enfans : elles ne connoiffoient
ni les jeux, ni les feftins, ni les
fpectacles : quels plaifirs y auroient-
elles trouvé! Des fpectacles prefque
toujours fanglans ; des jeux pouffés
à outrance ; quelques converfations
politiques entre les nationaux ou
avec les étrangers ; des chaffes auffi
périlleufes que fatiguantes, étoient les
occupations ordinaires de leurs maris : il n'eft pas étonnant qu'elles n'y

priffent aucune part, & quoiqu'elles
ne connuffent que leur famille, l'em-
ploi de leur tems n'en étoit pas moins
effentiel au bien général de la nation.
On n'avoit pas encore imaginé
qu'elles duffent entrer dans les affaires
générales de la fociété, en faire l'a-
grément & les délices. Ces ufages
font encore les mêmes par-tout où
les inftitutions primitives fe font
confervées ; il y a moins d'un fiécle
qu'on les auroit reconnus dans nos
provinces éloignées de la capitale :
ils y étoient en honneur, aujour-
d'hui ils feroient ridicules. Le luxe,
les richeffes étrangères, une nouvelle
manière de faire la guerre, changè-
rent toutes les coutumes nationales,
& établirent d'autres mœurs : l'hiftoire nous apprend combien il en
couta aux maris dont les femmes furent les premieres jugées dignes de
paroître avec éclat dans le monde &
de donner un nouveau ton à la fociété : on fçait à quel excès de vengeance ils fe portèrent, lorfqu'ils
n'eurent plus à redouter la puiffance

à laquelle ils avoient été contraints de céder. On a chanté leur jalousie barbare, & le malheureux sort de leurs femmes trop aimables & trop tendres.

Je ne m'arrêterai point à détruire les imputations d'ivrognerie & d'autres vices plus détestables encore, que quelques écrivains Grecs ont faites aux Gaulois. Si ces abominations ont jamais eu lieu dans les Gaules, ce n'a été que parmi les colonies Grecques qui s'établirent sur nos côtes méridionales & y apportèrent les goûts dépravés de leur pays.

Il seroit possible de rassembler beaucoup plus de faits qui serviroient à nous persuader que l'on reconnoit encore dans nos mœurs & dans nos usages quelques traits de ressemblance avec ceux des Gaulois, qui paroissent tenir au climat & à l'air que nous respirons : si on ne trouve plus que des traces confuses de la plûpart & dans une grande altération, c'est que quantité d'inventions modernes, un luxe plus grand une autre maniere de vivre, un gouvernement devenu monarchique de républicain qu'il étoit, ont succeſſivement changé la face des choſes. On peut penſer ſur les François comparés aux Gaulois, ce que Tite-Live dit des colonies de cette nation établies en Aſie. Les Gaulois après une ſuite d'avantures fatiguantes, de guerres avec mille peuples barbares qu'ils eurent à combattre dans des climats rigoureux, excédés de peines & d'incertitudes ſur l'objet de leurs eſperances & de leurs entrepriſes, ſe trouvèrent tout d'un coup dans une terre abondante en tout, ſous le plus beau ciel, avec des naturels dont la douceur & la tranquillité étoient diamétralement oppoſées à l'humeur guerriere & intraitable de tant de nations parmi leſquelles ils s'étoient ouvert un paſſage les armes à la main. Toute cette férocité qu'ils y avoient apportée s'adoucit tout d'un coup, ce furent d'autres hommes qui ne penſèrent plus qu'à jouir tranquillement des délices de leur ſituation nouvelle, & dont les forces s'énerverent dans le repos, où ils perdirent jusqu'au souvenir de leur origine (a).

Quand à nous le climat n'a pas changé : mais l'induſtrie, le commerce, la puiſſance de la nation, y ont tranſporté inſenſiblement, les mœurs, les agrémens, les douceurs des plus beaux climats de la terre, & on peut dire que ceux qui ont été le plus à porté d'en jouir ont conſervé le moins de reſſemblance avec les Gaulois (b). Ce qu'un écrivain

(a) *Sicut in frugibus, pecudibuſque non tantum ſemina ad ſervandam indolem valent, quantum terræ proprietas, cælique ſub quo aluntur mutat...... Duratos eos tot malis exaſperatoſque (Gallos) accepit terra quæ copia rerum omnium ſaginaret uberrimo agro, mitiſſimo cælo, Clementibus accolarum ingeniis, omnis illa cum qua venerant manſuefacta eſt feritas....* Tit. Liv. Lib. 38. Cap. 7.

(b) On peut conſulter ſur les mœurs & les uſages des Gaulois les auteurs ſuivans. *Tacit. de Moribus German.... Cæſ. de Bel. Gal. lib. 6. diod. ſic. lib. 5. & 6. Pomponius Mela. lib. 3.... Strabo in deſcript. Gal. l. 4. Tit. Liv. lib. 38. c. 17. Athenæi lib. 4. c. 13 &c.*

ingénieux vient d'inférer à ce sujet dans une feuille périodique me paroit si vrai & si lumineux, que je n'ai pas cru pouvoir mieux terminer cet article qu'en citant ses propres termes. On cherche quelquefois, dit - il, la cause de la diversité que l'on remarque dans le génie, dans les caractères d'hommes nés sous le même ciel que nous : elle provient sans doute en partie de l'organisation naturelle qui differe tant parmi les hommes; en partie de l'éducation & des impressions de l'enfance. Mais comme il n'est pas moins probable que l'organisation se transmet à un certain point avec le sang : la connoissance de nos origines peut faire au moins soupçonner la cause de cette grande diversité. En effet nous sommes actuellement tous François : mais sommes-nous la postérité des Celtes ou des Gaulois qui occupèrent ce Royaume ; des Grecs qui y envoyèrent des colonies, des Romains qui après y avoir fait très-long-tems la guerre s'y ſont établis ; des Goths & des autres peuples du nord qui en ont envahi les contrées, & y ont fait auſſi des établiſſemens : des Francs ou des peuples d'Allemagne qui en ont fait la derniere conquête ? Nous ſommes en un mot un mélange de peuples barbares très-différens, venus du nord & du midi. Ainſi quoiqu'à force de greffer les ſauvageons on change entièrement les eſpeces ; qui peut nier que la force du ſang n'ait pu conſerver parmi nous, des Goths, des Vandales, des Lombards, des Gaulois, des Romains, des Grecs : par là tout s'explique à merveille & cette ſpéculation peut être de quelque uſage dans la ſocié-té. On pourroit la pouſſer plus loin encore, & trouver dans l'état actuel des mœurs, le principe de mille autres bizarreries relatives aux deſcendances qui n'ont plus rien d'étonnant dès qu'on peut en ſoupçonner l'origine.

Quoiqu'il en ſoit, on peut dire encore avec le célèbre de Thou que

la

la France parmi toutes les nations
peut se glorifier de l'heureuse température de son climat & de ses esprits, qui ne produisent point d'effets bisarres ou trop marqués dans le
phisique ou dans le moral. Les étrangers s'accordent tous à penser & à
dire, qu'elle a répandu les graces,
la douceur & l'esprit de société dans
toute l'Europe... Paris est encore
l'école de l'Europe, comme Athènes l'étoit autrefois de la Grece &
de Rome. La ville d'Athènes, disoit
un de ses Ambassadeurs au sénat de
Sparte, est ouverte à tout le monde;
ses jeux & ses sacrifices durent toute
l'année; elle compte plus sur sa valeur que sur les ruses & les strata-
gêmes: sa jeunesse n'est point endur-
cie par des exercices au-dessus de
ses forces: on y juge bien des affaires & on en discoure de même:
on y connoit sa douceur des plaisirs
& on n'y redoute point les périls de
la guerre: un Athénien a de la
disposition à tout faire avec justesse
& avec agrément... Que de traits

de ressemblance ! sans la découverte
du nouveau monde, Paris seroit ce
que fut Athènes dans ses plus beaux
jours.

§ XII.

Température des Alpes.

LES Alpes qui bordent la France
dans toute sa longueur du sud à
l'est sont occupées par la Savoïe
& la Suisse. La température de l'air
y est en général très saine, plus froide que chaude & moins sujette aux
variations que celle des pays situés
dans la plaine qui s'étend au nord.
La Savoïe est assez peuplée eu égard
aux qualités du sol & à son peu de
fertilité naturelle. On est étonné de
trouver dans cette chaine de montagnes si escarpées, des villages
considérables & assez voisins les uns
des autres ; une industrie simple &
grossiere, fait que les terres y produisent presque assez de grains pour

la nourriture des habitans. Ils portent les eaux dans toutes les terres
cultivées, à quelque hauteur qu'elles
foient, par le moyen des canaux artificiels qu'ils font avec de grands
fapins creufés; ainfi ils entretiennent
la fraicheur & la fécondité dans un
fol fec & léger que les premiers
rayons du Soleil auroient bien-tôt
rendu tout à fait aride s'il ceffoit
d'être arrofé. Les montagnes qui
ont quelque pente & une certaine
largeur, font divifées en terraffes
cultivées depuis leur pied jufqu'aux
rochers qui en couronnent les fommets; le refte fournit des paturages
abondans où l'on tient les beftiaux
depuis la fin du mois de Mai jufqu'environ le quinze de Septembre.
Il y a quelques contrées de la Savoïe fi froides furtout dans la haute
Maurienne, que les grains n'y font
murs qu'au mois d'Août, il faut en
faire la récolte, labourer & femer
les terres dans l'efpace de trois femaines à-peu-près. Au delà du huit
Septembre on ne peut plus compter

ſur une ſaiſon favorable. Souvent les neiges commencent à tomber dès ce tems , & couvrent la campagne dont elles interrompent tous les travaux.

Les environs de Chambéri jouiſſent d'une température plus douce: cette ville eſt ſituée dans un vallon entouré de toutes parts de hautes montagnes excepté au midi , où il eſt ouvert juſqu'à la riviere d'Iſere qui le borde de ce coté. Cette expoſition favorable fait que l'on y cultive des mûriers qui réſiſtent à la rigueur des hivers : mais la ſoie que produiſent les vers qu'ils nouriſſent , eſt plus groſſiere que celle du Dauphiné & plus on avance dans la montagne moins elle a de qualité. On a planté de ces arbres partout où ils ont pu croitre. Un peuple pauvre mais induſtrieux & honnête ne néglige aucune des reſſources de la nature qui peuvent lui procurer quelque aiſance. Le coteau de Montmélian tourné au ſud , eſt dans la plus heureuſe expoſition de la Savoïe, il est couvert de vignes qui produisent en abondance du fort bon vin : l'air y est aussi sain que sur les montagnes les plus élevées, mais il est beaucoup plus doux. Comme le pays va toujours en s'élevant à mesure que l'on avance dans la Maurienne, les terres y sont moins fertiles, parce que le climat est plus froid, quoiqu'on y prenne les plus grands soins pour leur culture. De tems en tems on passe par quelques vallons assez riants & bien cultivés, où les collines basses sont peuplées de tous les arbres à fruit qui peuvent resister à la longueur des hivers. Les habitans de ces montagnes trouvent quelque dédommagement dans la bonté de leurs pâturages, où ils nourrissent beaucoup de vaches qui leurs fournissent d'assez bon fromages, dont ils font un commerce utile avec le Piémont.

La Tarentaise & le Duché d'Aoust ont une température semblable à celle de la Maurienne. La ville d'Aoust située dans une petite plaine coupée de plusieurs ruisseaux qui coulent des montagnes voisines, est environnée de villages & de chateaux qui forment un spectacle riant & animé. La salubrité de l'air, & la beauté agreste de ce lieu déterminerent les Romains à y envoyer une colonie sous l'Empire d'Auguste qui fonda cette ville, où il reste encore quelques monumens de leur magnificence & de leur luxe. En tirant de l'est au nord ouest, les sommets des Alpes sont moins resserrés les uns contre les autres, ainsi le Chablais, le Faucigni, & la partie de la Savoïe qui avoisine Genève qui en est un démembrement, sont plus fertiles & susceptibles d'une culture plus avantageuse que le reste du pays. Du centre de ces vallons agréables auxquels les Alpes servent de boulevards, on voit leurs masses inégales terminer une perspective immense : les unes cachent leurs sommets dans les nues, & ne sont que rarement découvertes : les autres semblables à des colomnes isolées, hautes & droites entre lesquelles croiffent des fapins encore plus hauts, retracent par leur ftructure singuliere, & leur inégalité, l'idée des ruines de ces fuperbes batimens antiques, dont on trouve encore les modeles originaux en Italie & en Grece. Les chemins ferpentent dans ces hauteurs à travers les amas de roches & les forêts de fapins ; c'eft dans ces montagnes que l'on s'apperçoit de l'effet des gelées, de la fonte des neiges , & de la chute des eaux , par les éboulements prodigieux qu'y occafionnent ces caufes combinées enfemble. Ils fe font ordinairement à la fin du printems , lorfque la neige en fondant a détrempé à une grande profondeur les terres & les roches calcinées qui les foutiennent. Les habitans du pays appelent lavanches , les torrens formés de neiges fondues , de terres délayées, de fables & de quartiers de roches qui coulent enfemble du haut des montagnes, en volume affez confidérable , pour couvrir des villages entiers, arrêter le cours des rivieres ou le détourner : on en trouve partout des vestiges dans la Maurienne, où les neiges sont plus abondantes, les montagnes plus élevées & les vallons plus étroits. En descendant du Mont-Cenis à la Novalèse on y voit les restes effrayans d'une de ces lavanches: les quartiers de pierre & de roches brisées, mélés de sables & de terre couvrent près d'une demie lieüe quarrée & ont comblé tout le vallon : cette vue donne l'idée d'un horrible bouleversement. C'est bien pis encore quand, pendant le fort de l'hiver, il se détache du sommet de ces roches escarpées des masses énormes de neige: elles roulent avec un bruit effrayant qui donne une commotion sensible à toute l'atmosphère, & elles couvrent subitement des villages entiers qu'elles accablent de leur poids, sans que les habitans & les troupeaux surpris ayent aucun moyen de se soustraire à une mort affreuse.

Quoique l'air dans toute la Savoïe soit d'une salubrité reconnue, que les denrées que l'on y receuille soient bonnes & saines ; cependant le sang en général n'y est pas beau. La race des hommes est petite surtout dans la campagne : plusieurs même sont rachitiques. On y voit des espèces de nains qui ont la tête très grosse, les jambes & les cuisses torses & courtes, le corps épais plus large que haut : mais un très grand nombre portent des goîtres d'une grosseur énorme, ils sont laids, & cette difformité de plus les rend hideux. C'est à Aiguebelle, à l'entrée de la Maurienne que l'on commence à en voir un très grand nombre ; toute la partie de ce village qui est de l'autre côté de l'Arc, est affligée de cette espèce de maladie. J'ai vu un jour de fête la plupart de ces habitans assis dans la rue devant leur porte ; & tous, mâles & femelles, jeunes & vieux avoient des goîtres. On m'assura que lorsqu'ils étoient arrivés à un certain point de grosseur & de dureté, ceux qui les

Q v

portoient, devenoient comme hébé-
tés. J'en examinai un dont la grof-
feur me frappa, il me parut avoir
environ huit pouces d'épaiffeur fur
dix au moins de longueur. Il étoit
formé de plufieurs concrétions grof-
fes comme le poing qui s'étoient
fucceffivement entaffées les unes fur
les autres, dont la derniere étoit
en pointe élevée : toute cette maffe
étoit dure, on la manioit fans que
le corps auquel elle tenoit, parut
y être fenfible, c'étoit un efpece
de ftupide de cinq pieds au plus de
hauteur qui ne difoit pas un mot.
Il paroit très vrai-femblable que
cette incommodité endemique à
toute la Savoye doit fon exiftence
à un principe de condenfation &
de concrétion que les eaux de neiges
établiffent dans les liquides. L'ufage
de ces eaux eft en général contraire
à la fanté tant à raifon de fa froideur
& de fa pefanteur que du nitre qui y
domine, elles affectent défagréable-
ment le gout & troublent le cours
du fang. Elles doivent être encore

bien plus mal saines , lorsqu'elles
son chargées de matieres hétérogè-
nes & pernicieuses par elles mêmes.
La plûpart des ruisseaux de la Maurienne coulent du haut des montagnes sur un fond de roches pour-
ries & calcinées , qui se dissolvent ,
que les eaux divisent & entraînent
en particules imperceptibles : on en
peut juger par celles de la riviere
d'Arc qui est formée & entretenue
par une suite de petits torrens de
neige fondue qui tombent sans cesse
du haut des Alpes. Quoique le
cours de toutes ces eaux soit très
rapide, elles sont blanches , froides,
lourdes & d'un goût désagréable :
le peu de poisson que l'on y prend
est fade & mauvais à manger. Quel
effet ne doivent donc pas avoir de
telles eaux sur un peuple qui en
boit tous les jours sans aucune précaution. Car où trouve-t-on le plus
de goîtres , les plus gros & les plus
durs ? sinon parmi les paysans, les
journaliers , les pauvres & tous ceux
qui sont forcés d'user continuelle-

ment d'eau de neige qu'ils ne peuvent tempérer par l'uſage du vin. On en voit moins à Montmélian, à Chambéry & même dans pluſieurs endroits de la Maurienne, où il y a des ſources d'eau vive & des puits, où le pays eſt plus fertile, où l'on a aiſément du vin. Ils ſont plus rares encore dans le Faucigny & le Chablais : il paroît que les premiers ſe ſont formés en Maurienne, & de là ſe ſont répandus plus loin. N'eſt - il pas vraiſemblable encore que les enfans nés de pere & de mere ayant des goîtres, reçoivent avec le principe de leur exiſtence, le germe de cette incommodité que leur boiſſon ordinaire développe promptement ? La rigueur de la température & la longueur des hivers, qui par-tout contribuent à la condenſation des fluides & à l'épaiſiſſement de la limphe, détermine la matiere des goîtres à prendre une conſiſtance plus prompte & plus ſolide. Dans une température plus douce, ſous le tropique du cancer , les eaux de neige ont des suites presque auffi incommodes qu'en Savoïe ; une partie des habitans du petit royaume de Tipra dans les Indes orientales , fitué au pied des montagnes d'Ava, à l'oueft de Bengale ; portent des goîtres.

Ces eaux presque toujours abondantes , font un des ornemens de la Maurienne, par les belles cafcades qu'elles forment en tombant de rochers en rochers. Quelqu'unes font très-groffes ; vues de loin entre les bois qui les environnent & les inégalités des montagnes & des rochers , elles offrent des points de vue tout-à-fait pittorefques, fur tout quand elles font éclairées par le foleil. Cette multitude de Montagnes quoiqu'en général affez uniformes , a néanmoins des fingularités qui occupent agréablement un voyageur attentif. Les unes font abfolument arides & en parties détruites par la fonte des neiges , les roches calcinées femblent annoncer l'antiquité des tems. Les autres couvertes de bois qui s'élevent à travers les pointes des rochers, font également escarpées, on n'y voit aucune habitation, quelques grottes ouvertes à leurs extrémités fervent de retraites aux ours. Par tout la Botanique peut s'y occuper utilement, & même s'y enrichir ; on y trouve au commencement de l'été, les plus belles plantes, & les plus utiles. A mefure que l'on s'approche des fommets, on s'apperçoit du changement de température, l'air y devient plus froid & plus vif : jamais fur les hauteurs ifolées on n'éprouve les ardeurs du foleil. La plaine qui eft au haut du Mont-Cenis, furmontée par quelques pointes plus élevées & toujours couvertes de neiges & de glaces, a un courant d'air très-fenfible, dont la direction eft ordinairement de l'eft à l'oueft ; parce que les vents qui dominent en bas ne s'élevent pas fouvent jufques là. Les variations qui arrivent dans la difpofition habituelle de l'air, font occafionnées par les nuées qui y répandent la neige & les pluies, elles y portent quelquefois de la très-grosse grêle : ces nuées font toujours très-basses, relativement à la hauteur des montagnes, ce qui cause ces masses de neige qui les couvrent tout d'un coup, l'abondance inopinée des pluies, & ces ouragans impétueux qui compriment l'air subitement entre les nuées & la terre, & d'où il s'échape avec une violence extrême. Le peuple qui habite ce pays est bon, honnête, serviable ; ses mœurs ont encore la simplicité des premiers tems : content d'avoir le nécessaire, il cherche moins à s'enrichir avec l'étranger, qu'à en tirer par ses services l'argent nécessaire pour payer les taxes auxquelles il est sujet, & dont il ne se plaint pas, parce qu'elles ne font point arbitraires, & que chacun n'est imposé qu'à raison de ce qu'il possède.

La Suisse qui s'étend du 45e. dégré 44 minutes de latitude septentrionale, jusqu'au 47e. dégré 30 minutes, a environ trente lieues de largeur fur plus de quatre-vingt de longueur; quoique bornée au midi par l'Italie, & au nord par la France, elle ne tient en rien de la température de ces deux régions. L'atmofphère de la Suiffe a des qualités qui lui font propres. Tout ce pays eft dans une fuite de montagnes divifées en branches différentes qui fortent des Alpes comme d'un tronc commun: il eft le plus élevé de l'Europe, s'il eft vrai que fes plus hautes montagnes font d'environ feize cent toifes plus élevées au-deffus du niveau de la mer, que le Canigou l'une des plus hautes des Pirenées, elles ont la même élevation que le Pichinca, le Cotopaxi & les fommets les plus hauts de la Cordiliere; on ne dòit pas s'étonner de la vivacité & de la fubtilité de l'air qu'on refpire en tout ce pays, elles y font plus fenfibles que dans aucune autre des régions feptentrionales. Si on paffoit tout d'un coup d'une plaine auffi baffe

que celle du pied des Andes dans
les terres les plus élevées de la
Suisse, on y éprouveroit la même
difficulté de respirer, le même froid
que sur les montagnes qui séparent
le Chili du Pérou ; mais comme
les terres, à commencer des rivages de la méditerranée & de l'occéan, s'élevent insensiblement, &
que l'air devient plus vif & plus
subtil à mesure qu'on s'en éloigne
d'avantage, on s'accoutume à ses
qualités, & les sommets des Alpes
sont habitables au moins une partie
de l'année ; on peut même les traverser en toutes saisons quand les
passages ne sont pas absolument
fermés par les neiges. On doit donc
moins attribuer les dispositions générales de l'air de la Suisse, aux
neiges & aux glaces qui restent
toujours sur la pointe des montagnes, ou dans les cavités profondes,
inaccessibles aux rayons & à la chaleur du soleil, qu'à la hauteur des
terres. Combien de petites contrées
en France ont la même tempéra-

ture eu égard à leur élevation, quoiqu'il n'y ait pas plus de neiges & de glaces que dans les provinces les plus basses.

La longue chaîne que forment les Alpes, ne doit-elle pas être regardée comme un terme fixe entre l'équateur & le pole arctique, qui divise notre hémisphère en deux parties égales, relativement à l'Europe, où l'air prend des modifications qui décident de sa disposition générale du sud au nord, dans les régions qui s'étendent de ces montagnes aux terres arctiques. L'état des saisons dans tout le cours de l'année 1768, nous authorise à former cette conjecture. Dans l'Italie méridionale, la sécheresse a été extrême & les chaleurs excessives : pendant neuf mois il n'y est point tombé de pluie ; la plûpart des thermomètres s'y sont brisés, & l'ardeur de l'air a été telle qu'en certaines contrées les bois & les moissons ont pris feu : nous croyons avoir déja rendu raison de ce phénomène singulier : enfin depuis 1738, époque célèbre en Italie, les chaleurs n'avoient pas été aussi fortes. De l'autre côté des Alpes la température a été tout-à-fait différente. On a eu en France, en Allemagne jusqu'en Russie, des pluies fréquentes, une saison plus disposée au froid qu'au chaud, même dans le tems du solstice d'été, des orages & des grêles qui ont causé les plus grands ravages. Dans la plûpart des terres basses & des plaines bien arrosées, on n'a pû faire les récoltes tant les pluies ont été abondantes. Les vents de sud qui ont régné pendant la plus grande partie de l'année, apportoient de l'équateur à ces montagnes une quantité d'exhalaisons & de vapeurs, que la fraicheur naturelle de leur atmosphère a condensées constamment, d'où elles se sont répandues, avec un mouvement inégal, proportioné à leur poids, sur le reste de l'Europe. C'est donc dans cette région élevée de notre continent que le froid

& l'humide commencent à s'emparer de l'air, & l'emportent sensiblement sur le chaud & le sec.

Une autre preuve de la hauteur de la Suisse, est la quantité de grandes rivieres qui en sortent : elles portent d'un cours rapide leurs eaux dans toutes les mers après avoir traversé presque toute l'Europe : on en peut juger par le Tésin, l'Adige, le Rhône, le Rhin, le Danube même dont les sources ne sont qu'à quelques lieues de Schaffouse. On doit donc regarder la salubrité de l'air qu'on respire en Suisse comme un effet naturel de la disposition du pays. Une multitude de lacs que l'on y trouve à différentes hauteurs, dont l'évaporation se joint à celle des rivieres, entretient une fraicheur continuelle dans l'atmosphère; outre que le pays par sa situation est exposé non-seulement à l'action des vents généraux, mais encore à celle d'une multitude de vents locaux & de réflexion, qui conservent le mouvement de l'air, distribuent

également le produit de l'évaporation, & empêchent que l'humidité ne devienne nuisible. En atté-
nuant les vapeurs aqueuses, & les
raréfiant en partie, ils établissent
à-peu-près les mêmes qualités dans
toute l'atmosphère de ces montagnes : car quelques différences locales & de peu d'étendue qu'il seroit
peut-être fort aisé de changer, sup-
posé qu'elles existent, ne doivent
apporter aucune modification à cette
théorie générale. Ajoutons encore
que de quelque côté qu'on se tour-
ne, on y trouve des sources d'eau
la plus pure & la plus agréable à
boire, ce qui entre pour beaucoup
dans les causes de la salubrité de l'air,
de la santé & de la force des habitans.
Ainsi quoique la Suisse soit sous
une latitude peu avancée, l'air y est
plus rude que dans les pays situés
dans les mêmes parallèles. La ville
de Berne tournée au sud & au même
degré qu'Orléans, ne jouit pas d'une
température aussi douce & aussi
agréable : mais la rigueur du climat,

de même que les variations fréquentes auxquels il est sujet, ne causent aucune altération dans l'air. Souvent on passe en vingt-quatre heures du froid au chaud, ce qui vient de la position même du pays : les neiges des Alpes envoyent des pluies fréquentes dans les plaines où elles établissent la température des montagnes, quand elles durent quelque tems. Ces vicissitudes n'empêchent pas que les hommes n'y parviennent communément à un âge très - avancé, sans être exposés aux maladies si fréquentes dans des climats plus tempérés. On ne connoit pas en Suisse les épidémies qui en d'autres pays dépeuplent des contrées entieres. La race des hommes y est grande, forte, vigoureuse & d'une constitution si faine, que de toutes les nations de l'Europe c'est celle qui s'habitue le plus aisément à l'air des différens climats.

S'il arrive que les froids y soient extrêmes en hivèr, on y éprouve quelquefois en été des chaleurs insupportables, beaucoup plus vives que celles d'Italie & d'Espagne : les rayons du soleil réfléchis en tous sens par les rochers, font de quelques vallons des fournaises ardentes : mais l'air y étant naturellement sec & sain , il n'en résulte aucun inconvénient nuisible , & comme elles durent peu , elles ne dessèchent point la verdure & ne font aucun tort à la végétation.

Le sol de la Suisse est en général aride & pierreux , ce qui n'empêche pas que l'industrie de ses habitans ne l'ait rendu fertile par-tout où il est susceptible de culture. On est étonné de voir sur des rochers escarpés où les hommes ne vont qu'en tremblant, des petits champs bien cultivés qui produisent différentes sortes de graines. Entre les montagnes les plus élevées on trouve des collines & quelques terres plus basses dont le sol est plus propre à la végétation. Le Comté d'Argow dans le Canton de Berne , & quelques terres du pays de Vaud forment des plaines fertiles & agréables : on en trouve aussi dans les Cantons de Zurich, Soleure, Basle & Schaffouse. Ces contrées suffiroient pour fournir du bled au reste des Suisses, si les recoltes répondoient toujours aux soins des cultivateurs : mais les montagnes qui environnent ces plaines, font autant de réservoirs d'où sortent des pluies, des grêles & des tempétes fréquentes qui détruisent dans un moment toute l'espérance du laboureur. Les pluies froides, les neiges du printems, & les gelées qu'elles occasionnent font encore une autre source de désolation, de sorte que les moissons font rarement abondantes, & que souvent elles manquent en entier : ce qui oblige les Magistrats de chaque Canton d'acheter des bleds de leurs voisins, & d'entretenir dans chaque Bailliage des greniers publics pour suppléer au défaut des récoltes.

Ces accidens ne découragent point un peuple actif & laborieux. Il est libre, il sçait que ce n'est que pour

lui

lui qu'il travaille : il n'éprouve d'autre contradiction, d'autre gêne dans ses entreprises que celles qui font occafionnées par les élémens, de l'injure defquels aucune précaution n'a encore pû le garentir. Mais comme ces froids, ces pluies, ces orages, tiennent à la nature même des terres & des montagnes qu'il habite ; comme il eft perfuadé qu'il ne doit l'heureufe liberté dont il jouit qu'à fa pofition, il regarde fans envie les plaines plus riches & conftamment plus fertiles qui l'environnent, il ne fouhaite même pas de les poféder. La plûpart de ces montagnes font couvertes de forêts de fapins fi bien confervées, que l'on ne s'apperçoit pas que la grande confommation qui s'en fait les diminue : les autres ont des paturages excellens où l'on nourrit des troupeaux nombreux qui font une fource d'aifance pour le pays, & fourniffent la matière d'un commerce dont le gain eft prefque toujours affuré. Quantité de côteaux font plantés de vignes : les lacs qui font une des beautés du pays contribuent encore à fa richef- fe par les pêches abondantes que l'on y fait. Je remarquerai au fujet de ces lacs, une erreur affez commu- ne aux Géographes; en parlant du Rhone & du lac de Genêve , ils prétendent que ce fleuve traverfe le lac fans que leurs eaux fe mêlent, qu'ils affurent être d'une qualité dif- férente. L'amour du merveilleux , & le plaifir de répéter une chofe finguliere à perpétué cette erreur. Il eft bien plus naturel de penfer que quelques fources qui coulent des montagnes , & le Rhone ont rempli le Bas-fond où s'eft formé le lac, & que par conféquent les eaux n'ont point entr'elles de qualités oppofées; ce qui femble y faire diftinguer un cours, & ce qui peut avoir trompé quelques Obfervateurs , c'eft qu'il eft rare qu'il ne coure pas des petits vents à la furface de ce lac, qui fou- levant les eaux y forment dans leur direction une trace plus ou moins marquée, tandis que le refte eft en

repos. Ce phénomène souvent obfervé a fait croire que le Rhone
traverfoit le lac de Genéve fans y
mêler fes eaux. On auroit été bien-
tôt défabufé de cette idée populaire, fi on eût fait attention que
le courant changeoit de direction
avec le vent.

Telle eft la température de ce
pays célèbre dans toute l'Europe,
plus par le courage de fes habitans,
par la fageffe & l'égalité de leur
gouvernement, par leur induftrie
& les reffources qu'ils en tirent, que
par fes richeffes naturelles. Toute
fa force comme nous l'avons dit,
confifte dans fa pofition. » Dans les
» pays de montagnes dit M. de Mon-
» tefquieu, on peut conferver ce que
» l'on a, & on a peu à conferver : la
» liberté, c'eft-à-dire le gouverne-
» ment dont on jouit, eft le feul bien
» qui mérite qu'on le défende : elle
» régne donc plus dans les pays mon-
» tagneux & difficiles, que dans ceux
» que la nature fembloit avoir le
» plus favorifés. » On pourroit pren-

R ij

dre une idée du caractère des Suiffes,
par l'infpection même du pays qu'ils
habitent; la féchereffe, les fommets
inabordables & ftériles des Alpes
forment un contrafte piquant dans
le point-de-vüe qui les unit aux
plaines qu'elles commandent. Mais
l'œil fe laffe bientôt de l'âpreté continue d'un pays aride & nud; il
abbaiffe fes regards & vient fe repofer agréablement fur la variété
qu'offre le mélange des montagnes
avec les collines chargées de vignes,
les vallées en culture, les prairies
& une multitude de plantations d'arbres à fruit, arrofées des plus belles
eaux. Il en eft de même de l'auf-
térité qui couvre l'extérieur des
Suiffes, elle n'auroit rien d'attrayant
fi l'on ne voyoit au travers, briller
la bonne foi, la candeur, cette al-
liance avec toutes les nations qui
eft unique dans l'hiftoire; la pureté
des anciennes mœurs, une bravoure
conftante, une égalité qui char-
me, & l'art merveilleux de conferver leur liberté fans entreprendre

fur celle des autres. Ils doivent toutes ces excellentes qualités à leur pofition relativement au refte de l'Europe, s'ils euffent eu des ports-de-mer, s'ils fe fuffent livrés aux foins d'un commerce étranger & plus confidérable que celui de leur induftrie locale, s'ils euffent formé des établiffements, & envoyé des Colonies loin de leurs montagnes, ils n'euffent pas fi bien confervé toutes les prérogatives de leurs mœurs d'origine.

Dans un autre hémifphère, fi quelques reftes des anciens peuples de l'Amérique ont échappé à la fervitude, ils doivent cet avantage aux Retraites inabordables qu'ils fe font choifies dans les montagnes du Chili, ou dans quelques Ifles féparées où ils font ignorés du refte des hommes & dont ils défendent les approches avec une forte de férocité. Les peuples des extrémités de ce grand Continent font une efpèce d'hommes qui forment une claffe à part; ne connoiffant encore que les seuls besoins de la nature qui déterminent leurs entreprises, ils ne sçavent ce que c'est qu'esclavage ou liberté. Si les Patagons étoient mieux connus on les tireroit sans doute de cette classe, ce sont, comme nous l'avons dit ailleurs, des espèces de Tartares qui suivent quelques usages reçûs entr'eux, & qui paroissent avoir des chefs auxquels ils obéissent; mais on ne peut encore en parler que par conjectures.

§. XIII.

Remarques sur la Flandre & la Hollande.

LA disposition des terres qui bornent la France au nord, est tout-à-fait différente de celle des pays dont nous venons de parler, ce sont des plaines fertiles dont le sol est gras & humide. En Flandre & dans les pays bas on respire un air assez sain quoiqu'il soit généralement plus grossier

que celui des montagnes, excepté
quelques cantons où l'on trouve des
terres à tourbe, qui font fujettes à
répandre dans l'air des exhalaifons
nuifibles. De belles villes, de grandes
rivieres, une multitude de canaux
qui contribuent autant à la commo-
dité du commerce qu'à l'écoulement
des eaux qui inonderoient les campagnes, une population nombreufe,
des champs bien cultivés, tout y
annonce un pays riche. La race des
hommes y eft belle, mais ils ne font
pas vifs & robuftes comme les montagnards; le commerce qui eft leur
plus grande occupation exige moins
d'activité & plus de réflexions, c'eft
ce qui fait que ce peuple paroît lourd
& fans imagination, tout d'habitude,
faifant un jour ce qu'il a fait l'autre.
Les paturages abondans, l'engagent
à nourrir une grande quantité de
bétail qui rendent le beurre & le
lait fi communs que les Flamands
en font leur principal aliment. Quelque fertile que foit ce pays par lui-
même, en tems de paix il devient

R iv

pauvre, il faudroit qu'il y eût guerre tous les dix ans pour y entretenir l'aifance, parce que l'argent y manque quoique les denrées y abondent. Sous les Ducs de Bourgogne de la feconde race c'étoient les provinces de l'Europe, les plus heureufes & les plus riches; le commerce y étoit opulent, on n'en faifoit point en Angleterre, & la République de Hollande n'exiftoit pas. Le luxe étoit plus confidérable à Bruges & à Anvers qu'il ne l'étoit à Paris & à Londres, la paix y avoit établi les arts & l'induftrie : les peuples prefqu'entierement libres ne reconnoiffoient l'autorité de leurs Souverains qu'aux bienfaits qu'ils en recevoient; fouvent ils abufoient de leurs priviléges & leurs révoltes fréquentes leur en firent retrancher, qu'on leur rendit dans la fuite : ils en jouiffoient lorfque les Efpagnols les voulurent abroger, & on vit la principale Nobleffe défendre fa liberté au prix de fon fang qu'elle verfa fur des échaffauts. Les Pays-bas en conſervent encore quelqu'uns, mais on peut dire qu'il les payent au prix de tout leur argent, que les impôts & les taxes emportent : c'eſt ce qui leur fait deſirer la guerre & la grande conſommation qu'elle occaſionne ; ils n'ont pas d'autre moyen d'augmenter le numéraire & la circulation des eſpèces. On y voit quelques contrées d'une fertilité admirable. Le pays de Waës à l'Orient du Comté de Flandres le long de l'Eſcaut, eſt le plus riche de la Flandre, les terres y ſont de la plus grande fertilité, les paturages excellens, les eaux ſaines & l'air fort-bon, dont la température douce & aſſez égale, contribue ſans doute à la beauté des chevaux que l'on y nourfit & à leur bonté. Les hyvers ſont fort-longs dans ces Provinces, les étés pluvieux accompagnés de chaleurs très-vives mais qui durent peu : les brouillards y ſeroient fréquens & trés-pernicieux à la ſanté des habitans, ſi les vents ſecs de nord & d'eſt ne purifioient l'air & ne cau-

R v

foient de fortes gelées pendant plufieurs mois.

Les provinces unies que l'on fçait
être un démembrement des Pays-bas
Autrichiens, font dans un terrein
qu'une induftrie prodigieufe & la
main puiffante de la liberté, ont
arraché à la violence de la mer qui
l'environne. Les Hollandois font
continuellement occupés à le garentir de fes irruptions & des eaux fur-
abondantes des grands fleuves qui
le traverfent de tous les côtés. Tout
ce pays forme une plaine affez unie,
marécageufe en grande partie, &
entrecoupée d'une multitude de canaux, ce qui fait que l'air y eft toujours humide, épais & fouvent très-
malfain. Les paturages y abondent
& le produit du bétail que l'on y
nourrit eft une des richeffes propres
à ce petit état : où la conftante induftrie de fes habitans portée au
plus haut degré, malgré l'intempérie des élémens & la fureur de la
mer a fait fortir du fond des marais
inhabitables pour toute autre nation

que la Hollandoise, des villes riches,
peuplées, très-florissantes qui sont
le centre du plus grand commerce
de l'Europe & qui donnent des loix
à des Colonies nombreuses & puis-
santes dans les Indes. La Hollande
est un exemple frapant de l'abondance qu'on peut faire naître dans
un pays où il ne croît rien : on trouve
chez ce peuple qui n'auroit pas dequoi vivre s'il étoit réduit à ses propres denrées, le magazin universel
des vivres de l'Europe : il les accumule pour les autres nations : ce
commerce d'économie le plus sûr de
tous & le plus utile, entretient chez
lui une forte circulation & y multiplie les espèces; que l'on y joigne
le commerce de luxe, les productions & toutes les marchandises des
Indes Orientales & de l'Amérique,
& une attention continuelle à entretenir la liberté & la sûreté de ce
commerce, & on se fera une idée
des ressources de cette nation.

Les marais ont été pour les Hollandois ce que les montagnes furent

pour les Suisses, le berceau de leur liberté, avec cette différence que la Hollande est aussi riche que la Suisse est pauvre. Mais comme les avantages sont partagés; la paix, la santé, l'égalité, les bonnes mœurs & le désintéressement semblent avoir fixé leur séjour dans les rochers de la Suisse, où elles se conservent dans un air pur, vif & léger; tandis que le desir des richesses, l'intrigue, les soins & les travaux qu'entraîne avec soi un commerce immense & toujours hasardeux, & un gouvernement sujet à des révolutions inquiétantes, agitent sans cesse les Hollandois dans un air épais & mal sain, dans les fumées de la tourbe & l'intempérie des brouillards presque continuels. Le Suisse revoit toujours avec plaisir ses montagnes, il est assuré d'y trouver dans le sein de la médiocrité, des jours sereins & tranquilles ; le Hollandois semble n'avoir d'autre patrie que la mer : si fatigué des hasards & de l'ennui d'une longue navigation, il souhaite avec empreffement de revoir les lieux de fa naiffance : bientôt de nouveaux defirs viennent l'agiter , il femble que l'air groffier qu'il refpire lui rende fes marais infuportables , & il fe rembarque avec plus d'ardeur encore qu'il n'a defiré la fin de fa courfe. Telle eft la deftinée de ce peuple qui paroît fi flegmatique & fi férieux : le mouvement feul le garantit des effets de l'intempérie habituelle où il vit. Les provinces unies quoiqu'extrêmement peuplées font trop humides pour que l'air y conferve quelque falubrité: les eaux mêmes prefque par-tout bourbeufes & chargées de particules hétérogênes qu'y repandent les végétaux qui s'y pourriffent font lourdes & malfaines ; ainfi qu'on le remarque dans la Hollande propre , où l'on ne brule que de la tourbe , dont les fumées épaiffes & fétides contribuent encore à établir dans l'atmofphère des qualités pernicieufes.

Le territoire de Harlem n'eft qu'un amas d'eaux qui communiquent par des canaux à plusieurs lacs, au golfe de Zuiderzée, & à un grand lac qui s'est formé par des inondations nouvelles : c'est ce qu'on appelle la mer de Harlem, qui est si peu profonde actuellement, & d'où il se répand sur le reste du pays des brouillards & des exhalaisons si mal-saines, qu'on sera forcé de le dessécher, si l'on veut continuer d'habiter cette contrée. Le grand lac nommé Biez-bos près de Dordrecht a été formé par une irruption de la mer en 1421 qui sépara cette ville de la Terre-ferme, inonda tout le pays, submergea soixante & douze villages, fit périr cent mille ames & une infinité de bestiaux. En 1638 les glaces qu'emportoit le Rhin dans son cours, rompirent la digue de l'Issel & mirent sous l'eau une partie de la province d'Overissel, qui depuis ce tems n'est plus qu'une espèce de marais que toute l'industrie Hollandoise a peine à rendre habitable en quelques parties. En 1682 trente villages de la

province de Hollande furent sub-
mergés par les eaux dont ils furent
surpris pendant la nuit, une partie
de leurs habitans & des bestiaux
furent noyés : presque tout ce pays
eût été ruiné si le sud-est ne l'eût
pas emporté sur le nord-ouest dont
le souffle impétueux avoit soulevé
les flots de la mer de dix huit pieds
au-dessus des terres les plus élevées.
Le territoire de Leyde est garenti
en partie par des dunes, en partie
par une digue dont des vers apportés d'Amérique rongerent les pieux
en 1738., accident qui fut suivi d'une
grande inondation : depuis ce tems
les Hollandois sont occupés à élever
des dunes artificielles qui rempla-
ceront un jour cette digue : il faut
pour cela leur patience & l'attachement le plus vif au bien commun
de la patrie ; car ils sont obligés
d'apporter de fort loin le sable &
la pierraille dont elles seront formées. La Zélande n'est qu'un terrein
artificiel soutenu & garenti de tous
les côtés par des digues. Un des

premiers objets de curiosité que présente la Hollande, sont ces digues
que l'industrie constante de ses habitans a sçû élever contre les efforts
du plus terrible des élémens. De
dessus ces digues il est aisé de voir
que la campagne est plus basse que
la mer, & que les eaux venant du
nord dans le canal du Texel, ac-
quierent un mouvement d'autant
plus impétueux qu'il est plus resserré
par les Isles & les bancs de sable
dont ce parage est rempli ; il faut
que les Hollandois soient sans cesse
occupés à repousser les flots qui
menacent de submerger leurs habitations & leurs terres.

La province d'Utrecht un peu plus
élevée est dans un air moins épais &
moins humide que le reste du pays.
On conçoit que dans un sol de cette
espèce les plantations doivent réus-
sir à merveille, aussi voit-on presque par-tout les plus beaux arbres
& des promenades superbes entre-
tenues avec le plus grand soin. Dans
un pays tel que nous venons de le

décrire, l'atmosphère est continuellement obscurcie par une évaporation excessive & par des brouillards
épais qui rendent nécessairement
l'air grossier & mal-sain : c'est une
grande plaine entrecoupée d'une
infinité de canaux , où depuis le
mois d'Octobre jusqu'à celui de
Mars , les eaux grossies par la force
des vents , & les pluies fréquentes ,
couvrent la campagne qui n'en paroît ensuite que plus belle ; cette
inondation n'ayant servi qu'à en-
graisser les terres & à faire périr les
insectes & les reptiles qui multiplient
prodigieusement dans ce terrein ,
ainsi que par-tout où l'atmosphère
est constamment humide. Les ci-
cognes qui passent l'été dans les
marais de Hollande en détruisent
une quantité prodigieuse , aussi on
a grand soin de les conserver. Elles
font leurs aires au haut des tours &
des cheminées où on ne les trouble
point, elles en sont reconnoissantes ,
& reviennent tous les ans faire leurs
petits au même endroit ; quelqu'un

qui s'aviſeroit d'en tuer, courroit
riſque d'être lapidé par le peuple.
Ces oiſeaux aiment les terreins humides, & peuplés d'inſectes & de
reptiles, un air épais & mal-ſain eſt
celui qui leur convient le mieux,
car ils paſſent à la fin de l'été d'Europe en Egypte & dans les terres
baſſes d'Afrique où ils reſtent pendant l'hyver.

Dans quelques endroits principalement au nord de la Hollande le
terrein eſt tremblant & ſi peu aſſuré
qu'une perſonne qui marche à dix
pas d'un autre qui eſt arrêtée, fait
mouvoir le ſol ſous ſes pieds : il ſeroit
impoſſible de voyager dans la plus
grande partie de ces provinces, autrement que par les canaux, ſi l'induſtrie
de leurs poſſeſſeurs n'avoit par-tout
conſtruit des chauſſées où les chevaux
& les chariots marchent en ſûreté.

L'habitude de vivre dans des marais eſt devenue ſi naturelle aux Hollandois qu'ils ne font aucune difficulté de former des établiſſemens
nouveaux, dans des terres de cette

espèce : c'est ce qui les a fait rester dans la Guyane sur les bords de la riviere de Surinam. Les François s'y étoient établis en 1640, mais comme le terrein y est très-marécageux & l'air mal-sain, ils s'en retirerent peu après : les Anglois qui s'en emparèrent ensuite n'en firent guères plus de cas : les Hollandois qui trouvèrent ce pays à-peu-près semblable au leur s'en accommoderent mieux, & Charles II. Roi d'Angleterre n'eût pas de peine à le leur céder en 1668. Cette Colonie entre leurs mains est devenue florissante, elle posséde un terrein d'environ trente lieues d'étendue le long de la riviere. L'air y est mauvais, & souvent infecté d'exhalaisons putrides ; le sol humide nourrit des insectes de toute espèce, & les plus gros serpens que l'on connoisse en Amérique dont quelqu'uns ont jusqu'à trente pieds de longueur. Malgré tous ces inconveniens, les terres y sont fertiles & bien cultivées, elles produisent abondamment des cannes à sucre & du tabac ; les forêts peuplées de singes fournissent des bois de teinture & de marqueterie ; & les forts qui défendent la Colonie font bien entretenus ; tant il est vrai que les Hollandois sont nés pour mettre en valeur des marais où les autres nations ne trouveroient qu'un sol ingrat & malheureux. Cette Colonie est connue sous le nom de Paramaribo. Dans la quantité d'insectes dont elle est souvent infestée, il y en a une espèce dont elle tire quelque utilité, ce sont les fourmis appellées, de visite. Elles viennent en grande troupe, & dès qu'elles se présentent on a grand soin, de leur ouvrir les coffres & les armoires où elles détruisent très-promptement les rats & tous les autres insectes du pays : elles ne laissent pas un coin de l'habitation sans la parcourir : il faut les laisser faire leur expédition & ne pas les inquietter, si-non elles se jettent sur les hommes mêmes qui les irritent, & mettent en pièces leurs bas & leurs souliers avec une prompti-

tude étonnante. Comme elles font
réellement utiles on defire leurs vi-
fites, qui ne font pas aufli fréquentes
que l'on en a befoin.

L'air de ce pays étant très-chaud
les Hollandois on peine à s'y habituer, & fouvent il faut en renouveller
les garnifons qui font obligées à une
vie plus fédentaire que les Colons.
En Hollande au contraire la température eft plus froide que chaude, quoique dans les hyvers les plus rigoureux
les vapeurs qui s'élévent de la mer
diminuent fenfiblement le degré du
froid, qui y eft moindre que dans
des régions plus avancées au midi
dans le centre des terres. Il y a des
jours de l'été où la chaleur eft fi vive
qu'elle ne feroit pas fuportable fi
elle étoit de longue durée : mais
comme les vents frais du nord ne
font pas long-tems fans fe faire fentir & que l'atmofphère change fouvent d'état, l'été n'eft pas ordinairement accompagné d'une autre intempérie que de l'humidité qui domine
dans toute l'étendue des provinces

unies, & rend l'air grossier & mal-
sain sur-tout pour les étrangers. Les
naturels du pays y vivent aussi long-
tems que les peuples qui habitent
les climats où l'air est le plus pur &
le plus vif, mais ils se garantissent
difficilement des fièvres qui leur
sont habituelles, & du scorbut qui
se manifeste en eux sous mille formes
différentes, toujours dangereuses &
quelquefois incurables, quand on
n'en arrête pas de bonne heure les
progrès. C'est l'effet le plus marqué
de l'intempérie constante qui régne
dans une atmosphère toujours humide, sans cesse obscurcie de brouillards malfaisans & de la fumée infecte des tourbes.

§. XIV.

Température & effets de l'air en Angleterre & dans les isles qui en dépendent.

L'Angleterre est en partie sous la même latitude que les régions dont nous venons de parler, & au nord ouest de la France & de la Hollande. Cette isle une des plus grandes des mers connues, & la plus célèbre de toutes par sa population, ses loix & sa puissance maritime, quoique dans une situation fort avancée au nord, jouit encore d'une température assez douce : on n'y a pas besoin de poëles pour se garantir des rigueurs de l'hiver comme dans les royaumes du nord, & les chaleurs de l'été, eu égard à la disposition du pays, y sont toujours très-supportables. Les troupeaux de moutons restent parqués en plein air pendant la plus grande partie de l'année, & tout le côté méridional de l'Angleterre est regardé comme un pays fertile dont l'air est extrêmement tempéré. Les vents d'ouest qui y dominent en hiver & qui sont plus humides que froids, ne rendent pas cette saison fort rigoureuse. En été les vents d'est & de nord, & les pluies modèrent la chaleur & la sécheresse, & favorisent les progrés de la végétation : aussi on y trouve peu de montagnes stériles & de rochers nuds, toutes les terres y sont cultivées avec le plus grand soin, l'agriculture entre dans les vuës du gouvernement intérieur de l'isle, & doit en être la base ; c'est cette économie politique qui donne à l'Angleterre la supériorité sur ses voisins, qui la rend puissante au-dedans, tandis qu'elle augmente ses forces au-dehors. La culture des terres occupe un si grand nombre de sujets qu'il y en a très-peu d'inutiles ou à charge à la république : c'est par ce moyen qu'elle fait refluer chez elle l'or du Pérou en labourant pour les

nations

nations indolentes du midi qu'elle
tient dans sa dépendance par les trai-
tés de fournitures qu'elle a fait avec
elles, exclusivement à tous les autres peuples commerçans ; qui pourroient imiter son industrie, entrer
en concurrence avec elle, & diminuer d'autant ses ressources & sa puissance. Tous ces soins, & l'égalité
de la température si favorable à la
fertilité des terres & à la santé des
hommes, que les épidémies si dangereuses par - tout ailleurs, ne s'y
font sentir que rarement, ne peuvent empêcher que les terres en
plaine, surtout celles qui sont au
midi & les grandes villes qui y sont
bâties, ne soient exposées à un brouillard épais, entretenu par l'humidité
naturelle au sol, & la fumée du charbon de terre, dont le défaut de bois
occasionne une très-grande consommation. Les causes de ce brouillard
peuvent encore acquérir une activité accidentelle par un phénomène
particulier à ce pays. On a remarqué que de sept en sept ans il **y**

avoit un grand flux fur les côtes d'Angleterre, plus grand encore tous les vingt-un ans & qui, la vingt-deuxième année étoit fuivi d'une efpece de contagion qui faifoit un ravage fenfible dans cette ifle, principalement dans les endroits humides & marécageux des provinces de Linkoln & de Kent, où il paroit que ce flux furabondant a contribué à la formation de nouvelles terres, & donné plus d'étendue à la mer aux dépens des terres anciennes (*a*). Quoiqu'il en foit de ce fait particulier, on regarde l'épaiffeur & l'humidité de l'air d'Angleterre & les exhalaifons minérales qu'y répandent les fumées du charbon de terre, comme les caufes de la maladie appellée phtifie où confomption, endémique à ce pays; qui attaque même les étrangers qui y reftent quelque tems, & dont le remede le plus certain pour eux eft de repaf-

____

(*a*) Voyage Hift. de l'Europe. Tom. 4.

ser promptement la mer, & de venir respirer un air plus vif & plus
pur. Comme cette maladie singuliere
paroit tenir à l'état de l'atmosphère,
nous pouvons sans nous écarter de
notre objet principal, nous arrêter
un instant à développer les conjectures que l'on peut former sur ses
causes.

Le dernier période de la con-
somption conduit plusieurs de ceux
qui en sont attaqués au suicide :
cette maladie terrible qui tient à
l'état phisique de la machine, semble être compliquée avec le scorbut
qui rend presque toujours ceux qui
en sont attaqués bizarres & insupportables à eux-mêmes. Si l'on parcourt les relations des voyageurs, si
l'on considère quel est le désespoir
sourd qui s'empare de l'équipage
d'un vaisseau où régne cette cruelle
maladie, les effets de violence où
les hommes s'y portent les uns contre les autres & même contre leurs
chefs, avec quelle intrépidité féroce
ils voyent s'approcher d'eux l'instant

d'une mort qu'ils defirent : on concevra comment une nation quoique dans le fein de l'abondance, avec tous les priviléges qui peuvent flatter l'humanité ; jouiffant de la maniere d'exifter la plus favorable, peut porter le dégoût de toutes chofes jufqu'à celui de la vie. C'eft qu'elle eft attaquée dans fon principe : le fluide vital, le fuc nerveux ne fe filtre plus également : la machine dont les forces motrices fe trouvent à tout moment fans action, fe laffe d'elle-même ; l'exiftence devient à charge ; le poids de la vie, le plus infupportable de tout quand il fe fait fentir, eft pour celui qui l'éprouve, le comble des maux, dont la mort feule peut le délivrer. Où chercher les caufes phifiques de ce dérangement funefte, finon dans l'air même que l'on refpire ? Un poëte Anglois a peint cet état avec des couleurs fombres mais bien naturelles. » L'hiver, dit-il, » porté fur une obfcurité pefante » qui affaiffe le monde, verfe fur » la nature fes malignes influences,

» & féconde la femence des mala-
» dies : l'ame de l'homme languit en
» lui, la vie lui eſt à charge, & ſes
» penſées ſont plus triſtes que la
» mélancholie même. (*a*) Une atmoſphère continuellement chargée
de fumées épaiſſes & de particules ar-
ſenicales qui s'exhalent des matières
que l'on brûle par-tout, n'eſt guere
propre à verſer une fraicheur ſalutaire dans un ſang qui circule à peine.
Par quels moyens reprendra t-il ſa
fluidité? Les ſecours qu'il tire des alimens les plus ſains & les mieux pré-
parés peuvent le rendre propre à
nourrir le corps, mais ils ne lui four-
niſſent pas ces eſprits ſubtils, ſeuls
capables d'animer les membres, de
leur donner de la ſoupleſſe & de
la vigueur : il ne peut que les puiſer
dans l'air, c'eſt delà que dépend la
perfection de la machine & le ſentiment d'une exiſtence douce & heureuſe. Le ſang ne peut réparer ſes
pertes ſans le ſecours continuel de

______

(*a*) Thompſon. Poëme des ſaiſons, l'hiver.

cette substance invisible, mais nécessaire & sans cesse renouvellée : si
ses qualités funestes loin de rétablir
le sang, donnent plus d'activité aux
principes d'épaississement dont il
étoit déja pénétré ; l'être malheureux ne peut que tomber dans un
dépérissement total, dont il tâche envain de dissiper les causes en changeant de climat & d'alimens, en
cherchant un air plus fluide & plus
pur. Ces remedes si efficaces ne sont
d'aucun secours ; lorsque le mal a fait
des progrés trop marqués. J'ai vû
un jeune Anglois dévoré de la con-
somption, courir dans les plus beaux
climats d'Italie, après le remede
qu'il croyoit y trouver à son état
digne de pitié ; il étoit d'une mai-
greur affreuse, il avoit l'air sombre
& inquiet ; toujours dans un mouvement qui l'épuisoit d'autant plus
promptement qu'il étoit moins capable de le soutenir : s'il se plaisoit
à respirer en plein air, c'étoit lorsqu'il étoit le plus chargé de brouillard, lorsque les vents d'ouest do-

minoient ; ce qui paroiſſoit déterminer ſon exiſtence , & le ſoutenir
encore, c'étoit ſa maladie même qui
cherchoit dans un air moins ſain
qu'à l'ordinaire de nouvelles cauſes
de développement , & qui enfin im-
mola la victime ſur laquelle elle
agiſſoit depuis long tems.

Allons plus loin encore, ne nous
en tenons pas aux ſeuls effets d'une
maladie cruelle arrivée à ſon dernier
période : voyons quelle eſt la force de l'air ſur le caractère général
d'un peuple toujours inquiet , toujours entreprenant, dont les mouvemens tumultueux peuvent être
comparés à ces criſes violentes dans
leſquelles la nature cherche à ſe délivrer des humeurs étrangères & ſur-
abondantes qui interrompent le fluide vital dans ſon cours naturel &
modéré. Alors tous les individus
ne ſemblent former qu'un ſeul corps
agité des mêmes paſſions & de la
même chaleur, nourri du même
ſang : les partis oppoſés ſont reſ-
pectivement ſi acharnés les uns contre

les autres, leur mépris pour la vie est
tel, leur constance dans leur affection où leur haine est si égale, qu'ils
paroissent être les effets d'une même
cause, qui agit sur toute la nation,
quoique ses modifications soient différentes ; dont la source est dans le
principe immédiat de leur existence,
dans l'air qu'ils respirent. C'est donc
dans l'atmosphère où il faudroit
chercher l'origine des vertus & des
vices d'une nation célèbre, dans l'action continuée de cette cause qui,
dès quelle commence à vivre, lui
communique le germe des dispositions qui se développent dans la suite
d'une maniere si sensible lorsqu'elle
s'y abandonne : portée à l'excès,
elle la précipite dans les plus grands
désordres. Rien n'est plus respecta-
ble ni sacré, pour un peuple dont la
conduite, les sentimens & les passions sont une suite de l'irritation
générale qui trouble tous les individus. Il souhaite un changement
d'existence, & il espere le trouver
dans le renversement de l'ordre pu-

litique : les factions dans lesquelles il
se jette avec tant d'impétuosité, ne
se présentent à lui que sous l'aspect
de la satisfaction & du soulagement :
mais le mouvement ne fait qu'augmenter ses maux, si la nature elle
même ne vient tarir la source des
convulsions dont il est agité. Peut-
être que si on avoit fait d'exactes
observations météréologiques on
auroit vû les factions s'éteindre &
le calme publique renaître à mesure
que les vents, les pluies & d'autres
agens naturels établissoient dans l'atmosphère des qualités différentes.

Ce que nous venons de dire semble exiger quelques détails encore
plus circonstanciés : nous continue-
rons de remarquer l'action du climat, mais nous verrons aussi que la
constitution politique a beaucoup
d'effet.

Londres & presque toutes les
grandes villes du midi de l'Angleterre, sont sombres & noires, il est
rare que le soleil y brille de tout
son éclat : ses rayons sont ordinai-

rement interceptés, par un nuage d'épaisse fumée qui n'y répand pas des ténèbres obscures, mais qui diminue sensiblement la lumiere du jour. La premiere vue de toutes ces villes est triste & lugubre : la maniere dont elles sont construites répond à cette disposition générale, leur décoration semble avoir été ordonnée par la mélancholie ; cet air sombre est répandu par tout, il porte la tristesse jusque dans le sein des plaisirs. La gravité des Anglois est constante, il y en a qui n'ont jamais ri : la plupart de leurs occupations sont d'un sérieux extrême, leurs divertissemens n'ont point de gaité ; ce que l'on doit attribuer en partie au climat & à l'air, en partie au sistême politique de liberté, qui permet à chacun d'être de quelle humeur il lui plaît, sans prendre garde à celle des autres, dont il ne dépend point. Chaque particulier est une espece de Roi, qui ne rend compte de ses actions & de ses sentimens qu'à lui même. Est-ce l'état le plus heureux ?

Il paroît le plus triste si on s'en rapporte à l'extérieur. Combien d'individus à Londres ne semblent point
vivre, ne font que languir, ou ne
jouissent de rien que par excès ?

L'air d'Angleterre, sur tout celui
de la Capitale, paroît pénétrer
plus avant dans les corps que celui
de tout autre climat de l'Europe;
on prétend qu'il s'empare principalement du cerveau, qu'il modifie
relativement à sa disposition : il agit
différemment par un vent de sud que
par un vent de nord, & l'humeur
du gros de la nation est déterminée
par le mouvement qui domine dans
l'atmosphère : c'est le poids qui
l'emporte & qui décide de ses sentimens.

Nous avons déjà dit qu'il y avoit
lieu de penser que le suicide étoit occasionné en partie par un défaut de fil-
tration du fluide nerveux, & que dans
certains tems, les Anglois n'étoient
pas plus les maîtres de survivre à
l'état physique de leur machine, que
les autres nations de se soustraire à

une maladie épidemique, dont la cause est généralement répandue dans l'air, & à laquelle on s'expose sans précautions. Il est certain qu'il y a des mois où la manie de la destruction est plus forte à Londres que dans d'autres : mais alors même il est aisé de s'appercevoir que si le physique influe beaucoup sur cette conduite singuliere, l'institution politique en soutient les effets, & leur donne une solemnité bien capable de frapper un peuple courageux, intrépide, réfléchi & aveugle dans ses préventions. Sa fureur homicide est raisonnée : les pendus & les noyés avant de s'exécuter rendent au Public raison de leur conduite; ils font des testamens politiques pour l'instruction de leurs compatriotes ; & par le plus grand délire de l'esprit ils prostituent le raisonnement & le bon sens à la justification de la plus haute extravagance. Ils croyent en ces occasions jouir de leur liberté dans toute son étendue: pour se venger des cha-

grins & des difgraces de la fortune
ou de l'amour qui exercent fur eux
un pouvoir tyrannique auquel il ne
peuvent furvivre , ils fe pendent ou
ils fe noyent.

Combien d'autres abus plus pré-
judiciables encore à la fociété ,
naiffent de ce même principe mal en-
tendu , qui permet à chacun de fe
gouverner comme il lui plaît ? Les
gibets de Tinburn fouvent font occupés par une longue file de fcélé-
rats, qui haranguent fur le droit qu'ils
ont eu de fuivre leur inclination per-
verfe, & fur la nobleffe avec laquelle
ils ont longtems infefté les grands
chemins, jufqu'à ce que le Bourreau
mette fin à leur difcours & à leur
vie. Le peuple fe repaît de ce fpectacle, les admire , les applaudit &
les encourage à braver la mort.
Ainfi les loix civiles , la morale ,
la religion même ne peuvent rien
fur un peuple qui abufe de tout. Il
faudroit qu'il changea de caractère,
& qu'il devint affez fage pour atta-
cher de l'infâmie à toute action qui

mérite le dernier supplice. Peut-être que le ridicule auroit le même effet : si l'on se moquoit du suicide au lieu de l'applaudir ; si on le prenoit pour ce qu'il est, pour lâcheté plutôt que pour courage ; la nation s'en dégoûteroit : mais il faudroit pour cela qu'elle sçut rire, & c'est ce qui arrive rarement en Angleterre.

Un de ses Philosophes a dit que le rire vient d'orgueil, & par une fierté plus grande encore l'Anglois dans son Isle ne rit jamais ; toute démonstration de gaité, tout sentiment de joye lui paroît indécent : toute la nation n'a qu'une même physionomie pensive & morne : elle ne connoît que le tumulte & les mouvemens impétueux. Le plaisir simple, la volupté vive & douce sont étrangers à Londres : on y passe de l'extrême du sérieux & de la réserve, à celui de la licence sans bornes : les femmes même naturellement si froides & si honnêtes, quand elles s'échappent font excelfives dans leurs caprices. C'eſt la Nature génée qui ſe développe par fougues ; ainſi qu'un fleuve retenu par des digues qu'il renverſe, inonde des campagnes qu'il auroit fertiliſées ſi ſon cours n'eut pas été reſſerré dans un eſpace trop étroit.

Il ne faut donc pas s'étonner des diverſes révolutions qu'a éprouvées ce gouvernement. Un peuple inquiet par tempéramment, qui eſt toujours occupé du ſoin de maintenir ſes prérogatives, dans lequel le climat renouvelle ſans ceſſe les cauſes d'une humeur biſarre, qui à force de ſe tâter excite en lui le ſentiment de la douleur & du mécontentement, n'a beſoin que d'une premiere motion pour ſe jetter à corps perdu dans le tumulte des factions. Si la nation eſt ſatisfaite, elle n'en eſt pas plus heureuſe pour cela ; parce dès qu'elle ſe gouverne ou qu'elle croit ſe gouverner, elle a trop d'affaires, & cet enchaînement d'occupations qui ſe ſuccedent dans une République, porte avec ſoi une forte d'inquiétude, qui travaille toujours l'esprit & le tient dans une tristesse habituelle. Aussi rien n'est moins gai à Londres que les sociétés & les conversations quand elles ne font pas échauffées par les affaires d'État : c'est alors que l'esprit de parti se déploye en toute liberté, & que chacun croit prendre les mesures les plus efficaces pour faire triompher celui auquel il est attaché.

Les assemblées destinées aux amusemens de la nation, les Spectacles font dirigés & foutenus par cet esprit : c'est en quoi ils font vraiment originaux : il y en a de différentes especes. Lorsque les Romains devinrent barbares, ils établirent des combats d'Athlêtes. On força les captifs & les esclaves de se battre contre les animaux les plus féroces, ou de se massacrer entr'eux : le peuple devint sanguinaire, on vit avec étonnement les femmes même descendre dans l'arène, & prétendre à la gloire réservée à ses sortes de victoires : mais on sçait aussi que

ce ne fut pas le tems brillant des
Romains, & que jamais il ne furent
moins braves que lorsque ces spectacles firent une partie de leurs plaisirs publics. Les Anglois n'en ont
point de semblables, mais ils ont
encore des théâtres ou deux Maîtres en fait d'armes se battent à outrance, & s'estropient en public
pour de l'argent. Tout le peuple
court à ce spectacle, & y prend
d'autant plus de plaisir que les cham-
pions se mutilent d'avantage. La valeur militaire est trop éloignée de
mettre un prix au sang humain, pour
que ces combats puissent l'entretenir : ils sont propres au plus à familiariser le peuple avec le sang &
non pas à le rendre plus courageux.
Il y a loin de la cruauté à la bravoure ; c'est là plutôt où il prend
le goût de se battre à coup de bâ-
tons & de poings, & d'être toujours prêt à ce genre d'escrime : il
apprend encore des coqs qu'il fait
combattre jusqu'à la mort, à se servir dans l'occasion des ongles & des

dents : ce sont les suites de presque tous les plaisirs publics de la nation.

Le genre de boissons fortes dont les Anglois usent portent leurs fumées au cerveau, forcent les fibres, & y excitent une gaité artificielle & tumultueuse qui ne s'exprime que par un mouvement extrême, des cris, des coups, un fracas qui se termine enfin par l'épuisement : parce que la même cause qui a mis la machine dans une agitation forcée, la conduit à un relâchement nécessaire, d'où naissent l'impossibilité d'agir & une tristesse habituelle. La pésanteur de l'air, les fumées du charbon de terre, un mal-être général ne laissent plus de lieu qu'aux inquiétudes ; quand une stupidité absolue ne se répand pas sur toutes les facultés de l'âme qu'elle retient dans l'inertie.

L'enseigne de la liberté, est la confusion des rangs : les grands & les petits ont à Londres les mêmes allures. On les voit tous pensifs &

réveurs avancer machinalement,
l'esprit occupé de leurs intérêts :
l'extérieur est le même : il n'y a
qu'un seul public, le luxe ne frappe
point les yeux des étrangers, l'or
& l'argent ne brillent nulle part ;
les habits font comme les visages,
ils se ressemblent. On voit d'ordinaire le Seigneur & la Dame ha-
billés comme les derniers de leurs
domestiques : ils prétendent que
cet usage est le simbole de la liberté qui tend toujours à l'égalité :
cela peut être, & le goût des grands
& des petits pour se battre entre
eux à coup de poings, en est une
sorte de preuve : cependant quelqu'uns de leurs Philosophes spécu-
latifs ont prétendu que c'étoit un
rafinement d'amour propre, qui
concentré dans lui-même, méprise
tout ce qui l'environne, comme indigne de servir ou de rien ajoûter
à sa grandeur.

Ils font encore beaucoup de choses par une singularité que l'on peut
dire nationale & républicaine. Les

peuples libres & penseurs ont plus
d'orgueil que les peuples esclaves,
soumis à un gouvernement absolu,
& cette singularité est l'effet d'un
amour propre excessif. Comme il
est permis à chacun d'abonder dans
son sens, il y a une espéce de gloire
à prendre un parti violent qui fasse sensation , en un mot qui dis-
tingue. On s'enyvre , on se bat ,
on voyage , on s'enferme chez soi,
on aime les femmes ou on les fuit,
on se pend ou on se nôye , par singularité & pour jouir de sa liberté :
parce qu'un peuple voisin que l'on
hait héréditairement, n'est pas dans
l'usage d'en faire autant , & que
ces sortes de distinctions sont chez
lui une infâmie.

Plus on examine cette nation,
plus on lui trouve de singularités
qui naissent de cette inquiétude d'esprit que donne une liberté sans
bornes. Cet effet rend les Anglois
défians & soupçonneux les uns à
l'égard des autres. Ils ont si peu de
goût pour la société , qu'on trouve

à Londres plufieurs milliers de citoyens qui vivent abfolument ifo-
lés, livrés au genre de vie le plus
monotone. Loin de fe chercher ils
fe fuient, & on ne conçoit pas ce
qui a pû les déterminer à bâtir une
ville immenfe qui eft le rendez-vous
général d'une nation dont aucun
intérêt particulier, aucun goût des
uns pour les autres, ne réunit les
membres. On voit pourquoi Paris
eft devenu une ville immenfe : la
grandeur & la population de Londres étonneront toujours. La galan-
terie n'y eft entrée pour rien : un
Anglois à Londres n'a pas le tems
d'être aimable auprès des femmes :
la politique & fes embarras, les in-
trigues, les affaires de commerce,
une inclination forcée pour cette
efpéce de débauche qui rapproche
tous les rangs, & dont on ne peut
fe difpenfer au moins en certaines
circonftances, ôtent ce loifir que
l'on employe ailleurs aux empref-
femens, aux attentions pour les
femmes, parce qu'on ne fçait à quoi

s'occuper. L'Anglois a plutôt fait de franchir tous ces obstacles, en se livrant pour le moment à des plaisirs qui n'ont rien de difficile; c'est ce qu'il appelle le bon sens de l'amour, & ce qui étouffe dans la nation la délicatesse du cœur & les agrémens de l'esprit.

C'est sous ses traits que les Écrivains les plus célèbres, les Addissons, les Stéeles, les Swift ont représenté leurs nationaux dans des ouvrages périodiques qui ont fait les délices de l'Angleterre & de toute l'Europe : & on peut en conclure que si la liberté est un état de perfection & de bonheur, l'abus en éloigne prodigieusement : à regarder les choses dans le point de vue de la vérité, un Turc est peut-être plus heureux qu'un Anglois : il vit sous le gouvernement le plus arbitraire, mais il ne sent pas son malheur, la religion & l'habitude lui en ôtent le sentiment.

Voilà donc ce qu'est ce peuple actuellement si fameux, séparé du

reste des mortels par le plus terrible des élémens dont on lui a
laissé prendre l'Empire. La liberté semble être née dans son isle,
où il l'a conservée & lui a élevé
un thrône sur l'agitation & le tumulte. Le plus vil Artisan, le Cultivateur ignoré, le Noble & le
Seigneur qualifié, le Maître & le
Domestique en jouissent au même
titre, il suffit d'être homme & Anglois : toutes les loix la favorisent,
& chacun est en droit d'en revendiquer l'observation ; aucune puissance n'a pû les abroger. Faut-il
s'étonner si toute la nation est tellement éprise de cet état de liberté
que souvent elle ne croit en jouir
qu'autant qu'elle en abuse : c'est ce
qui l'a précipitée dans les plus grands
excès. Lorsqu'elle trempa ses mains
parricides dans le sang de son Roi,
elle se laissa séduire par les impostures d'un tyran artificieux, qui lui
persuada qu'elle ne pouvoit pas conserver autrement cette liberté, que
cependant il lui avoit enlevée &
dont il disposoit à son gré.

De là cette fierté naturelle à tous les Anglois , ils se considérent comme les seuls hommes libres de l'Univers , & dès-lors comme les plus estimables. Ils ont beau déguiser ce sentiment , il perce malgré eux , même dans les climats les plus éloignés de leur isle : ils sentent bien qu'ils ne pourront pas y établir l'autel de leur Idole ; mais ils regardent tout ce qui les environne avec une indifférence si marquée , leur politesse est si froide & si gênée, ils sont si peu sensibles aux attentions qu'ils trouvent chez les étrangers , qu'on peut croire qu'ils les prennent pour des hommages dûs aux premiers des hommes. On sçait par expérience qu'ils en conservent à peine le souvenir , lorsqu'ils ont perdu de vue ceux qu'un intérêt de situation les obligeoit de ménager pour l'instant.

Ils ne souhaitent & n'aiment rien que ce qui leur ressemble : ils portent le même esprit dans les sciences & dans les arts : penseurs profonds &

& opiniâtres, leur attachement fur un fujet les conduit quelquefois aux effets du génie ; par l'excès de liberté avec lequel ils pefent tout & prononcent fur-tout. C'eſt ce qui imprime à leurs productions ce caractère original de fierté qui furprend & qui féduit. Ils inventent peu , mais ils imitent exactement & perfectionnent prefque toujours leurs modèles ; ce qui vient plus de leur patience & de leur obſtination que de la fagacité de leurs vuës : il femble que ce foit le corps & non l'efprit qui les dirige.

En un mot le fanatifme de la liberté eſt le caractère dominant de l'Anglois & décide de fes mœurs ; toute fon hiſtoire en eſt la preuve , la conduite des particuliers la confirme : il femble qu'il rougiroit de penfer autrement , & on peut dire qu'il eſt franchement ce qu'il eſt. Si on en trouve quelques uns d'un caractère plus doux , pour qui les vertus fociales aient quelques charmes , qui regardent tous les hommes comme leurs semblables, qui tiennent enfin ce juste milieu où l'on a placé la vertu dans tous les siécles, parmi tous les peuples & dans tous les climats, il y sont sincérement attachés, & dès lors aimables autant qu'ils sont estimables : mais ces caractères sont rares : la plûpart de ceux en qui l'on trouve de la douceur, de la politesse, de l'aménité lorsqu'ils voyagent, redeviennent Anglois dès qu'ils ont remis le pied dans leur Isle. Le climat rentre dans tous ses droits, & les rend sombres, taciturnes, fiers, & souvent intraitables.

Au reste ce n'est que dans les grandes villes où la société est tumultueuse, où la nation a un intérêt toujours présent de se livrer aux impulsions du génie dominant, que l'on trouve développé en grand, le tableau général dont je viens de tracer l'esquisse. Dans les villes reculées, dans les campagnes le peuple est plus doux & plus tranquille : le tems seul des élections y reveille

le caractère national. Les grands si
populaires à Londres déployent un
luxe énorme dans leurs châteaux, ils
y vivent avec un faste & une magnificence de Souverains. Les uns &
les autres éloignés du tumulte des
affaires, des brouillards épais & des
fumées de Londres, dans un air plus
pur & plus sain jouissent d'une meilleure santé, & vivent plus long-tems.
Thomas Parck mort en 1635 âgé
de cent cinquante deux ans qui avoit
vû huit Rois se succéder, n'avoit
passé à Londres qu'une petite partie
de ses jours. (*a*) Il ne faut pas même

(*a*) Thomas Parck fut présenté au
Roi d'Angleterre Charles I. le 9 Octobre 1635 & mourut à Londres le 24
Novembre suivant, il étoit né en 1483
& avoit vécû sous dix Rois. Il fut constamment catholique, malgré toutes les
révolutions qui arriverent dans son pays
pendant le cours de sa vie. Il confessa
ingénûment qu'à l'âge de cent ans il
avoit été appellé en justice, & convain-
cu d'avoir fait un enfant à une jeune

s'éloigner beaucoup de cette capitale pour fentir les différences de l'air, d'un lieu à un autre. Le Château Royal de Kenfington dans une pofition élevée où les exhalaifons épaiffes & les brouillards nuifibles dont la ville eft enveloppée ne par-

---

fille ; que pour ce fujet il avoit été condamné à faire pénitence publique devant la porte de l'Eglife, couvert d'un drap blanc avec un cierge à la main fuivant la coutume du Royaume, il avoit perdu la vuë feize ans avant fa mort... Il exiftoit au mois d'Août 1768 dans le Comté de Cumberland en Angleterre à Abbrylande Coft, une femme nommée Jeanne Foreftier qui avoit atteint fa 138 année. Elle fe fouvenoit que pendant le fiége de Carlifle fait par Cromwel en 1646 une tête de cheval y coutoit deux fchelins. Dans un procès pour la propriété d'une terre, elle dépofa fous ferment en 1762 devant les Commiffaires, que les ancêtres du poffeffeur actuel en étoit en poffeffion depuis 101 an. Elle avoit une fille unique âgée de 103 ans. Il y avoit dans la même paroiffe fix autres femmes dont la plus jeune avoi 99 ans.

viennent pas, jouit d'un air pur &
d'un Ciel serein.

Le fol d'une partie de l'Angleterre, eft expofé à des révolutions
fingulieres qui font un image de
celles qui font arrivées tant de fois
dans fon état politique. On y a vu
des parties confidérables de terrein
changer de place, des montagnes
s'élever où étoient des plaines, des
gouffres fe former & occuper la place des montagnes, des forêts difparoître tout d'un coup & tomber
dans le fond des abimes; phénomènes finguliers & propres à ce pays,
& qui n'ont aucun rapport à la
théorie générale de la terre. Le 30
Janvier 1582 en Dorfetshire une
grande piéce de terre quitta fon ancienne place, & fut tranfportée à
quarante perches par delà, boucha
le chemin qui mène à la petite ville
de Karne, laiffant en fa place un
grand abime que l'on voit encore
proche de l'hermitage. En 1596
dans le Nottinghamfire une terre
d'environ 80 perches de long & de

28 de large, s'enfonça successivement pendant onze jours à une telle
profondeur, que l'on n'en vit plus
de vestige, ni d'aucuns des arbres
dont elle étoit couverte ; elle ne
forma plus qu'une large fosse qui
se remplit d'eau. En 1657 la province de Chester vit avec étonnement un pareil phénomène : une
hauteur couverte d'arbres d'environ
cinquante arpens de circuit, au territoire de Léifféild s'enfonça avec
bruit & fut abimée assez promptement : il n'en resta rien qu'un large
trou rempli d'une eau trouble &
salée, dont on ne put sonder la
profondeur.

Les transactions philosophiques
de l'année 1688 (n°. 37) font
mention d'un événement de ce genre
encore plus singulier ; d'un courant
de sable qui s'est emparé successivement d'un grand espace de terrein
dont il a totalement changé la face
en le couvrant. Alors on ne faisoit
pas remonter la premiere irruption
de ces sables à un siécle. Ils viennent

d'une garenne de Lakeneath ville
appartenant au Doyen & au chapitre
d'Ely à cinq mille de diſtance à
l'oueſt ſud-oueſt. Il faut qu'il y eût
en ce lieu un amas de ſable qui n'eſt
pas encore épuiſé, & dont la ſurface
agitée par les vents impétueux de
ſud-oueſt ſe diviſoit & couloit ſur
les terrres voiſines, dont le fonds
n'eſt qu'un ſable recouvert d'une
croute fort mince d'une terre ſtérile:
cette croute étant briſée, le ſable
ſuivoit le mouvement qui lui étoit
imprimé par celui qui deſcendoit de
la montagne & le torrent le groſſiſ-
ſoit à meſure qu'il s'éloignoit de ſa
ſource. A la premiere inondation
dont quelques perſonnes encore vivantes en 1688 avoient été témoins,
toute la maſſe de ce ſable ne cou-
vroit guères que huit ou dix acres
de terre (l'acre contient 160 perches ou 43560 pieds quarrés, &
elle s'étoit répandue ſur plus de
mille acres avant que d'être à quatre milles de ſon origine: elle s'é-
tendoit d'autant plus aiſément qu'elle

T iv

ne trouvoit qu'un terrein aride &
fabloneux fort propre à faciliter fes
progrès. Le premier obftacle que
ce courant rencontra fut une ferme
fituée à une lieue & demie de l'endroit de fa premiere irruption : le
propriétaire de la ferme fit tout fes
efforts pour la garentir en conftrui-
fant autour des efpèces de boulevards, mais voyant que cette précaution étoit inutile, il abandonna
tout, & le fable mouvant trouvant
un chemin plus libre, coula plus
loin, & s'accumula de façon qu'il ne
refte plus aucun veftige de cette ferme. S'il étoit poffible que la mémoire de ce fait fe perdit entierement & que l'on fouilla un jour dans
ce terrein; les maifons, les arbres
que l'on y trouveroit enfouis, paf-
feroient fans doute pour avoir été
couverts par les eaux de la mer, &
ne manqueroient pas d'entrer dans
les preuves de l'antiquité du monde.
Mais reprenons la fuite de cette obfervation. Il y a trente ou quarante
ans que ce fable gagna le territoire

de la petite ville de.....Il s'étendit
peu-à-peu dans les dehors pendant
dix ou douze années, sans y causer
beaucoup de dommage, sans doute
parce que son cours qui alloit alors
en descendant, se trouvoit à l'abri
des vents qui lui avoient donné sa
premiere direction : mais lorsqu'il se
fut étendu dans le vallon , il parcourut dans l'espace de deux mois
plus d'un mille en remontant , & il
engloutit dans une année deux cens
acres de bonnes terres à bled. Enfin
il entra dans la ville même , dont
il ensevelit ou renversa plusieurs
maisons ; on sauva le reste à grands
frais , & il en couta plus pour les
conserver que l'on n'avoit dépensé
pour les bâtir.

Celui qui paroît avoir communi-
qué cette observation à la société
Royale, dit qu'il a travaillé pendant
quatre ou cinq années avec différens
succès à arrêter les progrès de cette
inondation ... » ... Mes tentatives
étoient souvent inutiles le sable s'est
une fois emparé de toutes mes avé-

nües, de forte qu'il ne restoit de paffage libre, que fur deux murailles de huit ou neuf pieds de hauteur, qui entourroient un petit bois situé devant ma maifon, lequel eft prefque enterré fous le fable : enfin il m'a ferré de fi près qu'il eft entré jufques dans ma cour, & y a enlevé les gouttières de quelques toits, de l'autre côté il avoit rompu la muraille de mon jardin & en avoit fermé le chemin. Au bout de quatre à cinq ans j'ai réuffi à refferrer & à contenir cette maffe mouvante, en lui oppofant des claïes très-refferrées, que j'élevois les unes au-deffus des autres à mefure que le fable en s'accumulant gagnoit leur fommet, par ce moyen j'ai renfermé dans une étendue de huit ou dix acres une maffe de fable haute de près de vingt verges ou environ 48 pieds, & dans l'efpace d'un an j'en ai fait une terre ferme, en y mettant quelques centaines de voitures de fumier & de bonne terre. Avec le fecours de mes voifins j'ai débarraffé mes murailles de ces fables, & j'ai pratiqué dans leur épaiffeur un chemin pour aller à ma maifon.

L'autre côté de la ville a été bien plus maltraité, plufieurs maifons ont été englouties ou renverfées, les paturages & les prairies qui étoient confidérables, font recouvertes de fables & ravagées; la branche de la riviere d'Oufe fur le bord de laquelle nous habitons a reçu tant de ces fables & fon fonds s'en eft tellement élevé, qu'un bateau y paffe à peine avec le cinquiéme de la charge qu'on pouvoit lui donner auparavant : fi ce courant interpofé n'eût pas empêché ces fables d'entrer dans le Nortfolk, ils auroient fans doute dévafté ce riche pays.

Les principales caufes de cet accident étrange, font la fituation du lieu & la nature du fol d'où s'eft faite la premiere irruption. Il eft à l'eft-nord-eft d'une grande plaine marécageufe, & par conféquent expofé à toute l'impétuofité du vent d'oueft-fud-oueft qui fouffle tous les ans & qui doit acquerir beaucoup de force en traverfant un très-grand efpace où il ne trouve aucun obfta-cle, & où il fe charge de toutes les matières que l'évaporation abondan-te de ces marais répand dans l'at-mofphère. Pour le fol c'eft comme nous l'avons dit , un fable d'un extrême légèreté , très fufceptible d'un mouvement qui lui eft parti-culier : les vents ne l'enlevent point par tourbillons, & ne le porte pas d'un lieu à un autre mais il roule fur lui-même : l'agitation donnée à la furface femble fe communiquer à toute la maffe, & déterminer fon cours dans une direction conftante, & c'eft ce qui rend ce phénomène fi fingulier, qu'on ne pourroit peut-être pas en citer un femblable. Sur les bords de la mer rouge & dans les déferts brulans de l'Afrique, les vents tranfportent tout d'un coup des amas confidérables de fables d'un endroit à un autre ; ils les élévent même affez haut dans l'air pour qu'ils y répandent une obfcurité senfible. Dans les plaines immenfes qui féparent les frontieres de Ruffie de celles de la Chine, dans la partie orientale de notre hémifphère où l'on place la Tartarie indépendante, on trouve de grandes plaines couvertes d'un fable fi fec & fi léger que le vent le jette au vifage, & que l'on ne peut s'en garentir que par le moyen d'une gaze de crin dont les voyageurs fe couvrent les yeux & qui fert également contre la neige. Quelquefois l'impétuofité des vents enléve de ces nuages de fable, qui renverfent les tentes, & comblent dans un inftant les puits qu'on a creufés pour abreuver les bêtes de fomme. Ces accidens quoiqu'affez communs, font paffagers & tiennent à la nature aride & ftérile du fol de Tartarie qu'aucune induftrie ne pourroit fertilifer. Mais ici c'eft une inondation conftante, un courant de fable, tranquille & réglé qui s'accumule à une certaine hauteur & prend une folidité proportionnée à fa maffe; qui lorfqu'il

est chargé de quelques engrais, sur-
tout de marne que l'on trouve aisément dans ce pays, devient fertile & d'un meilleur rapport que les
terres anciennes & bien cultivées,
de sorte que, leur abondance n'a
diminué en rien la richesse & la
fertilité du Comté de Suffolck. On
pouvoit en attendre une utilité plus
marquée, c'est que desséchant les
terres sur lesquelles ils se sont répandus, ils devoient rendre l'air
plus sain ; on ne s'est pas encore
apperçû de cet avantage, l'intempérie y est toujours la même ; ce que
l'on doit attribuer aux vapeurs &
aux exhalaisons putrides qui s'élévent
des terres marécageuses de l'ouest-
sud-ouest de cette petite province
& que les vents dispersent par-tout
aux environs. Cette éruption froide,
constante & qui malgré tant d'obstacles fait des progrès étonnants,
répond aux qualités du climat où
elle s'est faite, & ne peut servir qu'à
confirmer ce que nous avons dit
plus haut du caractère national de

ſes habitans, relativement aux effets des vents & de l'air.

En avançant d'avantage au nord l'air change de qualité & devient beaucoup plus ſain : ainſi peut-être s'eſt on trompé, en diſant que l'air d'Ecoſſe étoit plus groſſier que celui d'Angleterre. La vivacité & la pénétration d'eſprit de ſes habitans, leur affabilité ſemblent être la preuve du contraire; on y vit plus long-tems qu'en Angleterre & les hommes y ſont plus forts & moins ſujets aux maladies : le pays il eſt vrai n'eſt pas auſſi fertile. Il y reſte encore beaucoup de forêts, & des montagnes incultes, cependant il produit toutes les denrées néceſſaires à la vie, & il ſuffiſoit à la nourriture de ſes habitans lorſqu'ils étoient ſéparés de tout intérêt avec les Anglois. Une de ſes ſingularités c'eſt qu'il a pluſieurs lacs qui ne gêlent jamais, quoiqu'il ſoit ſous une latitude ſi avancée, que ſes grands jours ſont de plus de dix huit heures, ce qui fait qu'au ſolſtice d'été il n'y a point de nuit , mais un crépuscule lumineux qui éclaire l'horifon, du coucher du Soleil à fon lever; au folftice d'hiver les jours n'y font que d'environ cinq heures & demie. Les intérêts des Anglois & des Ecoffois font fi mêlés actuellement, que s'il ne furvient quelque révolution qui rende aux Ecoffois leurs anciennes mœurs & leur gouvernement , ils deviendront femblables aux Anglois, avec lefquels ils ne forment qu'un même peuple. Jufqu'à préfent ils fe font diftingués par leur attachement & leur refpect pour leurs fouverains. La franchife des Gallois , leur gaité, leur humanité douce & le plaifir qu'ils avoient à recevoir les étrangers chez eux , les diftinguoient autrefois du refte des Anglois ; on dit que l'on retrouve encore dans quelques habitans des montagnes de Galles des traits marqués de ces anciennes vertus : mais le gros du peuple n'eft plus le même, il s'eft monté au ton & aux habitudes générales de la nation.

Tout à fait au nord de l'Ecoffe

on trouve quelques familles groſſie-
res & barbares diſperſées dans les
montagnes, que l'on croit deſcen-
dre de ces anciens Pictes ſi féroces
& ſi cruels qu'ils ſe nourriſſoient
de chair humaine, ſans doute des
malheureux que la tempête jettoit
ſur leurs cotes ; ils avoient quelques
coutumes ſi ſages, quoiqu'obſervées
avec une barbarie bien éloignée des
mœurs actuelles, que l'on regrette
qu'elles ne ſoient plus en uſage.
Une femme ne pouvoit pas mettre
ſon enfant en nourrice, ſi elle ne
vouloit être accuſée d'adultere, le
défaut de lait étoit regardé comme
une marque de lubricité. Si un homme étoit affligé du haut mal, de folie, ou qu'il fut ladre, on le faiſoit
châtrer afin qu'il fut hors d'état de
communiquer ſon mal, & une femme
qui avoit eu commerce avec un tel
homme, connoiſſant ſa maladie, étoit
enterrée toute vive avec ſon fruit.

Les Iſles Orcades au nord de l'E-
coſſe ſont dans une température extrêmement froide, on n'y voit plus
que quelques buiſſons que la rigueur

de l'air empêche de s'élever ; les productions de la terre, fe bornent à une quantité médiocre d'avoine : les meilleures terres, celles qui font le plus favorablement expofées produifent de l'orge ; on y nourrit beaucoup de bétail. La pêche très abondante dans ces mers quoiqu'elles foient fort orageufes, eft d'une grande reffource pour les habitans. Les plus grandes de ces Ifles, telles que Mainland, ont de bons paturages & font les plus fertiles. Les peuples qui font la vraie poftérité des anciens Pictes ou Ecoffois font forts,& tellement accoutumés aux hazards de la mer, que les tempêtes les plus violentes, ne les empêchent pas de pêcher. Ils menent une vie dure & néceffairement frugale. On parle différemment de leurs mœurs Les Anglois n'en font pas l'éloge,d'autres prétendent qu'ils font groffiers, mais bons & humains & d'un commerce fort fur.

La température des Ifles de Schetland qui font à vingt lieues plus au nord que les Orcades eft à peu-près femblable ; les terres y produifent

les mêmes denrées & l'occupation
principale de leurs habitans est la
pêche, quoique les vents soient si
impétueux dans tous ces parages
que les vaisseaux étrangers n'y peu-
dent aborder pendant une partie de
l'année: il y a deux mois de nuit ainsi
que dans la partie septentrionale
des Orcades. L'air y est fort sain
& les hommes y vivent très long-
tems sans être sujets à aucune maladie. Ceux qui ont quelque relation
avec eux, se louent de leur bonne
foi & de la douceur de leur caractère : ils ont conservé leurs premieres
mœurs dans toute leur simplicité.
Dans un climat rigoureux où il s'en
faut beaucoup que la terre leur four-
nisse ce qui est néceslaire à leur subsistance, ce n'est que par des travaux
continuels qu'ils peuvent l'avoir ; en
combattant contre les élémens dont
ils connoissent beaucoup plus l'irritation que le calme. Les besoins
Phisiques qui commandent impérieu-
sement & qu'il est si difficile de satisfaire en ces régions, que chaque

homme est obligé d'y pourvoir soi-
même, conservent entr'eux une espèce
d'égalité qui ne subsiste pas longtems
dans un pays plus abondant & plus
riche : c'est à la pauvreté seule que
l'on doit attribuer la vertu de ce
peuple, s'il est permis de donner
ce nom au désintéressement forcé,
à une frugalité & une modération
nécessaires, à un genre de vie si rempli par le soin de fournir aux premiers besoins que l'on n'a pas le
temps de s'occuper d'autres idées.

L'Irlande, dans un climat beaucoup moins avancé que l'Ecosse &
les Isles dont nous venons de parler, s'étend du 51 degré 20 minutes
de latitude au 55e : l'air y est doux
& tempéré, mais fort humide, ce
qui vient des pluies fréquentes, des
lacs & des marais dont cette Isle
est entrecoupée. Elle est séparée de
l'Angleterre par le canal de St.
Georges, où la mer est si dangereuse
qu'elle est presque toujours agitée
de tempêtes, qui portent alternativement ses flots sur l'une ou l'autre

des côtes oppofées d'Irlande ou
d'Angleterre : il eft vrai que la nature femble avoir pourvû aux intérêts des navigateurs en fournif-
fant ces côtes de la plus grande
quantité de havres commodes &
furs où ils peuvent fe retirer. Les
tourbillons des vents font fi impétueux dans ces parages & portent
les flots à une fi grande hauteur,
que de quelque diftance ils reffemblent à des petites montagnes, tant
ils font obfcurs. Si un vaiffeau fe
trouve expofé à leur chute, il en
eft brifé en partie ou coulé à fond.
M. le Comte de Forbin (T. 1. An.
1685.) raporte qu'il y reçut un
coup de mer fi violent qu'il enfonça fa grande voile, brifa la cha-
loupe qui étoit fur le pont, renverfa
le fond de cale, remplit le navire
d'eau & le mit fur le coté comme
quand on le caréne, les malades
qui étoient entre les ponts furent
noyés. Si ces orages fréquens font
fi à craindre fur la mer, il n'eft pas
douteux qu'ils n'influent auffi fur

les qualités de l'atmoſphère & qu'ils
ne contribuent à entretenir cette humidité ſi incommode qui domine
en Irlande, & ſur une partie des
côtes occidentales del'Angleterre où
les fluxions & les rhumes ſont ſi communs; ce qui eſt d'autant plus vraiſemblable que les Iſles d'Angleſey & de
Man, qui ſont entre l'Irlande & l'Angleterre en tirant du ſud au nord, ont
la même température & un ſol ſemblable à celui de l'Irlande, qui a la
propriété merveilleuſe de ne nourrir aucun animal vénimeux. Cependant l'air eſt fort ſain pour les naturels du pays, la plûpart des Irlandois ne meurent que de vieilleſſe ;
il n'en eſt pas de même pour les é-
trangers qui s'accoutument difficilement à l'air de ce pays & même
n'y vivent pas longtems.

La race des hommes y eſt belle
grande & forte. Les Irlandois ſont
vigoureux, & ſouples de corps. Soit
jalouſie nationale, ſoit amour de
la vérité, les Anglois nous repré-
ſentent ordinairement les Irlandois

comme des gens fourbes intéressés & vains, fiers ou rampans suivant que leur intérêt l'éxige & sur lesquels il y a peu à compter. Les écrivains qui en ont parlé le plus avantageusement, prétendent que ceux qui sont méchants n'ont pas de pareils au monde, & que quand ils sont bons, on ne peut rien trouver de meilleur : mais leur réputation générale fait que l'on s'en défie, parceque si quelqu'uns sont amis constans, tous sont ennemis implacables & fort intéressés. Autrefois ils étoient très cruels, c'étoit l'inclination dominante de presque tous les insulaires : ils buvoient le sang de leurs ennemis tués dans le combat & s'en frottoient le visage. Par une piété horrible, ils mangeoient les corps de leurs peres & meres après leur mort : quand une femme étoit accouchée d'un fils, elle lui faisoit prendre le premier aliment qu'elle lui donnoit an bout de l'épée de son mari, lui souhaitant de ne mourir qu'au combat. Les meres n'osoient

allaiter leurs enfans, & les faiſoient
nourrir par d'autres femmes, auxquelles elles donnoient une ceinture
faite d'une toiſon que la nature leur
fourniſſoit & qui devoit les préſer-
ver de tout danger. Les filles donnoient des braſſelets de cette même
matiere à ceux qui les recherchoient
en mariage, & ſi elles ne trouvoient
pas ſur elles dequoi les faire, leurs
meres ou leurs proches parentes
étoient obligées de leur en fournir :
on prétend que quelques unes de ces
coutumes ſe conſervent encore parmi les habitans les plus groſſiers
des montagnes du nord : hors des
villes ils ne ſe marient preſque jamais
& ſe ſéparent pour des ſujets très
légers : alors le mari prend un autre
femme, & la femme de ſon coté
cherche un autre mari. On voit
dans ces anciens uſages l'origine de
bien des ſingularités bizarres qui ſe
remarquent dans les mœurs actuelles, & qui ſouvent paſſent d'un peuple
à un autre par le mélange des nations ; mais qui ſont plus communes

parmi

parmi ceux à qui elles font en quelque forte naturelles , & qui portent
dans un climat étranger des incli-
nations qu'ils doivent au fol & à l'air
qui les ont vû naître.

Les pâturages font excellens en
Irlande & l'herbe fi nourriffante,
que trois héures par jour fuffifent
aux bergers pour faire paître leurs
troupeaux : comme l'air en toutes les
faifons y eft fort tempéré, on peut
nourrir le bétail à la campagne pendant toute l'année. Cet avantage naturel eft caufe que cette ifle n'a jamais été auffi peuplée qu'elle auroit
pû l'être. Il en eft de même de la
partie d'Angleterre où l'on trouve
plus de reffource dans la nourriture
des troupeaux que dans la culture
des terres : on s'y eft fouvent plaint
que l'augmentation des pâturages
diminuoît le nombre des habitans :
c'eft ce qui arrivera néceffairement
par-tout où les hommes fe livreront
à cette occupation & au commerce
qui en réfulte. Le foin des troupeaux exige peu de travail & peu

d'hommes : la culture des terres en demande beaucoup plus, un laboureur & un vigneron voyent dans une multitude d'enfans, une source d'aisance pour le tems où ils auront le plus besoin de secours. Il n'en est pas de même d'un pasteur, plus le troupeau est nombreux, plus il devient habile à le conduire, son coup d'œil est plus pénétrant & plus sûr, & tel qui d'abord étoit embarrassé du soin de douze bœufs ou de cinquante moutons, acquiert par l'habitude assez de facilité pour veiller seul, sur un troupeau dix fois plus nombreux. Comme chacun aime à jouir & à ne pas diviser les produits, on se donne un peu plus de peine & on retire seul tout le bénéfice. C'est ainsi que la dépopulation fait insensiblement des progrés, que les qualités de l'air changent, & qu'un pays qui étoit autrefois dans une atmosphère pure & saine, devient sujet à des intempéries fréquentes & pernicieuses. L'intérêt général est donc d'établir une

espece d'équilibre entre la culture
des terres & le foin des troupeaux;
& que les propriétaires & les cultivateurs trouvent un avantage égal &
toujours relatif entre l'un & l'autre.

§ XV.

Suite des observations sur l'Al-
lemagne, & le reste des régions
de l'Europe situées dans la
Zone tempérée en deçà, du cercle
polaire arctique.

Un coup d'œil jetté rapidement
sur le reste de la Zone tempérée
nous donnera une idée de l'état habituel de l'atmosphère de la vaste
région comprise sous le nom général d'Allemagne & des pays qui s'é-
tendent au nord & à l'est jusqu'au
cercle polaire, & aux extrémités de
la Russie Européenne. Les mêmes
causes générales qui déterminent le
dégré du froid & de la chaleur, de
la sécheresse ou de l'humidité des

terres décident des qualités de l'air,
à moins que des exceptions particulieres & locales n'y apportent quelques changemens notables. Nous
indiquerons au moins celles qui font
les plus connues par leurs effets.

Il y a peu de chofes néceffaires à
la vie que l'Allemagne ne produife
abondamment, fur-tout vers le
midi aux environs du Danube, où
l'air eft auffi tempéré qu'en France;
auffi la population y eft-elle nombreufe, & la race des hommes
grande, belle & forte. Ces avantages annoncent une température heureufe & un air fort fain : cependant
on y trouve quelque différence fenfible quant au froid & au chaud,
au plus & au moins de fertilité.

Le cercle de Weftphalie eft extrêmement fertile en quelques endroits
& prefque ftérile en d'autres : la
partie méridionale eft bien cultivée
& affez riche : la partie feptentrionale a quelques pâturages & beaucoup de marais qui en rendent l'air
groffier & le féjour défagréable. Ce

pays à en juger par les émigrations qui s'en font faites dans ces derniers tems, doit être fort peuplé.

L'électorat de Trêves & toutes les terres voisines se présentent sous l'aspect d'un pays agréable & abondant, quoique les pluies fréquentes en rendent l'air épais & pesant.

L'air de la Baviere est fort sain, malgré la quantité de forêts que l'on y trouve, les terres y sont fertiles & bien cultivées ; il ne manque à ce pays qu'un commerce plus étendu pour être fort riche. La température du Palatinat est à-peu-près la même que celle de la Baviere ; sa situation heureuse sur le Rhin & le Neckre, sa fertilité & la beauté de ses vues, en font une des plus belles contrées de l'Europe.

L'Autriche qui est la haute pannonie des anciens, peut être regardée comme le pays le plus riche de l'Allemagne ; la salubrité de l'air, la fertilité des terres, l'abondance des denrées de toute espece, la bonté de ses pâturages fournissent plus qu'il ne faut à la consommation d'un peuple très nombreux. Elle a même des productions particulieres, telles que le safran qui est meilleur que celui des Indes, des mines de souffre & d'autres minéraux dont le mélange y excite des fermentations souterraines, qui peut-être deviendront un jour dommageables à ce pays, à en juger par le tremblement de terre que l'on a éprouvé à Neustad en 1768.

Il s'en faut beaucoup que la température de la Bohême soit aussi salutaire que celle de l'Autriche, quoique ce royaume soit un des pays les plus élevés de l'Europe & très-froid; plusieurs grandes rivières telle que l'Oder, l'Elbe & la Vistule y prennent naissance, & pas une n'y entre; sa hauteur n'empêche pas que l'air n'y soit très-mal sain & sujet à des intempéries très-dangereuses, ce que l'on attribue à la qualité des exhalaisons qui sortent des mines, ou qui sont le résultat des fermentations qui se font dans le sein de la terre,

dont quelqu'unes ont eu tout nouvellement des effets fenfibles, & ont
produit des efpeces de volcans qui
pourront dans la fuite changer la
température dominante. Il y a, dit-
on, dans le cercle de Boleflaw un
lac où fe trouvent des trous d'une
profondeur fi grande qu'on n'a pû la
fonder : il fort de ces trous des vents
impétueux qui parcourent toute la
Bohême, qui pendant l'hiver fou-
levent en l'air des quartiers de glace
pefant plus de cent livres : il feroit
effentiel d'obferver fi ce fait eft certain, & fi lorfque que ces vents ont
foufflé pendant quelque tems, ils ne
portent pas dans l'atmofphère les
caufes de ces épidémies auxquelles
la Bohême eft expofée, & que l'on
a attribuées quelquefois au commerce que les troupes tirées de ce pays
avoient eu avec les Turcs, dans les
guerres de Hongrie.

Quoique la Saxe ne foit que par
les 51 degrés de latitude, l'air y eft
plus vif & plus froid qu'en aucune
autre contrée de l'Allemagne, mais

V iv

il eſt pur & ſain ; le pays eſt fertile & bien peuplé. La Poméranie, le Brandebourg & le Brunſwick ſont des provinces moins abondantes & moins riches que celles dont nous venons de parler, où l'on trouve de grandes forets & beaucoup de terres marécageuſes & ſtériles, ce qui rend l'air froid, groſſier & quelquefois mal ſain, à cauſe de l'humidité qu'elles entretiennent en quelques cantons.

Le royaume de Pruſſe autrefois couvert de bois & de lacs & preſque déſert, commence à devenir fertile, parce qu'il eſt plus habité & que la culture des terres y eſt encouragée. A meſure que l'on abbattra des foréts, que l'on facilitera l'écoulement des eaux, & que les marais ſe deſſécheront, il n'eſt pas douteux que ſa température ne devienne plus agréable & plus ſaine.

L'air de la Hongrie eſt en général fort mal ſain, ſur-tout pour les étrangers que l'on dit ne pouvoir y habiter long-tems ſans être couverts

de toutes fortes de vermine, qui fe
multiplient très-promptement dans
ce pays; ce qui eft une indication
prefque certaine d'une atmofphère
chargée de vapeurs nuifibles & putrides. Dans tous les pays fameux
par leurs intempéries, les infectes de
toute efpece y font en grand nombre fort incommodes & on a peine
à s'en garentir : on ne peut donc
pas douter que l'air de Hongrie ne
foit chargé de quantité d'exhalaifons de différentes efpeces qui le
rendent dangereux & mal fain. On
voit près d'Efperies dans la Haute
Hongrie deux fources qui ont un
flux & reflux marqué fuivant les
phafes de la lune, dont les eaux em-
poifonnées répandent une vapeur
mortelle qui tue les bêtes & les oifeaux qui en approchent ; pour prévenir tout accident on les a enfer-
mées dans des voûtes : ainfi on a en
quelque maniere anéanti le danger
d'une évaporation immédiate ; mais
étoit - il poffible de le détruire en-
tiérement ? Ce qui rend ces eaux fi

V v

funestes, c'est qu'elles passent sous
des terres où il y a beaucoup d'ar-
senic, de mercure & d'antimoine,
qu'elles se chargent des particules
de ces minéraux fort divisées: or
comme les vapeurs & les fumées
arsenicales tuent les créatures vivantes, les eaux qui en sont fortement impregnées, acquierrent la
même propriété. La plûpart de ces
sources coulent long-tems sous terre
avant que de trouver une issue, &
contribuent à l'évaporation qui se
fait dans ce pays ; elles répandent
dans la masse de l'air, ces mêmes
vapeurs nuisibles, moins chargées
de particules métalliques que les
eaux à leurs sources, mais cependant encore assez infectées pour y
établir un principe continuel & sensible de corruption ; on ne doit pas
douter de cet effet général, puisqu'il
n'y a point de bonnes eaux à boire
en Hongrie que celles du Danube.
Ces inconvéniens n'empêchent pas
que les terres n'y soient très-fertiles
& ne produisent des denrées excel-

lentes, & sur-tout des vins d'une qualité très-distinguée, non seulement à Tokai mais encore à Sirmick ou Sirmio & dans quelques autres territoires de la Haute Hongrie : l'intempérie n'est funeste qu'à la population, qu'elle diminue beaucoup.

Le droit barbare de servitude réelle établi dans tous les états dont nous venons de parler, & qui renferment une multitude d'autres petits souverains despotiques ; où chaque seigneur féodal est le maître de la vie, des biens, & en quelque sorte des mœurs & des talens de ceux que le droit de fief lui soumet, est une cause perpétuelle de misére & de découragement dans tout ce pays, pour la classe des hommes la plus nombreuse & la plus utile ; quoique l'esclavage ne soit pas personnel, ils ne possédent rien en propre. Les travaux reglés auxquels ils sont soumis, & les véxations qui sont la suite de ces obligations, ne leur laissent d'autre bonheur à esperer, que dans l'avilissement & la patience.

Quelques loix publiques semblent les protéger, mais leur interprétation est toujours favorable au seigneur & jamais au serf. Cependant la population se soutient dans la plupart de ces états, ce que l'on ne doit attribuer qu'à la bonté de leur température & à leur fertilité ; le desir des peuples ne doit y entrer pour rien. On les a vû sous l'esperance d'un sort plus heureux quitter leur patrie avec empressement, tromper les gardes qui les observoient, & courir dans un autre monde à un bonheur qui n'a été qu'imaginaire ; quelqu'uns sont revenus à leurs chaînes, & leurs tentatives infructueuses n'ont servi qu'à resserrer celle de leurs égaux, & peut-être à rendre leurs maux plus supportables : l'humanité libre ne voit qu'avec regret une si bonne espece d'hommes gémir sous un gouvernement si dur. Du sein de ces familles infortunées, quelques particuliers doués d'un heureux genie, s'élevent au moyen de cette foule d'établissemens que les sciences & les arts ont en Allemagne : ils rompent les liens de l'esclavage & détruisent par un mérite qui leur est propre, cette triste égalité qui les confondoit avec un peuple de serfs : plusieurs d'entr'eux arrivent à une réputation plus éclatante & plus durable que celle de leurs despotes, dont la plupart sont à peine connus hors des bornes refferrées de leur domination.

La Pologne est un très-grand pays qui s'étend du 47e. degré de latitude au 56e. le froid y regne plus que le chaud, & l'air passe pour y être extrêmement pur. Le sol en est fertile & produit des grains en abondance dont une partie s'exporte dans les pays étrangers. La grande Pologne n'est qu'une longue suite de plaines à perte de vue, entrecoupées d'étangs & de petits bois. La petite Pologne qui n'est pas moins fertile que la grande, n'est pas dans un terrain si uni : elle est parsemée de collines & de petites montagnes où l'on trouve des mines de différens

métaux : elle produit des fruits excellens & des vins ; & sa température est beaucoup plus douce que
celle du reste de la Pologne. Suivant
les observations faites à Varsovie
par M. Guettard en 1760, 61 &
62 , la chaleur y a fort varié, de
même que le froid, & le ciel y a
presque toujours été couvert de
nuages en plus ou moins grande
quantité. Dans un pays plat entrecoupé de bois & d'étangs, l'évaporation doit être très-abondante &
l'atmosphère toujours chargée de
vapeurs & d'exhalaisons qui causent
les variations fréquentes de l'air, &
qui servent à la formation des nuages qui l'obscurcissent. Les vents
qui y dominent sont ceux de sud &
de sud-ouest, quelquefois celui du
nord, mais rarement. Le plus commun est le sud-ouest, qui souvent
est très-violent & cause des ouragans furieux;il regne indifféremment
dans toutes les saisons de l'année,
comme il a un libre cours & que
son action n'est interceptée nulle part,

il semble qu'on doive lui attribuer
la salubrité de l'air entretenue par le
grand mouvement qu'il y occasionne. Quant à ses dispositions constantes au froid, on ne peut pas leur
assigner une autre cause que la
quantité d'exhalaisons salines qui
s'élevent du sol de la Pologne, rempli de sels de différentes especes à
une très grande profondeur. Outre
les fameuses mines de Cracovie, on
trouve dans les provinces méridionales plusieurs montagnes dont on
tire le sel en quartier ; on le coupe
comme les pierres dans les carrières.
On voit dans les déserts de la Po-
dolie un fort grand lac dont les
eaux se condensent par la seul action du soleil & forment des masses
solides de sel. Dans les montagnes
de Kiow sur le Niéper, capitale de
l'Ukraine, sont différentes grottes où
les corps que l'on y met en dépôt
se conservent sans aucune altération,
tels qu'ils sont au moment de leur
mort : ils ne noircissent pas comme
les momies d'Egypte & ne se dessé-

chent point : ces espèces de catacombes sont creusées dans un terrain sec & sabloneux. Il n'est pas douteux que ces corps ne doivent leur conservation dans l'état où on nous dit qu'ils restent, aux exhalaisons salines dont il sont continuellement enveloppés, qui les pénétrent à la longue & dont les sources sont répandues dans toute la Pologne à une grande distance les unes des autres.

La Lithuanie, la Samogitie & la Curlande, trois grandes provinces au nord de la Pologne, entre le royaume de Prusse & la Livonie, ne jouissent pas d'une température aussi douce & aussi saine : ces pays ne sont qu'une suite de marais & de bois où il y a plus de pâturages que de terres cultivées, plus de bêtes fauves que d'hommes, où l'air est épais, grossier, & mal sain, à cause de l'humidité continuelle qui y regne. On y trouve du miel en abondance ainsi que dans toutes les forêts du nord, où de grosses abeilles fauvages font de tous les troncs d'arbres creux, autant de ruches qu'elles remplissent de cire & de miel.

Il semble que c'est dans les qualités nuisibles de l'air de ces provinces que l'on doit chercher les causes de cette maladie singuliere qui regne en Pologne & que l'on connoit sous le nom de *Plica Polonica.* Son principal simptôme, celui dont elle tire son nom est un entrelacement indissoluble de cheveux. Elle s'annonce ordinairement dans les hommes par un abbattement extraordinaire & des douleurs vives par-tout le corps, dans les membres & les jointures de la tête. Les os paroissent brisés, le visage est pâle & défait, un bourdonnement incommode fatigue continuellement les oreilles. Il survient quelquefois des convulsions, les membres se contournent, le dos est recourbé, le malade devient bossu. Après le premier tems, la plupart de ces simptômes disparoissent & toute la force du mal femble fe porter à la partie extérieure & chevelue de la tête : une fueur abondante en découle, de petites écailles comme du fon s'en détachent, les cheveux grof- fiffent & s'allongent rapidement : ils deviennent gras, onctueux, fales, fétides, ils fe crêpent enfuite & fe replient en divers fens : de leurs pores fuinte une humeur tenace & glutineufe : ils fe colent l'un à l'au- tre, fe compliquent, s'entrelaçent & forment différens paquets pref- que folides & fi fortement tiffus, que tout l'art du monde feroit em- ployé vainement à les démêler. Quel- ques auteurs ont affuré que dans cet état les cheveux fe gorgeoient de fang & en laiffoient échapper quelques goûtes, lorfqu'on les coupoit ou qu'on les racloit, & qu'ils en rendoient quelquefois une quantité confidéra- ble. D'autres ont prétendu que les cheveux ne pouvoient point admettre de fang, fans doute qu'ils n'avoient jamais confidéré la forme des che- veux au microfcope, qui font dans leur état naturel autant de tuyaux canelés au travers desquels il est très probable qu'il se filtre une liqueur qui les nourrit & qui contribue à leur accroissement. Ces tuyaux acquérant plus de volume par l'effet de la maladie dont nous parlons, peuvent recevoir du sang & en rendre ; ainsi on peut regarder ce fait comme certain quoiqu'il ne se remarque pas dans tous les malades. Lorsque cet entrelacement se forme & que la maladie parvient à son extrême degré de violence, les ongles sur tout ceux qui sont aux pouces des pieds, croissent très promptement, deviennent long, raboteux, épais & noirs, semblables à ceux des boucs : ils tombent sur la fin de la maladie & se remettent à leur état naturel, quand elle a une heureuse issue.

Cette maladie est très-commune & endemique à la Pologne, elle a commencé à infecter ce Royaume par les provinces qui confinent à la Russie, d'où elle s'est répandue dans cet Empire , dans la Prusse, l'Allemagne, la Hongrie , l'Alsace, la Suisse & la Flandre rhenale, où l'on en voit quelques vestiges , mais rares. S'il a été un tems où la *Plica* n'existoit point , les causes qui la produisent actuellement étoient donc alors sans force , sans action & nulles. Quelle a donc été leur origine ? ou qui est ce qui a renouvellé leur activité ?

Roderic Fonseca a attribué cet effet à quelque changement arrivé dans l'atmosphère , par l'aspect sinistre des astres. On fixe la datte du commencement de certe maladie vers l'an 1287 , sous le régne de Lescus le noir , tems auquel les Tartares firent une irruption dans la Russie rouge , qui joint la Lithuanie au midi. Ces peuples , dit Spondanus , naturellement méchans , magiciens & empoisonneurs, corrompirent toutes les eaux du pays en jettant dans les rivieres les cœurs de leurs prisonniers , qu'ils remplissoient d'herbes venimeuses. Les eaux ainſi infectées donnerent la mort à ceux qui en burent d'abord, ou porterent dans leur ſang les germes de la funeſte maladie dont il eſt queſtion. Cette diſpoſition vicieuſe des humeurs a dû ſe tranſmettre des peres aux enfans, répandre au loin & beaucoup multiplier la *Plica :* elle a pû étre favoriſée par la nature de l'air & du climat, par la qualité permanente des eaux & des aliments, par la façon de vivre & l'irrégularité du régime : par la complication avec d'autres maladies qui gâtent le ſang, ſur tout avec le ſcorbut avec lequel elle a du rapport, & qui l'aigrit extrêmement ; par une malpropreté habituelle, & la négligence à ſe peigner. Ainſi on explique aſſez plauſiblement, l'origine, l'invaſion, & l'endemicité de la *Plica* ; en ſéparant néanmoins des cauſes naturelles, tout ce que la crédulité des Hiſtoriens y a oûte de merveilleux, & qui n'a jamais eu d'exiſtence que dans l'imagination d'un peuple effrayé, qui vit fuccéder une intempérie contagieufe aux ravages d'une guerre cruelle, & qui crut y trouver les caufes d'une maladie qui peut-être exiftoit déja, mais à laquelle il ne faifoit aucune attention parce qu'elle étoit moins commune.

Dans l'état actuel des chofes la *Plica* paroît être une efpèce de fièvre maligne ou de fcorbut aigu qui a les caufes fpécifiques que nous avons iudiquées plus haut, & pour fymptôme particulier cet entrelacement de cheveux, qui peut être auffi regardé comme un dépôt critique qui fe porte à l'extérieur, débarraffe les parties Nobles & annonce une fin heureufe à la maladie; puifque dès que les cheveux commencent à être pris, la plûpart des fymptômes effrayans fe diffipent : car fi l'on empêche l'affection des cheveux en les coupant, la maladie devient plus férieufe, les yeux font fur le champ attaqués de fluxions opiniâtres ; ou bien il arrive que le fang coulant goutte-à-goutte par les cheveux coupés, ne s'arrête que lorfque le malade tombe dans un affaiffement qui annonce la mort & en eft fuivi. Il eft donc utile de déterminer doucement les humeurs vers le couloir où elles fe portent, & ne pas leur ôter le moyen de filtrer & de s'échapper au-dehors en coupant mal à-propos les cheveux & les ongles.

Les Polonois font en général de belle taille, grands, & bien proportionnés, forts & robuftes, aimant le mouvement & la guerre dont ils fupportent aifément les fatigues. Ils forment entr'eux une république de Nobles, qui a des priviléges fans bornes, que jufqu'à préfent elle a fçû faire valoir dans l'élection de fes Rois, & dans le gouvernement des affaires nationales dont la décifion étoit toujours rapportée à fes grandes diétes. Ces droits tenoient les Nobles dans une agitation continuelle, & comme un grand nombre d'entr'eux étoient fort riches, & pouvoient afpirer à une couronne que leurs ancêtres avoient portée, ils jouissoient chacun dans leur district d'une partie de l'autorité Souveraine.

Aujourd'hui ce Royaume offre un spectacle tout différent & bien étrange, cette république de Nobles est renfermée dans ses propres foyers par une puissance étrangère qui a entrepris de la dominer, même dans l'exercice de ses droits nationaux, dans ses grandes diétes, sous le spécieux prétexte de protection & d'amitié : on a vû ses membres les plus respectables enlevés & mis dans des prisons, d'où l'on annonce qu'ils ne sortiront jamais, pour avoir opiné librement sur les affaires de leur patrie : c'est ce dont aucune histoire n'avoit offert d'exemple. Cette puissance qui les tirannise encore mal-affermie, ne chercheroit-elle pas à en imposer à ses propres sujets, par l'ostentation d'une autorité excessive ?

Voilà ce qu'est aujourd'hui la liberté de cette nation si jalouse de ses prérogatives. Ceux qui y semblent

blent

blent le plus attachés se sont retirés dans les bois & les marais de Lithuanie où il sera difficile de les forcer, & d'où peut-être ils sortiront un jour, pour rétablir les choses dans l'ancien état, dans la confusion habituelle où elles se sont toujours soutenues. Que l'on y fasse attention, ces sortes de révolutions sont plus communes parmi les nations qui vivent dans un air épais, humide & mal-sain, que chez celles qui habitent des climats plus heureux : une intempérie continuelle les jette dans un mal-être que le mouvement leur fait oublier. N'est-ce pas cette cause locale d'inquiétude qui détermina autrefois tant de nations guerrières & barbares dont la population étoit devenue très-nombreuse, à sortir de ces mêmes terres, d'où elles se répandirent dans les plus belles régions de l'Europe qu'elles dévastèrent, quand elles n'y firent point d'établissement.

Quant au peuple, ou plutôt à la populace Polonoise, aux cultiva-

teurs, aux artifans, aux domefti-
ques, ce fent de vrais efclaves fur
lefquels les Nobles exercent la plus
grande tirannie qu'ils portent jufqu'à
difpofer arbitrairement de leur vie :
ils ne refpectent avec eux aucuns
des droits de l'humanité, & leurs
traitemens font fi durs, que le dé-
fefpoir porte fouvent ces malheureux à fe révolter, ou au moins à
fuir chez les peuples libres dont
ils font voifins & qui fecouerent autrefois le joug de la nobleffe. S'il
fe trouve parmi les Seigneurs Polonois quelque maître doux & humain qui s'intéreffe au bonheur de
fes fujets ; ils ne doivent le bien-
être dont ils jouiffent qu'à fa vertu
feule, d'autant plus admirable, qu'elle
n'eft autorifée, ni par l'exemple,
ni par les loix & la conftitution de
l'Etat, qui n'ont égard qu'à la feule
perfonne du Noble, & qui comptent pour rien le refte des hommes.

La Ruffie qui occupe plus du
tiers de l'Europe en tirant de l'O-
rient au nord, du 47e degré environ

de latitude au 70e & même au-delà
est un pays extrêmement froid, on
y voit de la neige & des glaces les
trois quarts de l'année ; cependant
les chaleurs de l'été y sont quelquefois extraordinaires pendant six se-
maines, & le thermomètre y monte
plus haut que sous la ligne. Tout
ce pays peut être regardé comme
une plaine immense entrecoupée de
forêts, d'étangs, de lacs & de rivieres. Quelqu'uns de ces lacs ont
jusqu'à cinquante lieues de longueur :
le Ladoga, & l'Onéga au nord de
la Finlande sont les plus grands de
l'Europe, ceux de Bioloséro & d'Il-
men occupent encore un très-grand
espace. Si on joint à cela les marais,
les terres incultes & les bois que
l'on rencontre souvent sur-tout dans
la Russie Septentrionale, on ne doit
pas s'attendre à trouver un pays bien
peuplé. L'air y est par-tout épais,
grossier, humide & mal-sain pour
tous ceux qui n'y sont pas habitués.
Le Duché de Moscou, au centre duquel est la capitale de ce vaste Em-

pire eft une de fes parties les plus fer- tiles & les plus habitables, celle où l'air eft le meilleur, le terrein le plus élevé & le moins marécageux. Ses Souverains l'ont en quelque for- te abandonnée pour fixer leur réfi- dence à Pétersbourg, ville nouvelle que ce fiécle a vû fortir d'une Ifle inculte & déferte, qui n'étoit aupa- ravant qu'un amas de boue en été & un marais glacé en hyver.

Pour former cet établiffement où par-tout il a falu forcer la nature, per- cer les forêts, fécher les marais, éle- ver des digues; la ftérilité du terrein, & les mauvaifes qualités de l'air firent périr d'abord plus de deux cent mille hommes. On travaille tous les jours à décorer cette ville & à la rendre plus confidérable : il faut fur-tout avoir une attention con- tinuelle à la garentir de l'invafion des eaux, & même des irruptions du golfe de Finlande à l'extrêmité duquel elle eft fituée : enfin on peut regarder fa conftruction & l'état floriffant où elle fe foutient encore,

comme un monument remarquable
de la volonté abfolue d'un Prince
defpotique, qui ne préféra la province d'Ingrie, quoique ftérile, prefque
déferte & dans un climat très-rigoureux, au refte de fes vaftes États
que parce qu'il en avoit fait la conquête ; & que fes marais & fa fituation fur le golfe de Finlande lui
firent efpérer qu'il pourroit y établir avec fuccès le fiége de fa puiffance & d'un commerce floriffant. Le
féjour qu'il avoit fait à Amfterdam,
& la beauté de cette ville élevée fur
un terrein prefqu'auffi ingrat que
celui de Pétersbourg, lui avoient
donné ces idées ; fur lefquelles il
comptoit d'autant plus, qu'il en faifoit la capitale du plus vafte Empire
du monde, & le centre commun où
tout devoit aboutir. Mais qu'il y a
loin des effets de la main puiffante
de la liberté, aux entreprifes d'un
Souverain qui ne commande qu'à
une multitude d'efclaves.

Le pays qui environne cette ville
n'a de reffources que dans la chaffe &

la pêche qui y sont très-abondantes;
d'ailleurs le climat est très-rigoureux,
la glace dans les hyvers ordinaires y
prend trois pieds d'épaisseur : lorsqu'une saison plus douce succéde
aux rigueurs du froid, l'air y devient insensiblement fort mal-sain,
& seroit exposé à des intempéries
très-dangereuses si le froid ne venoit
promptement en arrêter les suites.
C'est ce que l'on éprouve dans la
plûpart des autres provinces, sur-tout
dans celles qui, comme le vaste pays
de Bioloséro ou du lac Blanc sont
presque entièrement occupées par
des marais impénétrables. C'est donc
à tort que quelques auteurs ont écrit
que l'air de la Moscovie est si bon
que jamais il n'y a eu de peste : outre
les intempéries passageres qui s'y
font sentir & qui dans un climat
plus chaud pourroient devenir contagieuses; les annales de ce pays rapportent qu'en 1421 & pendant les
six années suivantes, la Moscovie
fut tellement affligée de maladies
contagieuses, que la constitution

des habitans en fut altérée : peu d'hommes depuis ce tems arrivent à l'âge de cent ans, au lieu qu'auparavant il y en avoit beaucoup qui alloient au-delà de ce terme ; cependant les Ruffes en général paffent encore aujourd'hui pour être d'une conftitution forte & vigoureufe.

Les provinces les plus fertiles & les plus habitables de la Ruffie, celles dont la température eft la plus douce & la plus faine, font au midi de la Mofcovie proprement dite ; le Duché de Mafaïko, la Principauté de Twer, la province de Razan dans laquelle le Tanaïs prend fa fource, & tout ce qui avoifine la Pologne au midi, font les régions les plus agréables à habiter, & les plus riches par elles-mêmes. Les terres cependant n'y font pas en état de recevoir les grains avant le mois de Mai, elles font couvertes de glaces ou des eaux qui s'y répandent à la fonte des neiges : mais les chaleurs y font fi vives pendant fix femaines qu'on ne laiffe pas d'y faire des récoltes abon-

dantes à la fin de Juillet ou au commencement d'Août. Presque tout le
reste de la Russie ne produit que de
l'orge, le pays est si humide & si
froid, qu'il est rare que le bled qu'on
essaye d'y semer vienne en maturité.

Dans les terreins qui s'élévent au-
dessus des marais & qui ne sont pas
couverts de bois, il croit quantité
de racines bonnes à manger, des
groseilles, des framboises & des
fraises en abondance qui sont une
ressource pour le peu d'habitans qui
se trouvent dans ces tristes climats.
Parmi ces plantes on voit assez com-
munement celle qui est connue sous
le nom d'*Agnus scithicus* ou Agneau
de Tartarie, sur laquelle la crédulité
sçavante a autrefois débité tant de
contes ; dont le docte Scaliger a
donné une description imaginaire &
circonstanciée, jusqu'à dire que son
suc couloit comme du sang lorsqu'on la déchiroit, & devoit en avoir
le goût, puisque les loups se jettoient
dessus & la dévoroient avec avidité.
Suivant des relations plus exactes ce

n'eſt qu'une racine aſſez groſſe, longue de plus d'un pied & bonne à
manger, de l'extrêmité de laquelle
ſortent quelques tiges longues de
trois à quatre pouces, qui dans leur
parfaite maturité ſe couvrent d'un
duvet noir ou jaunâtre, doux, brillant comme de la ſoye & aſſez long,
qui a quelque rapport avec la toiſon
d'un agneau; c'eſt l'idée qu'en donne le célèbre Hans Sloane, & il eſt
à préſumer que l'amour du merveilleux ne l'a pas déterminé à faire la
deſcription d'une plante idéale. Eſt-
elle la même que celle que l'on
trouve pres d'Aſtracan, de Caſan
& de Samara, que l'on dit être une
eſpèce de Melon, appellé dans le
pays *Boramets* ou petit agneau, que
l'on regarde comme un vrai Zoo-
phite, dont la chaleur végétale eſt
telle que ſuivant la façon de parler
ordinaire, il conſume & mange tout
le gazon qui eſt apportée de ſon
ombre, c'eſt-à-dire, qu'il le deſſéche.
Quand ce fruit eſt mûr, ſa tige ſe
ſéche, & il ſe couvre d'une ſubſ-

X v

tance tellement ſemblable à de la laine courte & friſée que quand on fait préparer le dedans de la peau à laquelle elle eſt attachée de la maniere dont on paſſe les peaux d'agneau, on l'employe de même à doubler les habits, & il n'y a perſonne qui puiſſe faire la différence d'une peau de Borametz à une peau d'agneau.

Si on fait quelque attention à la qualité de toutes ces terres, on voit combien il eût été difficile d'y conſtruire des chemins qui euſſent été praticables en tout tems: ainſi quand il eſt queſtion de faire de longues courſes, comme de Moſcou à Péters-bourg, on choiſit de préférence le tems de l'hyver, lorſque tout eſt glacé & que les traineaux peuvent paſſer par-tout.

Je ne dis rien ici de la Siberie, c'eſt un pays affreux, ſéparé de la Ruſſie par des déſerts immenſes & une longue chaîne de montagnes de l'eſt au nord: quoiqu'à l'Orient de cette province au-delà du Jéniſcea on trouve quelques contrées très-agréables,& des vallons délicieux par comparaison au reste du pays, où toutes les denrées né-cessaires à la vie croissent assez abon-damment. M. Gmelin qui a parcou-ru la Siberie pendant près de dix ans, dit que l'on voit dans ces mon-tagnes un pays tout différent de l'Europe, (sans doute de la Russie Européenne) d'autres plantes , des eaux claires & bonnes, un air pur & sain, de bons poissons, & des hommes dont les usages sont par-ticuliers aux régions qu'ils habitent. Les naturels de ce pays sont les Tartares Tongouses nation consi-dérable qui s'étend au midi de la Siberie , & dont nous avons parlé plus haut : mais depuis la riviere de Léna jusqu'au Cap glacé, en tirant du nord à l'est du 65e degré environ au 75e , le pays est hérissé de montagnes & de rochers, il y fait un froid extrême & presque continuel. Il y a grande apparence que ces terres sont les plus hautes de l'Univers , immédiatement sous

la ligne du froid. C'est-là où se
forment ces glaces éternelles que la
rapidité des fleuves qui coulent vers
le Pôle Arctique entraînent dans
les mers voisines, où elles établissent sur les côtes qui s'étendent depuis le Cap de glace jusqu'à la nouvelle Zemble, un froid continuel &
des brumes épaisses que la présence
du soleil sur l'horison pendant trois
mois ne dissipe que par intervalles:
ce qui rend ces mers inabordables,
& toute cette vaste étendue de côtes
& les Isles voisines, le séjour le plus
misérable & le plus rigoureux qu'il
y ait sur la terre: quoique sous les
mêmes paralelles, entre la Siberie &
la Tartarie, à l'extrémité septentrionale de la Zone tempérée environ au 66ᵉ degré, on ait trouvé des
campagnes fertiles, d'excellentes
prairies & des hyvers peu rigoureux. La beauté de ce pays & la
douceur de sa température, ont déterminé les Russes à y bâtir la ville
de Toorn qui est maintenant assez
forte & assez peuplée pour repousser

les infultes des Tartares orientaux.
La garnifon & les habitans trouvent
dans fes environs toutes les denrées
néceffaires à leur fubfiftance. C'eft
ainfi que dans toutes les latitudes,
les faifons font différentes dans
des contrées dont les climats font
néanmoins les mêmes : l'air n'eft
pas fi froid en Irlande & en Angleterre qu'en Hollande & en Allemagne : on n'y referre point les
beftiaux dans les étables en hiver,
parce qu'il eft rare qu'ils ne trouvent pas dans les campagnes dequoi
fe nourrir : les plus belles provinces
de la France ne jouiffent pas de cet
avantage.

Les autres états du nord eu égard
à leur pofition font dans une température conftamment froide, & ne
connoiffent que deux faifons l'hiver & l'été. Le Dannemarck qui
s'étend du 54 au 57 degré 30 min.
de latitude eft dans un climat très
froid : on a obfervé qu'au mois de
Janvier 1768 le froid y avoit été
de dix degrés plus violent qu'à Paris:

mais comme ce pays eſt entourré de la mer de tous les côtés, la température en eſt fort adoucie & les terres ſont aſſez fertiles en grains, en fruits & en pâturages qui nourriſſent une quantité prodigieuſe de bœufs & d'excellens chevaux : les terres n'y ſont point marécageuſes, la race des hommes y eſt aſſez belle & la longueur de leur vie répond à la ſalubrité conſtante de l'air qu'ils reſpirent. Ces peuples autrefois belliqueux, ſemblent avoir donné la préférence aux douceurs de la paix, aux arts & aux ſciences, ſur le tumulte de la guerre.

La Norvege qui appartient au Roi de Danemarck eſt dans un climat beaucoup plus froid, elle s'étend du 57e. degré 43 minutes au 71e. 30 minutes, au nord de l'Europe : ce pays eſt hériſſé de montagnes qui le bordent au midi & le ſéparent de la Suède. Ces montagnes ſont couvertes de forêts de ſapins & d'autres arbres propres à la conſtruction des vaiſſeaux, on en tire la plus grande quantité de planches & de mats. Ces bois avec les resines, la poix, le goudron, le suif & les fourures, font toutes les richesses de ce royaume tout-à-fait stérile d'ailleurs; son terrein n'étant qu'un sable fort aigre mêlé de cailloux. Ce pays s'étendant en partie au-delà du cercle polaire a un jour & une nuit de plusieurs mois. C'est pendant cette nuit que se tient à Drontheim dont le port est l'un des plus vastes & des plus sûrs de l'Europe, une célèbre foire qui se fait aux flambeaux, & où les Norvegiens reçoivent en échange des marchandises que produit leur pays, les denrées qui leur manquent, des draps, des toiles, des grains, de l'eau de vie, & même quelques ouvrages de luxe, que les Anglois & les Hollandois leurs portent. La stérilité de la Norvege est cause sans doute qu'elle n'est habitée que par un petit peuple accoutumé à la fatigue & au travail, qui se nourrit habituellement de poisson sec au lieu de pain, & qui cependant est doux & fort honnête avec le peu d'étrangers que le commerce y attire. Le nord de ce pays n'a point de villes, les peuples se tiennent en été sous des tentes ou des cabanes, & en hiver dans des grottes souterraines. Malgré le froid excessif qui y regne, il y a un lac près de Drontheim qui ne gèle jamais. L'air de toute cette côte est fort sain, il est sec sans être humide, & peu sujet à être obscurci par les brouillards qui commencent à être continuels aux environs de l'isle d'Islande, & qui regnent delà jusqu'aux extrémités du Groenland.

La Suède qui s'étend depuis le 55e. degré jusqu'au 69e. a un hiver de neuf mois & un été de trois. Quelque court qu'il soit il est incommode à cause de ses grandes chaleurs, le soleil restant pour lors presque continuellement sur l'horison: & même dans le tems du solstice à Torneo, qui n'est qu'à un degré endeçà du cercle polaire, on ne perd cet aftre de vue que pendant quelques inftans. On ne s'attend pas dans un climat auffi avancé à cette chaleur extraordinaire, que le fol aride & fabloneux, les rochers & les montagnes réfléchiffent en tout fens, & redoublent beaucoup, ce qui rend fon action très-vive & fouvent infupportable aux étrangers : cependant il n'en arrive jamais d'intempérie & l'air y conferve toute fa pureté, au point que l'on peut regarder les Suédois comme les hommes du monde qui vivent le plus long-tems. Un homme âgé de cent ans eft à peine regardé dans ce pays comme un vieillard, au moins il n'eft pas plus rare en Suède d'aller à cet âge, que parmi nous de vivre environ foixante & dix ans: on ne regarde comme bien âgé que ceux qui ont vécu plus de cent dix ans, & il n'eft pas rare d'en trouver qui ont été au-delà de cent vingt ans, fur-tout s'il n'ont jamais fait ufage de liqueurs fortes.

Le terrein de la Suède eft affez

fertile par tout où il est susceptible de culture, mais les montagnes, les lacs, les forêts en occupent plus de la moitié ; ainsi ses habitans trouvent à peine chez eux les denrées nécessaires à leur subsistance, ce qui fait que ce royaume est trés-pauvre, quelque soin que l'on y prenne pour arrêter les progrès du luxe & pour borner les dépenses au simple nécessaire. La principale source de l'aisance de ce pays est dans ses mines abondantes de cuivre : celles de fer y sont aussi de quelque utilité ; mais ces matieres, sur tout le cuivre ne peuvent jamais établir un commerce capable d'enrichir une nation, & de la mettre au pair avec les peuples opulens de l'Europe. Il faut donc que la Suède se contente de ses avantages naturels : elle doit regarder la pureté de son air, comme le premier de tous, comme la cause immédiate de la santé de ses habitans, de leur force, & même des qualités distinguées de leur esprit. Un attachement de préjugé à

des forêts immenſes qu'ils ne veulent pas couper, les prive du produit de la meilleure partie de leur
ſol, qu'ils pourroient mettre en culture & qui produiroit des grains en
abondance : ainſi ils augmenteroient
la population, l'induſtrie & les ſources de l'aiſance publique, plus ſu-
rement encore que par quantité de
diſpoſitions ſpéculatives qui annoncent la pauvreté du pays, & qui
probablement ne l'enrichiront jamais.

Quoique l'hiver y ſoit fort long,
il s'en faut beaucoup qu'il ſoit auſſi
vif que dans la Norvege, & dans le
reſte du nord ; le Danemarck éprouve ſouvent des froids plus rigoureux : ce que l'on doit attribuer à la
chaîne des montagnes qui ſéparent
la Suède de la Norvege & qui la
garantiſſent des vents froids. La
vaſte province de Finlande au midi
du Golfe de Bothnie eſt une dépendance de la Suède. Ce pays preſque ſtérile, entrecoupé de marais,
de lacs, de bois & de déſerts, n'a

que très-peu d'habitans, excepté sur les côtes, où les peuples tour à tour chasseurs & pêcheurs font quelque commerce du produit de leur industrie; l'air, quoique plus grossier qu'en Suède y est fort sain. Les Finois sont grands, robustes, laborieux & capables de supporter toutes les injures des saisons sans en être incommodés. Accoutumés à vivre sans cesse au milieu des flots d'une mer orageuse, ils naviguent sur la mer & les fleuves, avec une assurance & une adresse étonnantes.

Les Lapons qui habitent la pointe la plus septentrionale de l'Europe au-delà du cercle polaire, sont dans l'atmosphère la plus froide, sur une terre stérile presque toujours hérissée de glaces & couverte de neiges; dans le tourbillon où se forment les vents froids & impétueux du nord, & d'où ils se répandent sur le reste de notre continent. Horriblement fourrés de peaux presque crues, pendant un hiver, qui quelquefois ne finit point; n'ayant pour

nourriture ordinaire que du poisson
desséché ou pêtri dont ils forment
une espece de pâte ; pour boisson
des huiles de gros poissons, & une
liqueur forte qu'ils font avec du
lait de renne, pourri & fermenté :
touiours dans la fumée pour se garentir des excès du froid, ou pour
éloigner les insectes incommodes qui
les dévorent pendant le peu de tems
que la terre est découverte : ces peuples semblent les plus malheureux
du monde ; leur figure même annonce la rigueur du climat dans lequel ils vivent : ce font les plus petits & les plus laids de tous les hommes. Hauts de quatre pieds & demi
au plus, avec une grosse tête, un
visage plat, le nez écrâsé, les yeux
petits & enfoncés dans la tête, les
cheveux durs, noirs & hérissés, la
peau bazannée, l'estomach large,
les cuisses menües, & les pieds assez
petits : ce corps si singuliérement
conformé est le siége de la santé la
plus ferme ; les Lapons ne connoissent aucune maladie, vivent très-

long-tems & ne meurent que de vieilleſſe ; ils ſont gais, contents, ſans ambition & peut-être les plus heureux de tous les hommes.

Il eſt très-probable que pluſieurs de ces familles qui vivent dans les terres les plus reculées, ne connoiſſent que leurs peres & ne ſont attachées qu'à leurs enfans; toutes en général vivent dans une ſorte d'égalité & de liberté que l'on peut regarder comme leur état d'origine. Ce n'eſt que dans ces climats rigoureux & pauvres, où le ſoin de ſe procurer le néceſſaire entraîne beaucoup de peines, que l'égalité peut ſe conſerver : elle peut être regardée comme l'effet d'une vertu originale & encore brute. Les Tartares du nord & de l'orient de l'univers, ſont tels qu'ils ont toujours été, francs, honnêtes, déſintéreſſés : dès qu'ils ont eu peuplé le Japon & la Chine ; ils ſont devenus d'autres hommes dans des climats plus riches & plus heureux : il eſt probable qu'ils ont paſſé dans le nord de l'Amérique & de là dans tout le reste de ce grand continent. Ceux des régions septentrionales sans loix, sans chef, vivent dans une sorte d'égalité que rien ne trouble que quelques disputes de chasse & de pêche, occasionnées par la faim & la nécessité plutôt que par l'ambition. A mesure que l'on s'approche du centre, ce sont d'autres hommes que la douceur du climat a énervés ; un peuple d'esclaves qui en a les mœurs & les sentimens, & que nous n'avons connu que sous l'empire arbitraire & absolu des Incas.

Leur gouvernement paroissoit doux, on en a loué l'égalité & la modération : mais pouvoit-il être tyrannique vis-à-vis d'un nation qui regardoit son Souverain comme le maître absolu même de sa vie, qu'elle lui immoloit au moindre signe, avec une constance & un dévouement qui lui étoient particuliers ! Croyant ses Incas enfans du soleil, dont l'action est continuelle & souvent si terrible dans ces climats brûlants, elle trembloit à la seule idée de leur puissance, persuadée que toute la Nature & ses phénomènes les plus effrayans étoient à leurs ordres. Ces Princes eux-mêmes pour lesquels nous nous sommes intéressés sur le récit de leurs malheurs, étoient sanguinaires & très-rusés : ils ne craignoient pas d'affermir leur trône en répandant le sang de leurs parents & celui de leurs sujets, dès qu'ils leurs donnoient la moindre inquiétude, en un mot ils avoient établi dans le centre de l'Amérique, le dépotisme le plus simple & le moins déguisé, auquel des nations qui habitoient des zones plus froides, ou qui étoient habituées à la température rigoureuse des montagnes, ne se font jamais soumises.

De là si on passe à l'extrémité méridionale, on remonte par dégrés aux mœurs anciennes que l'on retrouve dans les terres Magellaniques, & à la grossierté du nord

qui

qui se montre sous ses traits naturels dans la terre de feu.

L'Asie nous est bien plus anciennement connue, & depuis une longue suite de siécles, ses régions les plus riches & les plus peuplées, ont été exposées à des révolutions si fréquentes, que l'on peut dire qu'elles sont la proie de l'âme la plus entreprenante & la plus tyrannique.

L'Afrique n'est peuplée que d'esclaves commandés par une multitude de tyrans : sa partie occidentale a eu autrefois quelque célébrité, on y a vû fleurir un instant les sciences & les loix, sous des Princes en qui l'amour des belles connoissances fit disparoître pendant quelque tems les effets de la tyrannie : mais insensiblement le despotisme a repris le dessus, & a replongé tous ces peuples dans la barbarie. Le reste nous seroit inconnu si la cupidité n'alloit y acheter ses malheureux habitans, qui s'y vendent comme des bêtes de somme ailleurs : un climat plus pûr voit à la pointe méridionale de ce grand continent , les Hottentos ignorans & grossiers vivre dans une égalité parfaite, jouir sans contra-diction d'une liberté entiere, & n'obéir qu'aux plus simples loix de la Nature : ils font encore dans le même état , & on doit préfumer que jamais on ne changera leurs mœurs , tant que cette petite nation subsistera unie dans ses forêts.

Par rapport à l'Europe située dans la zône tempérée, les mœurs y tiennent plus ou moins des qua-lités genérales dont nous venons de parler , relativement à la dif-tance de ses régions , des extrémi-tés. A nous en rapporter à ce que nous apprend la tradition , nous voyons que plus les pays font an-ciennement peuplés & policés, plus les mœurs font altérées : l'influence du climat, l'aifance que procure le commerce, le gouvernement & les loix ont agi insensiblement, d'autres usages se font établi , &

ont formé des hommes nouveaux. L'ancienne liberté Germanique a cédé à une espece d'esclavage, que les distinctions, les honneurs, & l'abondance qu'ils procurent souvent, ont répandu, même dans les premiers rangs. La Pologne jadis aussi libre que la Tartarie, est agitée depuis longtems d'une tempête dont le bruit retentit de tems en tems avec plus d'éclat dans le reste de l'Europe, & qui finira par anéantir ses loix & sa liberté pour établir une nouvelle forme de gouvernement, si les partisans des anciens usages ne prennent pas le dessus. La pauvreté de la Suede semble vouloir y rétablir l'égalité & la liberté. On a vû avec étonnement les états généraux de cette nation annoncer au public, que la grande députation dont l'établissement avoit pour objet principal la réformation des loix, avoit fait connoître que le résultat de ses travaux à cet égard, étoit qu'il falloit encore restreindre l'autorité royale : c'est ainsi

qu'un peuple courageux cherche
dans la force du sentiment, un dédommagement des avantages que
la dureté de son climat lui refuse;
à laquelle cependant son inclination
pour les sciences & les arts, les agrémens de l'esprit & le goût de la société, l'ont souftrait plus qu'aucune
autre des nations du nord.

La Russie offre un spectacle plus
singulier encore; cet Etat immense
dont les bornes touchent à toutes les
parties du monde connu, est un assemblage de la féroce grossiéreté des
peuples indisciplinés du nord, du despotisme oriental, du luxe asiatique,
& d'un esclavage qui s'étend sur
toutes les têtes indistinctement:
depuis longtems il est en convul-
sion, s'il a quelques momens de
calme, s'il veut prendre une forme;
la mort d'un Souverain, les idées
différentes de son successeur; une
guerre inattendue, changent tout.
Les préjugés produits par une ignorance générale, que les établissemens nouveaux faits en faveur des

sciences n'ont pas encore bannis :
les effets différens de l'air sur des
hommes, qui presque tous habitent
des climats rigoureux & cependant
très-variés : l'obscurité & l'incertitude des loix ; l'authorité sans
bornes des Souverains, & le respect de crainte que l'on a pour
leurs ordonnances qui se combat-
tent & se détruisent les unes les
autres, font qu'il n'y a rien de fixe,
rien surquoi l'on puisse compter.
Peut-être parviendra-t-on à établir
une police & des régles plus certaines au centre de l'Empire, mais
les effets s'en porteront difficilement à la circonférence : ce corps
est trop vaste pour espérer qu'il
agisse jamais par un mouvement
égal & qui réponde à un seul principe. En général on se fait une idée
trop formidable de cette puissance ;
on en juge par l'étendue des terres
qui lui font soumises : mais on y
trouve beaucoup plus de marais &
de déserts inhabitables, que de terreins cultivés & peuplés.

Y iij

On se persuade que ces climats sauvages d'où sortirent autrefois les vainqueurs des Romains, ont encore le génie de la liberté & du courage, cachés sous la superstition & l'esclavage, dans lesquels ils sont entretenus. Qu'il s'en faut que ce soit les mêmes hommes ! Le souffle du despotisme a changé les caractères, abbatu les cœurs; les arts même, quoique protégés en apparence par le trône, s'y établiront difficilement : que peut-on espérer d'artistes que l'on enchaîne à leurs atteliers ?

§ XVI.

Conclusion.

Arrivé au terme de cette vaste carriere que je m'étois proposé de parcourir ; ayant rassemblé une multitude de faits pour établir les causes des variations qui arrivent dans l'atmosphère relativement à la latitude des divers climats : ayant parlé avec assez de détail des causes particulieres qui contribuent à ces changemements, qui intervertissent quelquefois l'ordre des saisons, & occasionnent des intempéries funestes aux régions où elle se font sentir, & sur lesquelles je serai obligé de revenir encore dans les discours sur l'évaporation, les vents & les autres meteores communs à tous les climats de la terre : je n'ai plus qu'à rassembler ici les principaux traits du tableau général, à rapprocher toutes ces idées sous un même point de vue en les rapportant à leur origine.

Le ſoleil premiere cauſe de la chaleur, l'ame de nature, principe de la végétation, du mouvement & de la vie, ſoumis aux loix immuables poſées par l'intelligence ſuprême qui a produit cet univers, agit comme tout autre corps & conformément aux mêmes régles : ainſi la chaleur graduée qu'il répand ſur les différens climats du monde, répond à ſa poſition relative à ces mêmes climats. Il eſt établi qu'un corps qui en frappe perpendiculairement un autre, agit avec toute ſa force ; s'il ne le frappe qu'obliquement, ſa force diminue d'autant plus que ſa direction s'éloigne davantage de la perpendiculaire. Les rayons du ſoleil lancés en ligne directe ſuivent la même loi méchanique que tous les autres corps, & par conſéquent leur action doit être meſurée par le Sinus de l'Angle d'incidence. Par là on peut juger de ſon effet ſur toutes les régions ſituées

entre les Tropiques & fur celles qui
en approchent de plus près : mais
plus il s'éloigne de la perpendiculaire, moins il a d'action, ainfi fes
rayons ne tombant fur quelques
parties du globe que dans une direction parallele ou approchant, ils
n'ont point d'effet fenfible.

C'eft pourquoi le foleil n'a encore
aucune chaleur lorfqu'il commence à
éclairer notre hemifphère : celle que
l'on fent alors dans l'air eft une fuite
du mouvement qu'il y a imprimé:
parce qu'étant de la nature de la
chaleur de refter dans le fujet, après
la retraite du corps qui l'occafionne, & fur-tout de fe conferver dans
un fluide tel que l'air, l'abfence de
douze heures que fait le foleil fous
l'équateur ne diminue que fort peu la
chaleur, ou le mouvement répandu
dans l'atmofphère, par l'action précédente de fes rayons, qui y eft mer-
veilleufement fecondée par les émanations non interrompues du fluide
ignée terreftre. Mais dans les terres
voifines des pôles, l'abfence de fix

mois ou environ que fait le soleil, y laisse établir un froid extrême; de sorte que l'air y étant glacé, obscurci de nuages épais, de brumes continuelles, & extrêmement condensé, les rayons du soleil ne peuvent produire sur cet air aucun effet sensible, jusqu'à ce qu'il ne se soit rapproché autant qu'il est possible du pôle, & son action ne commence à y être sentie que lorsqu'il est au solstice. Alors les brouillards qu'il a commencé à raréfier disparoissent quelquefois entierement, & l'air moins épais devient susceptible de quelque chaleur qui reste toujours très-médiocre, si les rayons du soleil ne sont pas réfléchis par les terres hautes & les rochers.

Quant à leur effet dans les Zones tempérées, il dépend, ainsi que nous l'avons déja dit, autant de l'aspect des terres, de leur plus ou moins d'élévation, des qualités du sol & de l'action des vents, que de la présence même du soleil. Ainsi on éprouve souvent en hiver, que quand le vent passe subitement du

fud au nord, un froid vif & piquant
fuccède tout à coup à une température affez douce. La raifon de ce
changement eft, que tant que le vent
du fud regne en hiver, le courant
d'air qui amène dans nos climats
les caufes de la température des pays
méridionaux, échauffe plus notre
atmofphère qu'elle ne le feroit par
l'action feule du foleil : car par rapport à nous fa chaleur eft fi foible
que fi ce vent vient à diminuer ou
à ceffer, le réfroidiffement de l'air
ira infenfiblement jufqu'à un terme
qui approchera celui de la congélation, même dans des latitudes peu
avancées, ainfi qu'on l'éprouve en
Italie : mais fi le vent du nord vient
tout-à coup rapporter dans notre
atmofphère l'air des pays feptentrionaux, la température devient plus
rigoureufe & le froid fort vif, quoique ce vent ait commencé à peine
à fe faire fentir. Ajoutons encore
qu'il y a une grande variété, dans
la chaleur des différens lieux & des
différentes faifons, & qu'elle n'eft

pas la même dans les régions situées sous les mêmes latitudes : une infinité de circonstances, comme les vents, les volcans, le voisinage de la mer, la position des montagnes se compliquent avec l'action du soleil & celle du fluide ignée & rendent souvent la température très-différente dans des lieux placés sous les mêmes paralleles, ainsi que nous l'avons expliqué plus haut.

Il est inutile de prétendre établir des regles fixes sur le soin que les hommes doivent prendre contre les excès de la chaleur & du froid, & contre les autres intempéries de l'air. On peut s'en rapporter aux précautions que prennent à ce sujet les habitans des divers climats. C'est un de ces premiers besoins, sur lesquels les leçons de la nature la plus brute sont ordinairement suffisantes, où du moins que les premiers progrés de la raison apprennent à satisfaire. Il semble que l'on doive excepter de cette regle commune quelques habitans stupides & hor-

riblement grossiers de l'Afrique
méridionale, qui se laissent constamment brûler par les rayons d'un
soleil ardent ; & ces créatures si mal
organisées, que l'on voit sur les côtes
de la nouvelle Hollande. Les peuples
du nord & tous ceux qui habitent
les climats les plus rigoureux, sont
plus industrieux à se garantir des
rigueurs de l'air dans lequel ils vivent. Les Lapons, les Eskimaux,
les Samoïedes & quelques autres malheureux habitans de la Zone glaciale qu'on n'a fait qu'appercevoir,
ne semblent occupés qu'à se défendre des excès du froid ; sans doute
parce qu'il est naturellement plus
destructeur que le chaud : quoique
l'excès de la chaleur devienne plus
promptement mortel, que le froid
extrême.

Il y a un certain dégré de chaleur extérieure, dans lequel la chaleur naturelle d'un animal vivant &
en bonne santé, devient promptement excessive & quelquefois mortelle. Ce degré dans les animaux, ré-

pond à celui de la température ordinaire de leur sang: si l'air extérieur est échauffé au même degré, s'il ne porte point dans le sang ce rafraichissement nécessaire & continuel, cet esprit vital qui renouvelle sans cesse les causes du mouvement régulier du sang & des autres liquides ; la masse des fluides est portée tout d'un coup au plus haut degré de raréfaction : toute l'harmonie du corps est troublée : le mouvement cesse & la machine tombe dans une inertie absolue, précédée & annoncée par des étouffemens & un défaut de respiration toujours funeste. C'est ce que l'on éprouve dans quelques régions des Indes & de l'Afrique, lorsque dans la chaleur du jour, & pendant que regnent certains vents impétueux & brûlans, on s'expose indiscrettement à leur action, ou que l'on s'en trouve surpris dans les longues marches qu'on est obligé de faire par les déserts, quoiqu'alors même il y ait des précautions connues pour s'en garantir.

Si de ce terme d'une chaleur excessive nous supposons qu'un homme ou tout autre animal dont le sang est chaud, passe par une suite indéfinie de degrés de froid qui aillent en croissant ; sa chaleur innée se soutiendra dans la même proportion que les degrés du froid, jusqu'à l'extrémité opposée, parce qu'elle recevra de l'air extérieur un nouvel aliment propre à la conserver : mais cet aliment devenant trop actif, alors la proportion commence à s'altérer, & la chaleur diminue par degrés à mesure que le froid augmente, jusqu'à ce qu'elle soit totalement détruite, alors le mouvement cesse & l'animal meurt. C'est ce qui arrive beaucoup plus promptement si l'on passe tout d'un coup d'une température chaude, à une température très - froide ; les espagnols l'éprouvèrent la premiere fois qu'ils traversèrent les montagnes qui séparent le Pérou du Chili. Ils y trouvèrent des neiges continuelles &

un froid fi terrible que plus de foixante d'entr'eux y périrent : ils
avoient beau fe couvrir de tout ce
qu'ils avoient d'habits & courir pour
ranimer la chaleur & entretenir le
mouvement, bien-tôt leurs forces
épuifées les obligeant de s'arrêter, ils
étoient faifis par le froid & mour-
roient fur le champ (a). On vit un
de ces Efpagnols accompagné de
fa femme & de fes deux filles, qui les
voyant s'affeoir de laffitude, & hors
d'état de pouvoir marcher, ne pouvant ni les porter, ni les fecourir,
aima mieux demeurer avec elles, que
de les abandonner, & fe fauver feul
comme il auroit pû faire ; ils gelèrent
tous quatre. Quelqu'uns d'entr'eux
trouvèrent le moyen de fe repofer &
d'éviter la mort, en ouvrant les
bêtes de fomme toutes vivantes, dans
le ventre defquelles ils reftoient juf-

***

(a) Voyez l'Hiftoire de la conquête du
Perou l. 2. c. 10. & l. 3. c. 2.

qu'à ce qu'elles fuffent refroidies, alors il recommencoient de marcher & arrivoient à une température plus douce. Cinq mois après lorfque dans une faifon plus favorable les Efpagnols repafferent par ces montagnes, ils retrouvèrent les corps de ceux qui avoient été glacés à leur premier paffage, tous dans l'attitude où le froid les avoit furpris ; les uns debout, les autres affis ou appuyés contre les rochers, tenant à la main la bride de leurs chevaux gelés comme eux, & dont la chair étoit fi fraiche qu'elle leur fervit de nourriture. Cette terrible expérience a fans doute enfeigné aux habitans actuels de quelques villes du Pérou, l'ufage de porter les animaux entiers & nouvellement tués dans les glacieres naturelles, où ils fe confervent fans fe corrompre une partie de l'année, & où ils vont en couper tous les jours, ce qui leur en faut pour leur nourriture.

Les Hollandois qui furent furpris

par les glaces dans la nouvelle Zemble, le capitaine Munck qui pénétra le premier dans la Baie de Hudson en 1620, & l'Anglois Hudson qui donna son nom à cette mer dans le commencement de ce siécle, résistèrent bien plus long-tems au froid excessif qui y regne, parce qu'ils s'y habituèrent par degrés, & leurs équipages périrent plutôt du scorbut occasionné par les mauvaises nourritures jointes à l'humidité continuelle & à la rigueur du climat, que de l'excès du froid.

Néanmoins on peut dire que les effets du froid sont terribles, & d'autant plus affreux qu'ils agissent plus lentement, & ne semblent vaincre que par des attaques redoublées & cruelles, la résistance que leur oppose la nature. A la Baie de Hudson, lorsque le vent souffle des régions polaires, l'air est chargé d'une infinité de petits glaçons sensibles à la vue, qui s'attachent à la peau & pénetrent dans les pores comme

autant d'aiguilles, ils y excitent des
ampoulles qui d'abord font blanches, se durcissent ensuite & forment des callosités dans lesquelles
le principe de la vie & du sentiment
ne circule plus. Ce petit effet est un
tableau racourci de l'action du froid
sur les substances animées & vivantes : un air ainsi modifié, resserre,
contracte, retire le fibres animales,
condense les fluides, les coagule &
les glace quelquefois : il agit par-
culierement sur le poumon en le desséchant, ou en arrêtant le cours du
sang qui y coule. Delà les différentes
maladies qu'il occasionne, les ca-
tharres, les inflammations de poitrines, le scorbut, la gangrène,
&c. Il va, comme nous l'avons dit,
jusqu'à tuer subitement les hommes
& plus souvent encore les autres
animaux qui ne peuvent pas, ainsi
que les hommes, se procurer des
défenses contre ses injures, à moins
que destinés à habiter dans les climats les plus rigoureux, ils ne tien-

nent de la nature même, une conformation qui les garantiſſe des effets
d'un froid exceſſif.

Une différence eſſentielle entre les
animaux vivans & les corps organi-
ſés tels que les plantes, ou les minéraux, c'eſt que ceux-ci prennent
après un certain tems la température
de l'air qui les environne, de ſorte
qu'ils participent aux changemens
qui arrivent dans les degrés de chaleur & de froid dont il eſt ſuſceptible; au lieu que les animaux vivants
conſervent, dans les ſaiſons les plus
extrêmes, un degré de chaleur conſtant & en quelque ſorte indépen-
dant de l'air dans lequel ils vivent:
degré néceſſaire à la vie, au moins
quant à ce qui a rapport à l'intérieur de la machine ; car nous ne
parlons ici que de la chaleur qui lui
eſt propre, & qui ſe conſerve de
même dans les parties extérieures,
lorſqu'elles ſont ſuffiſamment mu-
nies contre le froid. On éprouve
conſtamment que la peau du viſage

& des mains , & en général toute
la furface du corps humain , mais
fur-tout fes extrêmités , quand on
ne prend pas les précautions néceffaires, fe refroidiffent relativement
à la difpofition de l'air qui agit fur
elles : le mouvement fe rallentit
plutôt aux extrêmités qu'ailleurs &
ce font les parties qui fe gélent le
plus promptement. On ne conçoit
même pas, comment dans des climats où les liqueurs les plus fpiri-
tueufes & les plus chaudes fe glacent
malgré les précautions que l'on prend
pour conferver leur fluidité, le froid
peut laiffer fubfifter quelque chofe
de ce qui a vie, ou qui végéte. C'eft
ce qui prouve que certaines plantes
exigent moins de chaleur que d'autres, de là leur diverfité felon les
climats. D'ailleurs celles qui produifent quelques fruits, comme les
fraifiers & les grofeliers, ne fe développent que lors que la rigueur
du froid céde à une température
plus douce.

Dans les climats extrêmes, ces changemens ne se font que lorsque le soleil arrive au solstice; parce que là comme ailleurs, il est le principal agent que la nature employe dans l'ouvrage de la végétation , & comme sa chaleur ne s'y fait sentir que très-peu de tems, & dans un degré très-foible , les arbres & les plantes croissent avec lenteur, se développent difficilement , & presque toutes restent petites, maigres, & fort basses : tout s'y ressent de la longue absence & du peu d'action de cet astre bienfaisant. L'espèce humaine y dégénère bientôt & devient plus petite & plus difforme que dans le reste du monde : tous les Lapons, les Samoïedes, les Zembliens , les Groenlandois , ces prétendus Pigmées du nord de l'Amérique qui sont des espèces de Lapons, habitans tous dans une température également rigoureuse , nourris des mêmes alimens , occupés aux mêmes travaux, sont petits & trapus, maigres & fort basannés quelqu'uns même font tout-à-fait noirs : la plûpart n'ont que quatre pieds de hauteur , les plus grands en ont quatre & demi. Les différences qui fe trouvent entr'eux ne tombent que fur le plus où le moins de difformité : les uns & les autres vivent dans des fouterrains , ou fous des cabanes prefqu'entièrement enterrées pour les garentir des coups de vent qui les renverferoient , dans la faifon la plus horrible , lorfque l'hyver & les terribles vents du nord exercent leurs fureurs , & tranfportent d'un lieu à un autre des montagnes énormes de neige. La fituation de ces peuples n'eft guères plus heureufe en été : ils n'ont trouvé d'autre moyen de fe garentir des piquures des moucherons de toute efpèce dont ils font infeftés pendant trois mois , que de refter continuellement dans une épaiffe fumée. Malgré toutes ces incommodités ces peuples ne font jamais malades : ils font forts, robuftes & vivent très-long-tems.

La Cécité occafionnée par les neiges, dont les terres qu'ils habitent font prefque toujours couvertes, & par les fumées où ils fe tiennent, eft la feule maladie qu'ils connoiffent : ainfi on peut les comparer aux productions de leur fol, fur-tout aux arbres qui font ordinairement petits, long-tems à croître, mais affez durs, & affez compacts pour réfifter à l'action du froid le plus rigoureux.

On fçait encore par plufieurs relations que dans des climats très-feptentrionaux, la terre eft dans un engourdiffement éternel, ne produifant ni arbres, ni arbriffeaux, ni plantes propres à bruler. Ces pays font dans la même température que les fommets les plus élevés de la Cordiliere, ou rien ne croît ; dans la ligne même du froid : on voit fur ces montagnes que les développemens de la végétation, font gradués en proportion de leur éloignement de la plaine. On prétend que les habitans de ces régions in-

fortunées

fortunées suppléent à cette difette,
par des huiles, des graiffes & des ar-
rêtes de poiffons dont ils fe fervent
pour faire du feu & fe ménager
quelque clarté, pendant la trifte faifon où la nature les prive de la
lumiere du foleil. Mais ces régions
font-elles effectivement habitées? Et
n'étoit-ce pas le tems de la pêche
qui y avoit conduit quelque détache-
chemens des peuples feptentrionaux,
lorfque les navigateurs les ont ap-
perçûs fur les côtes? Je me fouviens
d'avoir lû dans quelque voyage au
nord, qu'on trouvait fur des côtes
abfolument ftériles quelques hommes nuds, portant fur les épaules un
efpèce de manteau qu'ils tournoient
du côté du vent, tranfis de froid,
occupés à ramaffer des os de poiffons, & quelques petits buiffons
qu'ils trouvoient de loin-en-loin,
dont il faifoient du feu derriere des
rochers où ils fe tenoient à l'abri
du vent. Cette race d'hommes très-
laide, petite, peu nombreufe & tout-

à-fait sauvage , ne paroissoit avoir aucun instrument pour la chasse ou pour la pêche : ils fuyoient à la vuë des Européens , & ceux que l'on arrêta donnerent toutes les marques d'un violent chagrin.

Un capitaine de navire nommé Henri Atkins, domicilié à Boston, racontoit que ne faisant pas bonne pêche sur les côtes de la nouvelle Angleterre , il cingla si haut vers le nord qu'il dépassa le Groenland, il avança encore & découvrit des habitans qui n'avoient jamais vûs d'Européens & qui ne connoissoient même pas l'usage du feu : & quand ils l'auroient connu, ils n'en auroient tiré aucun secours , puisque leur pays ne produisoit ni arbres ni buissons. Ils vivoient de poissons & d'oiseaux qu'ils mangeoient cruds. Atkins disoit avoir échangé avec ces sauvages des choses de peu de valeur, contre toutes sortes de pelleteries très-précieuses. Il affirmoit en même tems de la maniere la plus positive que toute cette nation ne connoiſſoit pas le feu. (*a*) Il eſt difficile de croire ce récit, il a même des circonſtances qui prouvent que cette nation n'habitoit pas toujours ce pays ſtérile & qu'elle demeuroit plutôt dans des régions qui pouvoient nourrir les animaux, dont elle tiroit les riches fourures qu'elle échangea avec le navigateur Anglois : les bêtes fauves ne ſe trouvent jamais dans les pays abſolument ſtériles & tout-à-fait découverts. Les rochers qui s'élevent ſur les bords de la mer ſervent de retraite à quelques oiſeaux pêcheurs : c'étoit ſans doute la ſaiſon de les prendre, & celle de la pêche qui avoit attiré ces hommes inconnus, ſur les bords où Atkins les rencontra.

Quoiqu'il en ſoit de la vérité de ces faits, il n'eſt pas moins certain,

---

(*a*) Hiſt. de la Penſilvanie. ch. 6. Paris. 1768.

Z ij

que toutes ces terres enchaînées
fous des glaces & des neiges éternelles, font dans un état de léthar-
gie peu différent de celui de la mort:
toute la nature y eft dans un morne
filence, dans une inaction dont la
fuite eft une horrible ftérilité. Nos
hyvers fur-tout ceux des terres les
plus élevées des provinces que nous
habitons, nous retracent pendant
une certaine partie de l'année, le
tableau de ces régions infortunées,
féjour de la trifteffe & de la misère.
Lorfque les furieux vents du nord
ont ramené les noirs frimats, &
changé l'afpect de nos campagnes
fertiles; aux jours brillans de l'été,
fuccède une lueur fombre & de peu
de durée, fouvent obfcurcie par des
brumes épaiffes & froides; la terre
n'offre alors qu'un fpectacle hideux,
les ruiffeaux ceffent de couler, les rivières & les lacs font couverts d'é-
normes glaçons; on n'entend plus
la voix des oifeaux, il femble que
la vue des forêts dépouillées de leur

parure, répande une défolation générale parmi eux : les bêtes les plus
fauvages dorment au fond de leurs
retraites, tandis que l'efpèce humaine
n'eft occupée qu'à fe garentir des
rigueurs du froid fous un ciel épais,
qui au lieu du jour n'eft plus éclairé
que d'un crépufcule fombre & trifte.

Cependant on vante l'utilité de
cette faifon rigoureufe, on la croit
même néceffaire, & fi l'imbécille
vulgaire avoit paffé une année fans
en reffentir les horreurs, il fe croiroit menacé de quelques maux étranges. Peu s'en faut même que le na-
turalifte n'adopte ces idées, tant il
eft vrai que tout eft de fyftème, &
que les raifonnemens tiennent toujours au peu d'étendue des vues, &
aux fentimens de préjugé & d'habitude. On eft accoutumé dans le
milieu des Zones tempérées à voir
l'hiver arrêter pendant quelques
mois les progrés de la végétation,
& fufpendre tous fes effets : on imagine en conféquence que ce repos

eſt néceſſaire à la nature, dont les forces s'épuiſeroient par une production continuelle : on ſe trompe ; c'eſt un inconvénient du climat, un effet de l'éloignement du ſoleil ; une privation réelle d'un bien être, qui par elle même n'eſt pas néceſſaire, & n'a aucune utilité. Que l'on jette les yeux ſur tous les pays qui s'étendent des deux côtés de la ligne au 35ᵉ. degré environ de latitude ; on y verra la nature étaler conſtamment ſes tréſors dans toutes les ſaiſons de l'année, une végétation forte & abondante, un ſol toujours fertile, qui bien loin d'avoir beſoin de repos eſt rafraichi & renouvéllé plutôt que fatigué par la culture. Qu'on l'abandonne, il s'épuiſe à produire mille plantes qui croiſſent confuſément & qui étouffent ſa chaleur en interceptant l'action du ſoleil, & en arrêtant les émanations du fluide ignée terreſtre.

L'art même parvient à imiter & à produire ces effets admirables de

la nature, dans les climats les plus
rigoureux, en établissant une chaleur égale & constante qui ne soit
jamais altérée par le contact d'un
air extérieur & glacial. Pendant que
tous les arbres fruitiers de Russie
exposés au grand air périssoient par
la force de la gelée de l'hiver de
1768 : on voyoit dans les serres de
Czarsko Zelo, des cerises & des pêches en pleine maturité dans les
mois de Février & de Mars, tandis
qu'une partie de l'Europe étoit encore couverte de neiges & de glaces : on assure que la méthode de
l'habile cultivateur auquel on doit
ces essais, est si parfaite que les arbres à fruit portent dans ses terres
trois fois l'an, sans rien perdre de
leur force. Quelqu'admirable que soit
cette industrie elle n'est encore
qu'une foible imitation de ce que
l'on voit tous les jours aux Indes
orientales & dans les isles qui en
dépendent, dans quelques régions
de l'Afrique, à Madagascar, aux

Z iv

Canaries, à Madere, & dans une grande partie de l'Amérique, où la nature est d'elle-même si riche & si magnifique. L'Espagne même si on la cultivoit encore, comme elle l'étoit lorsque les Romains en firent la conquête, ou comme elle le fut après que les Maures s'y furent établis, le disputeroit pour la fertilité aux plus belles contrées de l'orient. La terre cesse - t - elle un moment d'être fertile dans la partie méridionale du royaume de Naples ? N'y voit on pas les fleurs & les fruits en hiver, comme au printems & en autômne ? Il y a des champs dans les environs de Bayes & de Pouzzols qui donnent dans toutes les saisons des fruits & des grains de différentes espèces. La campagne de Rome, malgré la paresse & le peu d'industrie de ses habitans, & l'abandon où ils laissent le sol le plus fertile, n'éprouve jamais des froids assez rigoureux pour que la végétation y soit interrompue. Ce n'est donc pas l'inaction de l'hiver, ce font les pluies qui rafraichiffent la terre, y répandent de nouveaux principes de fécondité & en affurent les fuccès. Secondées du fluide ignée que la terre renferme dans fon fein & de l'action du foleil, elles entretiennent par une circulation intarriffable la force & la jeuneffe de la nature, qu'elles laiffent en proie à toutes les horreurs d'une aride ftérilité dans ces régions brûlantes où elles ne verfent jamais de rafraichiffemens falutaires : leurs excès font nuifibles comme ceux de la chaleur & du froid.

Dans les pays chauds fi les habitans paroiffent moins vigoureux, fujets à plus de maladies que dans les pays froids ; c'eft plutôt un effet des qualités du fol qui répand dans l'atmofphère les principes de ces fréquentes intempéries qui s'y font fentir, que de la chaleur en elle même: d'ailleurs ils font beaucoup moins actifs, pour fe procurer le

Z v

néceffaire, ils font expofés à moins de travaux, & en général ils abufent des dons de la nature qui les gâte par fes profufions. Un enfant trop aimé, élevé trop délicatement & dans une telle abondance qu'il n'a qu'à fouhaiter pour être fatisfait, n'eft pas affez fage pour ne vouloir que ce qui lui convient : delà naiffent des habitudes qui changent le naturel & font un fot, un inutile, un vicieux, d'un fujet qui par une autre éducation auroit pu acquérir toutes les vertus oppofées aux vices qui le rendent méprifable. Il n'y a point de pays en Europe auffi ftérile par lui même, où les peuples foient auffi chargés d'impôts qu'en Hollande, cependant la nation y vit commodément & dans une forte d'abondance, parce qu'elle eft fobre, active, laborieufe, qu'elle ne néglige aucune efpèce de gain. Ce même Hollandois tranfporté dans les riches contrées de Batavia, ne fonge plus qu'à jouir faftueufement

de son opulence : les mœurs changent, à une modeste économie, à
une sage égalité, succèdent l'amour
des distinctions & un goût désor-
donné pour une prodigalité exceffive, qui en fait des hommes tout-
à-fait différens. Ce font les excès
que l'on a reprochés à presque tous
les Européens établis dans les colonies les plus riches, qui ont occafionné plutôt que la chaleur de ces
climats ou les intempéries auxquels
ils font sujets, les maladies auxquels
ils ont été expofés, & le dépériffe-
ment de leurs forces. La profpérité
des nations dépend donc moins de
la richeffe naturelle des terres qu'ils
habitent, que de leur amour pour
le travail, leur induftrie & la fageffe
de leur conduite. Les unes par
d'heureufes entreprifes changent
jufqu'aux influences d'un ciel peu
favorable, tandis que les autres lan-
guiffent dans les climats les plus
brillans & les plus fortunés.

Ainfi chaque climat a fes avanta-

Z vj

ges & ſes déſavantages ; c'eſt par là qu'il faut le conſidérer pour le bien connoitre en lui même, & pour le faire entrer en paralle avec les au- tres. La proximité des poles ou de l'équateur a un effet conſtant ſur les diſpoſitions des hommes aux ſcien- ces & aux qualités civiles & guer- rieres. Entre les Tropiques & dans les régions voiſines où la tempéra- ture eſt la même, le ſang raréfié par l'excès de la chaleur produit la foibleſſe, la timidité, l'inaptitu- de à toute eſpèce de fatigue; les hommes mangent à peine aſſez pour réparer la déperdition de ſubſtance qui ſe fait par une tranſpiration continuelle : la nature affaiſſée ne ſe tire de cet état que par excès, & alors on reconnoit l'influence d'un air brulant, ſur un ſang trop exalté, qui détermine des idées fougueu- ſes, extravagantes qui vont ſou- vent juſqu'à la deſtruction de l'in- dividu, & toujours à ſon dom- mage.

Les contrées septentrionales au contraire sont peuplées de grands mangeurs que la surabondance du sang rend robustes & guerriers. On a cru long-tems que cette abondance du sang ne produisoit que des esprits épais, grossiers, sans aptitude aux sciences & aux vertus civiles : on s'étoit persuadé que la continuité du froid avoit les mêmes suites que l'excès de la chaleur : depuis quelque tems les régions septentrionales ont changé de mœurs, les esprits se font subtilisés, & on voit les arts s'avancer dans des climats d'où la nature sembloit les avoir bannis. Mais de tout tems on a reconnu que les habitans des régions moyennes & tempérées, également éloignées par la position du climat de la pusillanimité des méridionaux, & de la pesanteur des septentrionaux, réunissoient par un heureux assemblage, la prudence & la valeur, les talens de l'esprit & l'activité du corps. Ce milieu fortuné

a été long-tems fixé en Grece &
en Italie : l'Espagne auroit pu entrer dans ce partage. La France en
jouit depuis long - tems, l'Angleterre & une partie de l'Allemagne
font devenues ses rivales ; actuellement toutes les nations de l'Italie
au cercle polaire font animées de la
même émulation.

Fin du Tome quatrieme.

TABLE

DES MATIERES.

DU TOME QUATRIEME.

A

D

E

F

G

H

I

L

M

N

T

V

Fin de la Table.

www.ingramcontent.com/pod-product-compliance
Lightning Source LLC
Chambersburg PA
CBHW051012060726
47593CB00016B/16